H. HAUPT / DIE KÄFER (COLEOPTERA) AUS DER EOZÄNEN BRAUNKOHLE DES GEISELTALES

# GEOLOGICA

SCHRIFTENREIHE
DER GEOLOGISCHEN INSTITUTE
DER UNIVERSITÄTEN
BERLIN, GREIFSWALD, HALLE, ROSTOCK

HERMANN HAUPT

## DIE KÄFER (COLEOPTERA) AUS DER EOZÄNEN BRAUNKOHLE DES GEISELTALES

6

AKADEMIE-VERLAG GMBH · BERLIN · 1950

„Die Schriftleitung freut sich, dem Verfasser zu der am 30. Oktober 1950 erfolgten Ehrenpromotion durch die Naturwissenschaftliche Fakultät der Martin Luther-Universität Halle-Wittenberg hier die herzlichsten Glückwünsche aussprechen zu können."

Schriftleitung: Prof. Dr. H. Gallwitz, Halle (Saale), Domstr. 5
Erschienen im Akademie-Verlag GmbH., Berlin NW 7, Schiffbauerdamm 19
Lizenz-Nr. 156 · 100/26/50
Satz und Druck: (9) Buchdruckwerkstätte Gutenberg VOB.
Zweigniederlassung Naumburg (Saale) Auftr.-Nr. 1362
Bestell- und Verlagsnummer: 2032/6
Preis: 13.50 DM

# Vorwort

Die erste Bearbeitung der Käfer aus der eozänen Braunkohle des Geiseltales erschien von Dr. ALEXANDER PONGRÁCZ-Budapest in „Die eozäne Insektenfauna des Geiseltales" im Jahre 1935. Nach dieser Zeit wurden noch viel Käfer oder Teile von Käfern gefunden, die aber von dem genannten Autor aus irgendwelchen Gründen nicht mehr bearbeitet wurden. Ein kleiner Teil dieser Funde wurde ihm noch zugeschickt und kam mit Namen versehen wieder zurück. — Mittlerweile hatte sich aber eine Menge neuen Materials angesammelt, und als die Grabungen zum Abschluß gekommen waren, erbot ich mich, die von PONGRÁCZ geleistete Arbeit fortzusetzen und womöglich zu ergänzen. Als erste und dabei sehr betrübliche Überraschung stellte sich heraus, daß mit ganz geringen Ausnahmen typische Stücke nicht mehr vorhanden waren. Was seinerzeit PONGRÁCZ vorgelegen hatte, war bis zu mehr oder weniger vollständiger Unkenntlichkeit verdorben. Schuld hieran trug die ehedem zur Anwendung gebrachte Methode der Konservierung. Die Kohlestückchen mit den betreffenden Objekten hatte man in Petrischalen gelegt, diese mit Grubenwasser (dem Fundort entnommen) angefüllt und die Deckel sodann mit Paraffin abgedichtet. Diese Art der Aufbewahrung hielt man für sachgemäß, weil dieses Wasser ja an sich schon die Kohle durchtränkte, im Überfluß vorhanden aber deren Austrocknung auf jeden Fall verhindern mußte. Andernfalls wäre die Kohle rissig geworden und schließlich zerbröckelt, wobei etwaige Fossilien zerstört worden wären. Leider hielten die Verschlüsse der Schalen nicht dicht, das Wasser lief aus oder verdunstete. Eine weitere Gefahrenquelle war das Grubenwasser selbst, indem es wegen seines Gehaltes an Ammoniak und Ammoniakresten Schimmelbildung begünstigte. Was ich also an „altem" Material vorfand, war sozusagen reif für den Schutthaufen. Das neue Material dagegen befand sich in bester Verfassung. Dieses war in Troggefäßen, der Hauptsache nach aber in zylindrischen Gläschen untergebracht. Zur Verhinderung von Austrocknung oder Schimmelbildung diente jetzt mit bestem Erfolg stark verdünntes Formalin (Lösung von 3 % des käuflichen Formaldehyds). Die meist schön bunten Färbungen der

Objekte blieben erhalten, auch wenn es sich um solche handeln sollte, an deren Zustandekommen Pigmente beteiligt sein konnten. In der Regel jedoch handelt es sich um Interferenzfarben (primäre, meist aber sekundäre Strukturfarben), woraus sich auch deren Lichtbeständigkeit erklärt.

Als zweite Überraschung für mich stellte sich heraus, daß mit der Arbeit von PONGRÁCZ kaum etwas anzufangen war. In einzelnen Kapiteln werde ich diesen Umstand ausführlich darlegen, so daß sich eine zusammenfassende Kritik erübrigt. Als ich mit Dr. E. VOIGT über diesbezügliche Befunde und Besorgnisse meinerseits sprach, händigte er mir eine Liste aus, folgende Fehler festlegend:

S. 496: Abb. 2 — Innere Organe; außerdem keine „Augenringe!"

S. 497: „Exkremente" sind Pollensäcke von Blüten.

S. 531: Bothromicromus (Neuroptera), das Original als Megalomus bezeichnet.

S. 533: Lithopsis major Pongr. (Homoptera), das Original als Orthoptere n. sp. bezeichnet.

S. 537: Pristonychus? ist eine Donacide, dieselbe Art als „Buprestis" bestimmt.

S. 541: „Tenebrionidae" ist Eodromus aeneocupreus Pongr. Das auf Tafel I Fig. 8 als Tenebrionide abgebildete Stück ist von PONGRÁCZ selbst als Typus von Eodromus (Helops) aeneocupreus bezeichnet.

S. 557: Dicerca puncto-sulcata soll mit 13—14 mm Länge die kleinste Art sein gegen D. acanthoptera mit 12—13 mm Länge.

S. 560: „Lampetis" in Textfigur gegen „Eolampetis" im Text.

S. 566: Mesomphalia gemmaspis Pongr. ist ein Unterleib.

S. 568: „Nierenförmige Komplexaugen" sind innere Organe.

Tafel II Fig. 5—6: steht im Text als Carabide?, in der Tafel-Erklärung als Eodromus sp., den er aber zu den Pterostichinen rechnet (wozu ich bemerke, daß diese zu den Carabidae gehören; Hpt.).

Tafel III Fig. 8: Eidechsenschuppen als Käferreste.

Die hier gerügten Fehler beziehen sich z. T. auf Unstimmigkeiten zwischen Text und Objekt, z. T. aber auch auf Zwiespältigkeiten im Text selbst. Dann sind aber auch Fehler dabei, die auf gröblichen Selbsttäuschungen beruhen. Oberflächlichkeiten, Ungenauigkeiten und Schlimmeres, was ich sonst noch nachweisen konnte, kam erst beim eingehenden Studium der Arbeit von PONGRÁCZ zutage. An der Liste interessierte mich am meisten, daß VOIGT, obwohl kein Entomolog, ebenfalls schon entdeckt hatte, daß *Mesomphalia gemmaspis* Pongr. ihre Publikation einer Augentäuschung verdankt, verursacht durch eine Gruppe von Farbflecken auf der Unterseite eines Käferleibes. — Aus dem Gesamtinhalt der Arbeit, soweit sie sich mit Käfern beschäftigt, eignete sich nur wenig dazu, von mir weiter verwendet zu werden. Unangefochten blieb sozusagen Gattung und Art *Eolampetis weigelti* Pongr. Von Artnamen blieben *primordialis* Pongr. sowie *àcropterus* Pongr. erhalten, indes die Namen der bezüglichen Gattungen durch andere ersetzt werden mußten. Der Gattungsname *Eodromus*, der ebenfalls Bestand hatte, war von Pongrácz einer *Carabide* zugedacht und dementsprechend gewählt. Diese vermeintliche *Carabide* war aber schon vorher von Meunier für eine *Buprestide* gehalten worden, erwies sich aber nach meinen Untersuchungen als echte *Tenebrionide*.

Was nun die Ausstattung meiner Bearbeitung der Geiseltal-Käfer anlangt, so glaube ich, daß — vor allem im speziellen Teil — Text und Abbildungen nichts zu wünschen übrig lassen. Zur Erläuterung dessen, was die einzelnen Textabschnitte behandeln, verzichtete ich auf Abbildungen nach Photogrammen und lieferte nur Strichzeichnungen. Diese Art von Bebilderung halte ich für einzig und allein imstande, mittels nur einer Darstellung mehr bieten zu können, als dies unter Umständen 3 oder mehr Photographien vermögen. Als neuartig mag die Verwendung von Bestimmungs-Tabellen gelten.

Halle (Saale), den 1. Oktober 1949

**H. Haupt**

# Inhaltsverzeichnis

# A. Allgemeiner Teil

## Das Klima der eozänen Geiseltal-Landschaft

Die Frage nach der Art des Klimas, unter welchem sich das mittlerweile berühmt gewordene Braunkohlenlager des Geiseltales bildete, scheint leicht beantwortbar zu sein, weniger leicht die Frage nach den Ursachen dieses Klimas. Zur Beantwortung der ersten Frage können zahlreiche Klimazeugen der damaligen Flora und Fauna herangezogen werden, die in z. T. überraschend brauchbarer Verfassung vorliegen, wohlkonserviert durch das Zusammenwirken mehrerer günstiger Umstände. Das gilt nicht nur für die fossil überlieferten Pflanzenreste, sondern auch für die in der Kohle eingeschlossenen Dokumente der Groß- und Kleintierwelt, wobei unter letzteren besonders die Insekten auffallen, in erster Linie vertreten durch Käfer. An Hand dessen, was gefunden und geborgen oder in der Kohlengrube selbst (einem Tagebau) beobachtet werden konnte, zog man den Schluß, daß das Klima feucht-heiß, mindestens subtropisch gewesen sein muß. Am wenigsten beweiskräftig hierfür erscheinen zunächst die Zeugnisse der damaligen Flora. Es konnten allerdings (um nur einige Beispiele zu nennen) Palmen, Zimt- und Kautschukbäume nachgewiesen werden, die es jedoch auch noch im Oligozän gab, wo die Fauna bereits schon viel weniger tropisch anmutet. Selbst im Miozän, wo offenkundig ein wesentlich kühleres Klima geherrscht haben muß, gab es noch Palmen (Zwerg- und Sabalpalmen), die man aber als Nachzügler eines allmählich zurückweichenden warmen Klimas betrachten kann. Neben vielen anderen wärmebedürftigen Pflanzen kommt aber für das Geiseltal noch eine *Bignoniacee* in Frage, deren Vorhandensein bisher noch nirgends erörtert wurde. Die großen, ringsum geflügelten Samen dieser Pflanze treten gar nicht selten in der Kohle auf. Das Samenkorn an sich ist wurmartig quer segmentiert, so daß man es fast für eine Insektenlarve halten könnte, wenn die nötige Anzahl der Segmente vorhanden wäre. Von der ganzen Frucht liegt nur die etwa 8 cm lange Scheidewand vor, schlank elliptisch, beiderseits spitz auslaufend. Prof. Weigelt führte dieses Gebilde einst als Objekt und auch im Lichtbild gelegentlich eines Kolloquiums vor. Die Scheidewand erklärte er für ein Blatt und die noch einzeln und zerstreut anklebenden Samen irrtümlich für im Parenchym vorhandene Minen mit mehr oder weniger zentral sitzender Insektenlarve. *Bignoniaceen* mit Samenkapseln, wie sie die betr. Scheidewand voraussetzt, gibt es heute nur in den Tropen. Ich konnte ein Vergleichsstück von Java beibringen.

Beweiskräftiger für die Annahme eines eozänen feucht-heißen Klimas erscheint der Flora gegenüber die Fauna, wobei folgendes zu bedenken sein mag: Was einem bestimmten Klima angehört, wird am dichtesten dessen Mittelbezirke bewohnen, tritt also an oder in den Grenzbezirken, nur sporadisch auf. Demzufolge können Massierungen irgendwelcher fossiler Tierarten oder Gattungen Anhaltspunkte dafür bieten, mit einiger Sicherheit sagen zu können, daß man mit der Fundstätte das Zentrum ihres ehemaligen Biotops vor sich hat. Handelt es sich dabei um Tiere, die rezenten Formen mit genau bekannten Lebensverhältnissen nahestehen, dann sind nicht nur Rückschlüsse auf ihre Biologie möglich, sondern auch auf das Klima jenes Lebensraumes und jener Epoche, in die sie einst gehörten. Nach dieser Seite hin sind für das Geiseltal geradezu Charaktertiere die Krokodile, für die das Gelände ein Dorado gewesen sein muß. Es wurden von ihnen ganze Körper oder ansehnliche Körperteile mehrerer Gattungen und Arten gefunden, z. T. in Anzahl, und ihre weniger auffallenden Lebensspuren sind derart zahlreich, daß man getrost von einem damaligen Massenauftreten dieser Reptile reden kann, wie man es zur Zeit in den Tropen beobachtet. — Ob in gleicher Weise das *Lophiodon* als Klimazeuge zu benutzen ist, erscheint zweifelhaft. Seine Nachfahren, die Tapire, finden sich noch im kühleren Miozän und später, jetzt aber nur noch im tropischen Südamerika, sowie in Hinterindien, auf Sumatra und Borneo. M. WEBER (22) sagt deshalb von ihnen, daß sie zum „klimatischen Schwächling degeneriert" seien. Weit besser sind die kleinen Halbaffen des Geiseltales zu gebrauchen, um auf Grund ihres Vorhandenseins ein mindestens annähernd tropisches Klima zu vermuten. In erster Linie steht für mich aber die Insektenwelt, vor allem die Ordnung der Käfer im Vordergrund bei der Entscheidung für oder gegen die Annahme eines feucht heißen Klimas. Ehe ich mich aber diesen widme, muß ich noch auf eine vermutete Besonderheit des Geiseltal-Klimas eingehen.

Eigenartige Verhältnisse der Ablagerung (in Ufernähe des damals vorhandenen Sees) zeigten sich innerhalb der „schwarzen Kohle", die ich mehrfach als Fundschicht für Käfer erwähne. Hier ließen sich Warwen beobachten und auszählen (v. RAUPACH (14)), die von rhythmisch sich wiederholenden feinsten Lagen gebildet wurden, je 2 schwarze Lagen im Wechsel mit 2 helleren Lagen. Die schwarzen Lagen, die aus kolloidaler Kohle gebildet werden, wurden als Ablagerungen während Trockenzeiten angesprochen, die zwischengeschalteten helleren Lagen indes als während Regenzeiten gebildet. Letztere enthielten „massenhaft Blattepidermisbruchstücke" und „teilweise vollständig erhaltene grasgrüne Blätter (meist Salix)". — Die von E. VOIGT (21) angefertigten Dünnschliffe von Otolithen damaliger Fische ließen einen vergleichbar ähnlichen Aufbau erkennen wie die Warwen. Der Schluß auf eine auch hier vorhandene klimatische Beeinflussung lag nahe. Man kam zur Vorstellung eines Klimas, etwa jenem von Abessinien entsprechend, mit 2 verschieden langen Trockenzeiten im Wechsel mit 2 verschieden langen Regenzeiten.

In ein solches Klima, wie eben besprochen, dürften Krokodile wie Halbaffen vorzüglich hineinpassen. Blicken wir nun auf die Insektenwelt, vor allem auf die Käfer, um die es sich in vorliegender Arbeit handelt, so müssen wir zur gleichen Schlußfolgerung gelangen. Als mit Tropentieren vergleichbar fallen hier auf die großen *Buprestidae*, die meisten der *Tenebrionidae* und die *Pyrophorinae*. Hier zeigen sich vor allem Beziehungen zu den rezenten Faunen der orientalischen und der neotropischen Region, gar keine aber zur äthiopischen Region, was ich im Gegensatz zu PONGRÁCZ besonders betonen möchte. Die Vertreter der genannten Coleopteren-Familien sind von durchschnittlich stattlicher Größe (20—30 mm). Kleine Formen zeigten sich im Geiseltal nur sehr wenig trotz aufmerksamster Bergungsarbeit. Was an Kleinkäfern gefunden wurde, machte sich durch starken Goldglanz auffällig bemerkbar, wie z. B. eine 5 mm lange *Casside* (*Callistaspis*) und eine zahlreich mit Resten vertretene *Tenebrionide* (*Paropiophorus*) von nur 3,4 mm Länge. Ich nehme an, daß noch mehr Käfer mit einer Größe unter 10 mm in der Kohle eingebettet waren, daß diese aber vielleicht infolge bescheidener Färbung den spähenden Augen der Sucher entgingen. Es mußte oft auch sehr schnell gearbeitet werden wegen des herannahenden Baggers.

Sucht man nach einer geologisch älteren Fundstätte mit ähnlich zusammengesetzter Käferfauna, so stößt man auf das untere Purbeck (limnische Ablagerungen im englischen Malm) in der Durdlestone-Bay. Schon wegen einer gewissen biologischen Übereinstimmung lohnt sich ein Vergleich. Es fällt hier zunächst auf, daß nicht nur völlig ans Wasser gebundene Insekten fehlen, sondern daß auch (wie im Geiseltal) alle wasserbewohnenden Jugendzustände oder Larven von Insekten (als Ganzes) nicht fossil überliefert wurden, trotzdem die Imagines vorhanden waren. Angesichts dieses Umstandes drängt sich die Vermutung auf, daß die Katastrophen, denen die dortigen Mitglieder der Insektenwelt erlagen, ebenfalls jahreszeitlich bedingt waren. Ehe die Austrocknung begann, hatten sich bereits alle wasserlebigen Entwicklungsstadien von Insekten zum Vollinsekt verwandelt. Fische, Krebse und Wassermollusken fanden ihren Untergang. Da im Purbeck aber nur Jungfischchen gefunden wurden, kommen in diesem Falle wohl nur Uferregionen in Frage. Klimatisch muß das Purbeck mit dem Geiseltal überein gestimmt haben; das geht auch aus der Zusammensetzung der Insektenfauna hervor, vor allem jener der Käfer. Von 76 benannten Coleopteren lassen sich etwa 46 bestimmten Familien zuteilen, und das sind 20 *Buprestidcn* und 26 *Tenebrioniden*. Ferner sind mit einiger Sicherheit Vertreter folgender Familien zu erkennen: 5 *Elateriden*, 4 *Donacien*, 2 *Malacodermaten*, 2 *Staphylinen* (?) und 2 *Carabiden*. Ferner wurden *Homopteren*, *Orthopteren*, *Blattinen*, *Phryganiden*, *Libellen* etc. nachgewiesen. Betreffs der Käfer ist die Ähnlichkeit beider Faunen überraschend. Bemerkt sei, daß ich hier auf offenkundige Irrtümer oder Mißdeutungen seitens meiner Vorgänger nicht eingehen kann. Aus den Befunden an beiden Faunen nach ihrer Zusammensetzung ergibt sich aber, daß der große zeitliche Abstand (es liegt mehr als die ganze Kreidezeit dazwischen) eigentlich nicht zum Ausdruck kommt. — Anders liegen die Verhältnisse aber, wenn wir die Größe der Käfer in Betracht ziehen. Da zeigt sich denn, daß erstens aus dem Purbeck viel auffallend kleine Käfer vorliegen (1,5—3 mm). Diese waren insofern leicht zu finden, als das Einbettungsmittel von hellem Gestein gebildet wird. Zweitens aber bleibt auch das Durchschnittsmaß der relativ großen Formen hinter der Größe der Geiseltalkäfer weit zurück. Einflüsse eines etwa vorhergegangenen kühlen Klimas können hier unmöglich für die geringe Größe der Käfer verantwortlich gemacht werden. Auf ein warmes, vielleicht sogar tropisches Klima, das im Purbeck geherrscht haben könnte, weist der Fund einer Laternenträger-Art (*Homoptera-Fulgoroidea*) hin, die als *Ricaniide* angesprochen wurde, sich aber viel eher mit einer *Poiocera* (neotropische Region) vergleichen läßt. Wie aber die Deutung auch ausfallen möge, eine derartige Homoptere wurde noch niemals innerhalb eines gemäßigten oder gar kühlen Klimas festgestellt. Will man nun nicht annehmen, daß etwaige zu geringe Erwärmung des Gebietes hindernd auf das Wachstum der Insekten eingewirkt habe, so läßt sich anderseits annehmen, daß wir hier in einem Abschnitt des oberen Jura eine der Ursprungsstellen für die eozäne Insektenwelt vor uns haben, wo verschiedene Familien und vor allem Gattungen der Coleoptera mit Kleinstformen begannen. Dieser Gedanke liegt um so näher, als sich ein Großteil der rezenten Insektenwelt gleichlaufend mit der Herausbildung der Blütenpflanzen (Angiospermen) entwickelt haben muß, die damals begann. Daß es heutzutage immer noch kleine und kleinste Käfer gibt, dieser Hinweis ist kein Argument gegen die Annahme, daß alles Leben einst mit dem Aufkommen kleiner Formen anfing als es erstmalig in die Erscheinung trat. Kleines blieb eben dort erhalten, wo weder Umwelt noch Lebensumstände sich änderten. — Im Anschluß hieran sei zu allem Überfluß darauf hingewiesen, daß Neues nur von Licht, Wärme und Feuchtigkeit erbrütet werden, geschaffen werden konnte. Entstehende Riesenformen blieben dann aber nur so lange lebensfähig, als deren Körper mittels der vorhandenen Organe bewirtschaftet werden konnte.

Um noch einmal auf die Laternenträger (Fulgoridae) zurückzugreifen, von denen gewisse Familien als Klimazeugen für eine tropische Umwelt in Frage kommen, sei erwähnt, daß KAI HENRIKSEN (10) mit Vertretern der *Ricaniidae* und *Flatidae* aus dem Paleozän Jütlands bekannt machte, wo demzufolge auch ein tropisches Klima geherrscht haben muß. Und weiterhin sei erwähnt, daß auch die Kohle des Geiseltales eine ansehnliche Fulgoride lieferte, die indes fast bis zur Unkenntlichkeit zerdrückt ist, so daß man sich kein rechtes Bild von ihr machen kann. Auf Rekonstruktion, Abbildung und Beschreibung mußte ich verzichten. — Sieht man die Funde durch, die aus dem Oligozän und dem Miozän bekannt wurden, so vermissen wir jene Vertreter der Homoptera, deren Vorhandensein unbedingt ein tropisches Klima voraussetzt. Was ich davon aus den Ablagerungen von Rott im Siebengebirge sah und was mir davon vorliegt, unterscheidet sich kaum von jenem, was wir gegenwärtig hierzulande antreffen. Noch auffälliger zeigen die Funde aus dem Miozän, daß sich allmählich ein gemäßigtes Klima herausgebildet hatte, jenem unserer Breiten entsprechend, ein Klima mit unregelmäßig langen Jahreszeiten und ungleichmäßiger Witterung. Hier konnte es geschehen, daß flache Wasserstellen zur Unzeit austrockneten und die darin enthaltene Lebewelt an Insektenlarven von einem vorzeitigen Tod ereilt wurde. So lieferte beispielsweise das obere Miozän von Oeningen im südlichen Baden Platten mit Libellenlarven in Anzahl, zuweilen gehäuft. Ich glaube darum keinen Fehlschluß zu tun, wenn ich das Vorhandensein oder Fehlen der erwähnten Wasserbewohner mit kurzbefristetem Dasein als Beweis benutze für das jedesmal vorhanden gewesene Klima.

Ergänzend noch folgendes: In den eozänen Ablagerungen der sog. „Haseninsel" (nördlich Disko zwischen 70 und 71 Grad nördlicher Breite) wurde der 9 mm lange Deckflügel einer *Tenebrionide* gefunden, der einem ähnlichen Käfer wie in Abb. 81 zugesprochen werden kann. Bewußte Insel liegt runde 20 Breitengrade vom Geiseltal entfernt. Außer der erwähnten *Helopine* wurden im grönländischen Eozän noch eine *Buprestide*, 2 *Birrhiden* (*Cisteliden* = Pillenkäfer) und 2 *Chrysomeliden* gefunden.

Zur Beantwortung der Frage nach den Ursachen des Geiseltalklimas bieten sich besonders 2 neuere Hypothesen an. Als erste wäre zu nennen jene von A. Wegener, die mit einer Verschiebung der Kontinente und damit verbundener relativer Verlagerung der Erdachse rechnet. Als zweite bietet sich jene von M. Schwarzbach an, die ein $\pm$ ausgeglichenes Klima annimmt, verursacht durch Meeresströmungen (16). Sie behandelt nur die Verhältnisse während des Alttertiärs (Paleozän, Eozän,Oligozän) und ist vor allem auf die Befunde im Geiseltal zugeschnitten. Erläutert wird sie durch eine Klimakarte, die einer Klimakarte für das Eozän bei Köppen-Wegener ((12) S. 97) gegenübergestellt ist. Nach letztgenannter Karte ergibt sich, sofern man der Theorie A. Wegeners zustimmt, eine zwanglose Erklärung für alle klimatischen Eigenheiten, die das Geiseltalstudium als gegeben erarbeitete. — Der andere Weg, auf dem Schwarzbach vorgeht, um die floristischen und faunistischen Befunde klimatisch einzuordnen, eröffnet nur den Blick auf ein „mediterran"-subtropisches Klima, das womöglich nur endemisch auftrat, so daß das Geiseltal eine Klimainsel gebildet hätte. Bei einer derartigen Stellungnahme erscheint es selbstverständlich, daß die Erdteile als unverrückbare „Festländer" betrachtet werden. Auf Grund paläobotanischer Daten unterscheidet er 3 Klimagürtel: Eine warme Zone und 2 gemäßigte Zonen. Die warme Zone umfaßt bei ihm die tropischen und subtropischen Gebiete, wobei nördliche und südliche Begrenzung sich nach den Funden fossiler Palmen richtet. Die vollständigste Begrenzung ergibt sich im Norden und verläuft etwa in der Mitte zwischen Wendekreis und Polarkreis, nähert sich aber letzterem im heutigen Alaska mit einem hohen Gipfel in auffälliger Weise. Die Südgrenze verläuft durch das mittlere Patagonien und blelbt demzufolge von Afrika und Australien entfernt. Die gemäßigten Zonen sind durch „gemäßigte und kühlgemäßigte Waldflora" charakterisiert, im Norden für das Alttertiär bis zum 81. Grad durch Funde belegt (für Jura bis 87°!). Es hätte damals also praktisch keine Baumgrenze gegeben und die Polkappen werden als bewaldet gedacht. Der Ausgleich des Klimas wird für unsere Gegend als von der Tethys ausgehend angegeben, die in breiter Verbindung mit dem indischen Ozean dargestellt ist. Verbindung mit einem kleinen polaren Meer lieferten der Nordatlantik und ein schmaler Meeresarm, der in der Richtung des Uralgebirges verlief. Durch diese Straßen mußte warmes Meerwasser nach Norden geströmt sein, so daß hier eine im Vergleich zur Gegenwart erheblich höhere Durchschnittstemperatur entstand. „Die Pole trugen im Sommer keine Eisdecke". Weiterhin heißt es ((16) S. 360 rechts!): „Da die gemäßigte Zone, wie wir sahen, stärker polwärts verschoben war als die warme, muß außerdem das Wärmegefälle zwischen Pol und Äquator kleiner, d. h. das Gesamtklima gleichförmiger gewesen sein. Man muß daraus wohl auf einen intensiven Temperaturausgleich durch Strömungen schließen". — Hier haben wir einen Gefahrenpunkt der an sich ganz einleuchtenden Theorie vor uns. Wenn das Wärmegefälle zwischen Nord und Süd so sehr gering war, dann mußten die Meeresströmungen dementsprechend auch recht geringe Geschwindigkeit haben und jedenfalls im Norden noch viel träger dahinziehen, als z. B. der heutige Golfstrom, der doch durch starke Temperatur-Differenzen in Gang gehalten wird.

Aber das Zeugnis einer polaren Waldflora liegt vor. Um Einwendungen zu begegnen, muß SCHWARZBACH für das Alttertiär eine Neigung der Ekliptik von nur 20° annehmen. Bei einem solchen Winkel käme für Disko (70° n. Br.) die Polarnacht gerade noch in Wegfall, während sie aber schon oder nur 10° weiter nördlich 112 Tage dauern würde. Bis zu dieser Höhe reicht Ellesmereland, das auch noch fossile Waldflora zeigt. Viele unserer einheimischen Waldbäume setzten wenigstens der Gattung nach diese Flora zusammen; der Art nach hat sich nur die Sumpfzypresse (*Taxodium distichum*) erhalten. Warum ist dieser Baum nach Süden abgewandert? Wie muß die ausgestorbene Flora es möglich gemacht haben, in solch unwirtlichem Gebiet zu gedeihen? Sollen wir nun die rezenten Nachfahren einschließlich *Taxodium* als „klimatische Schwächlinge" betrachten?

Eigenartig ist ja nun, daß für Trias, Jura und Kreide keine sicheren Spuren festländischer Eisbedeckungen gefunden wurden, so daß SCHWARZBACH mit ziemlicher Berechtigung für das Alttertiär mit dem Fehlen jeglicher Vereisung um den Pol herum rechnen kann. Er kann dies von seinem Standpunkt aus um so sicherer, als die floristischen Klimazeugen vorliegen. Zudem nehmen KÖPPEN-WEGENER für Antarktika ein milderes Klima an gegenüber dem heutigen.

Da nun, wie schon erwähnt, jurassische Pflanzenreste noch auf 87° n. Br. gefunden wurden, muß das angenommene ausgeglichene Klima sehr alten Datums sein und sich schon in der Trias entwickelt haben. Es ist indes schwer einzusehen, daß es runde 140 Millionen Jahre lang keine polaren Vereisungen gegeben haben soll, da bis zum Perm 4 Eiszeiten nachzuweisen sind und dem Tertiär die als Diluvium bezeichnete Eiszeit folgt. Wenn es schon im Karbon den Meeresströmungen nicht möglich war, die Pole eisfrei zu halten, so ist für das Alttertiär das Gleiche anzunehmen. — Es bleibt m. E. kein anderer Ausweg zur Erklärung der polaren Waldflora, als daran zu glauben, daß die heute unter Eis begrabenen Inseln eine andere Lage zum Nordpol hatten als jetzt. Die zaghafte Annahme einer geringeren Schräglage der Ekliptik hilft zur Erklärung ebenso wenig wie die Annahme einer bis jetzt noch nicht enträtselten Ursache des Tertiärklimas.

Sollten seit der Trias tatsächlich keine Gletscher auf Polarländern (mindestens im Norden) gelegen haben, die andernfalls ungeheuere Wassermassen gebunden hätten, so wäre für die ganze Zeit mit einer Erhöhung des Wasserspiegels der Ozeane zu rechnen, die etwa 70 m betragen haben dürfte. Diese Möglichkeit liegt vor, und die ausgedehnten Transgressionen fänden eine Erklärung. Die Bewässerungs-Verhältnisse der damaligen Trockengebiete dürften dann auch andere gewesen sein, und es ist leicht möglich, daß weitab liegende Funde von Palmen oder Krokodilen, die SCHWARZBACH vermerkt, auf Verschleppungen durch fließendes Wasser zurückzuführen sind. Nach beiden für das Eozän vorliegenden Karten liegt der Nordpol im Meer, einmal in einem sehr kleinen Polarmeer, bei KÖPPEN-WEGENER im nördlichen Pazifik.

Die Erwägungen des Für und Wider seien hiermit abgeschlossen. Erwähnt sei aber noch, daß die Parallelisierung der Otolithen-Anwachsschichten mit den Warwen der Seeablagerungen durch VOIGT wohl nicht ganz so leichtfertig erfolgte, wie SCHWARZBACH es hinstellen möchte. Betreffs der Käfer sei noch besonders betont, daß vor allem das Vorkommen leuchtender *Elateriden* durchaus an tropisches Klima gebunden ist. Heute sind diese Käfer mit einer einzigen Ausnahme (*Photophorus* auf Tahiti) auf die neotropische Region beschränkt, hier die heißesten Teile bewohnend. Bemerkenswert angesichts einer derartigen Verbreitung der *Pyrophorinae* ist der Hinweis auf einen ehemaligen Zusammenhang zwischen den Kontinenten der Ost- und Westhemisphäre. Schon A. v. HUMBOLDT ((11) S. 31) spricht eine dahingehende Vermutung aus und macht auf weitere Hinweise aufmerksam, die er an anderer Stelle gegeben hat. Unabhängig hiervon kam A. WEGENER auf denselben Gedanken, der vor allem bei den Tiergeographen großen Anklang fand. Nach den Ergebnissen meiner eigenen Feststellungen über die Verbreitung jener Raubwespen, die biologisch an Spinnen gebunden sind, kann es auch gar nicht anders sein, als daß Afrika und Südamerika einst (etwa bis zum Ende der Kreidezeit) nebeneinander lagen. Bei der westlich gerichteten Abdrift Südamerikas und der Talbildung des südlichen Atlantik (um mit HUMBOLDT zu reden) kann auch der aus Kimberlit bestehende St. Pauls-Felsen (Äquatornähe) nicht im Wege gewesen sein. Viel weiter südlich (relativ wie absolut) muß auch Grönland mitsamt der arktischen Inselwelt gelegen haben. Auch hier ist mit einer Abdrift zu rechnen, diesmal in nördlicher Richtung. Im ganzen genommen ist das Gleiten von sialischen Festlandschollen auf der starrflüssigen Unterlage des Sima gar nicht so erheblich, wie es den Augenschein hat. Auf einem Globus von 1,70 m Durchmesser hätten diese Schollen nur 1 cm Dicke. Eine Bewegung ihrerseits von reichlich

$^1/_2$ mm ($^5/_9$ mm) pro Tag ergäbe 20 cm im Jahr und 20 m im Jahrhundert, was bei Vermessungen kaum zu erkennen wäre. Im Verlauf von 50 Millionen Jahren käme aber die Strecke eines Erdquadranten (10000 km) heraus.

Es mag schwer fallen, sich vorzustellen, daß das Geiseltal einst etwas südlich vom Wendekreis des Krebses gelegen haben könnte infolge kontinentaler Verschiebungen. Andererseits fällt es aber auch schwer, an ein ausgeglichenes Klima der gesamten Erdoberfläche zu glauben, so daß für das Geiseltal ein durch Meereswärme verursachtes subtropisches Klima herauskam und die gemäßigten Zonen nur im Winter Schnee- und Eisbedeckung hatten. Das Gebiet kann auch nicht für eine Art Riviera gehalten werden. Dafür lag das Meer zu weit entfernt, und es fehlte ein Gebirge als sozusagen Rückendeckung gegen Norden, das als Wärmespeicher oder auch nur als Windschutz hätte dienen können. Für das dort einst herrschende Klima muß eine weite zonale Ausbreitung angenommen werden, betreffs der wir nicht sagen können, wie weit sie ostwärts gereicht haben mag, die nach Westen aber sicherlich viel weiter ausgedehnt gewesen ist als bis in die Gegend von Darmstadt, wo in der eozänen Faulschlammkohle von Messel dieselbe Käferfauna vorhanden ist. Aus einem eozänen Riesengebiet liegt das Geiseltal nur als kleiner Ausschnitt vor, der uns, durch Glücksumstände begünstigt, einen umfassenden Einblick in die damalige Lebewelt gestattet, die weite Steppengebiete mit eingestreuten Wäldern und Wasserstellen beherrschte. Der Condor, der darüber schwebte, muß Platz gebraucht haben. Zugleich weist dieser Raubvogel darauf hin, daß Landverbindung mit Amerika bestanden haben muß; denn: Geier fliegen niemals über Meer oder Meeresarme.

## Zur Stammesgeschichte der Käfer

Als im mittleren Devon die ersten Landpflanzen (*Psilophyten*) auftraten, da stellten sich auch die ersten Insekten ein. Vorerst ist nur eine *Apterygote* aus Schottland bekannt geworden (*Rhyniognatha hirsti* Tilly.) von etwa 1 mm Länge. Ob nun die Klasse der Insekten einzig mit der genannten Unterklasse ins Dasein trat oder ob neben ihr auch schon die Unterklasse der *Pterygota* erschien, weiß man nicht. Soviel aber scheint sicher, daß mit dem Höherwuchs der Pflanzen sich auch solche Insekten entwickelt haben müssen, die sich — an jene Pflanzen betreffs Nahrungserwerb haltend — ebenfalls vom Erdboden lösten. Durch Verbreiterung der Seitenfalten ihrer Thoraxabschnitte werden anfänglich nur flache Hautsäcke entstanden sein, die wie Fallschirme wirkten. Die Gewinnung des kürzeren Luftweges von Pflanze zu Pflanze wurde damit möglich; die Entwicklung der Flügel läßt sich denken. Siehe Literatur: (8)!

Selbst wenn wir uns die ältesten tierischen Lebewesen des trockenen Landes als fußlose Würmer vorstellen sollten, so waren doch wohl die Insekten (jene Würmer als Vorfahren eingerechnet) die ersten Tiere, welche als Nutznießer der Landpflanzen in Frage kommen. Sie nagten und saugten an den Pflanzen oder taten beides. Im Karbon erreichen sie bereits erhebliche Größen und treten als herrschendes Element der Fauna auf. Ihre Angriffe werden sich nicht nur gegen das Laubwerk, sondern auch gegen die nahrhafteren Teile der Fruchtstände gerichtet haben. Ich denke hierbei nicht nur an die durchschnittlich großen bekanntgewordenen Formen, sondern auch an deren noch unbekannte Jugendzustände und an das Heer der Kleinen, von denen wir auch so gut wie nichts wissen. Aus den Fressern von frischen Pflanzenteilen werden die Abfallfresser (z. B. *Blattinen*) hervorgegangen sein und endlich auch die Raubinsekten, als deren riesigste Vertreter wir die libellenartigen *Meganeuriden* (bis zu 70 cm Körperlänge) kennen. Auf diese Weise wäre das Zustandekommen des biologischen Gleichgewichts zwischen Pflanzen- und Insektenwelt einerseits und innerhalb der Insektenwelt anderseits zu erklären. Dabei soll aber nicht verkannt werden, daß es im Karbon auch schon ganz ansehnliche Spinnen gab, die als Insektenfeinde eine Rolle spielen konnten. Ferner gab es die *Arthropleuriden* (entweder Riesenasseln darstellend oder zu den Myriapoden gehörig), die Längen von weit über 1 m erreichten und jedenfalls Räuber waren. Landwirbeltiere, die ebenfalls noch als Fleischfresser in Frage kommen, waren vorerst noch klein und allem Anschein nach molchartig träge Tiere. Diese 3 letztgenannten Angreifer auf tierisches Leben (Insekten-Vertilger) waren aber nicht in allen karbonischen Pflanzenformationen zu Hause. So fehlen sie z. B. in den Ottweiler Schichten von Wettin völlig, und als Räuber traten dort vielleicht nur *Protorthopteroiden* auf. Was in diesem Gebiet an Spinnentieren nachgewiesen werden konnte, gehört in die Verwandtschaft der harmlosen *Troguliden.*

Versuchen wir, uns ein Bild von der paläozoischen Insektenwelt nach den überlieferten Abdrücken zu machen, so müssen wir erkennen, daß im tropischen Karbon große Insekten dominierten, im kühleren Perm dagegen (bei geringen Ausnahmen) durchschnittlich kleine Insekten vorhanden waren. Das Verhältnis erscheint heutigen Zuständen äußerst ähnlich, wo gleichfalls die Tropen mit Riesenformen aufwarten, denen in den gemäßigten Zonen die vorherrschenden Zwergformen gegenüberstehen. Nehmen wir aber als sicher an, daß es im Tropengürtel der Karbonzeit ebenfalls zahlreiches Kleingetier in Form von Insekten gegeben hat wie heutigentags in den Tropen und Subtropen, so hinkt ein Vergleich zwischen dem karbonischen und dem heutigen tropischen Lebensraum doch bedeutend. Für damalige Zeit müssen wir mit einem noch im Stadium der Aufgliederung befindlichen Insektenleben rechnen, während heute ein bereits auf das reichste differenziertes vorliegt. Was zur Karbonzeit als groß die feuchtheißen Sumpfwälder bevölkerte, war das erste seiner Art, hervorgegangen aus kleinen Vorfahren unter der Gunst eines sozusagen brütenden Klimas, daß ja auch eine überaus üppige Pflanzenwelt hervorgebracht hatte. Kleines bestand trotzdem weiter, ist aber bisher kaum gefunden worden. Es läßt sich aber denken, daß es in weniger günstigem Lebensraum sein Dasein führte, etwa an oder nahe den Grenzen des karbonischen Tropengürtels. Ferner läßt sich denken, daß es hier weniger an Größe zunahm, als sich nach der organischen Seite hin veränderte, sich anpaßte an ungünstigere Lebensbedingungen. Als solche wären trocknere Luft, Pflanzen mit härterem Laub und stärker verholztem Körper auf steinigem und festerem Boden anzunehmen. Auch an größere Wärmeunterschiede zwischen Tag und Nacht wäre zu denken, da mehr und mehr sich auflockernde Pflanzenbestände zunehmend größere Bodenflächen in immer geringerem Maße beschatteten.

Das Karbon fand sein Ende mit der in nördlicher Richtung erfolgenden Verlagerung des Festlandes, wobei der Äquator mitsamt der heißen Zone mehr oder weniger völlig auf das Tethysmeer zu liegen kam. Angesichts dieses Vorganges läßt sich beinahe sagen, daß die karbonische Flora mitsamt der Fauna in jenem Ur-Mittelmeer ertranken. Übrig blieben an Pflanzen und Tieren die Grenzbewohner. Die in das untere Perm, das Rotliegende, übergehende Grenzflora ist zunächst noch tropisch und enthält baumartige Kryptogamen, wie *Sigillarien* und *Lepidodendren*, um ganz allmählich in die Flora des oberen Perm, der kälteren Zechsteinformation überzugehen mit ihren *Koniferen*. Im Verlauf dieses ganzen Geschehens, das einen Zeitraum von runden 40 Millionen Jahren umspannt, tritt eine fast völlig neue Insektenfauna in die Erscheinung, deren bermerkenswertestes Element die dem Karbon noch fehlenden Käfer bilden. An diesen, die Ordnung der *Coleoptera* umfassend, fällt besonders auf, daß sie sich nach ihrer Ernährungsweise in dieselben Bezirke gliedern wie die Gesamtheit der karbonischen Insektenwelt. Ebenso wie dort gibt es bei ihnen Pflanzenfresser, Abfallfresser und Räuber, die selbst ihresgleichen nicht verschonen. Ohne daß ich mich hier auf genauere Angaben einlasse, wird man zugeben müssen, daß die Käfer mit ihrer biologischen Vielseitigkeit eine Sonderstellung gegenüber den anderen Insektenordnungen einnehmen mit Ausnahme der *Diptera*, betreffs deren sich verschiedene Parallelen ergeben.

Den bis jetzt einzig bekanntgewordenen ältesten Abdruck der Flügeldecke eines Käfers lieferten die Gehrener Schichten des unteren Perm von

Manebach in Thüringen (bei Ilmenau). Beschrieben und abgebildet wurde das hochinteressante Objekt (10,8 mm) durch Zeuner 1933 (25) unter dem Namen *Blattocoleus tillyardi* (Abb. 1). — Sein Autor versucht, diesen Käfer als einen Abkömmling der *Palaeodictyoptera* des Karbon hinzustellen auf Grund einer vergleichenden Analyse des Flügelgeäders. Daß hier eine gewisse Ähnlichkeit vorhanden ist, kann nicht bestritten werden, vor allem nicht, wenn sich Zeuner nach dem Schema eines solchen Flügels richtete, wie es Handlirsch 1910 und noch 1925 (5) veröffentlichte. Ich gebe eine Nachzeichnung dieses Schemas unter Weglassung des sekundären Netzgeäders (Abb. 2). Gleich vorweg muß ich aber erklären, daß dieser Vorderflügel, sich der Dreiecksform nähernd, nicht einem *Palaeodictyopteron* angehören kann, wenigstens keinem echten mit der Gattung *Stenodictya* als Typus. Der abgebildete Flügel erinnert nach seinem Umriß stark an die

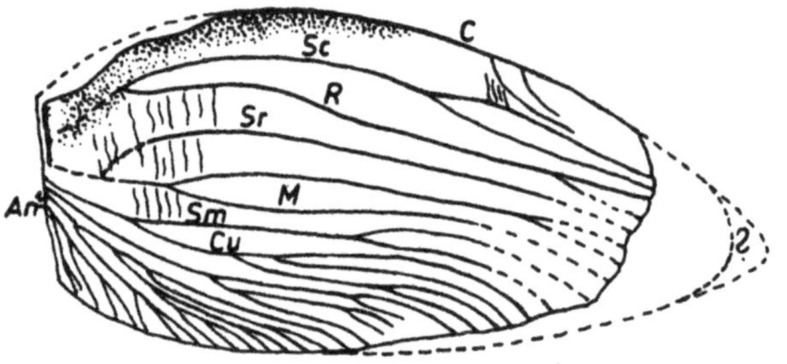


Abb. 1

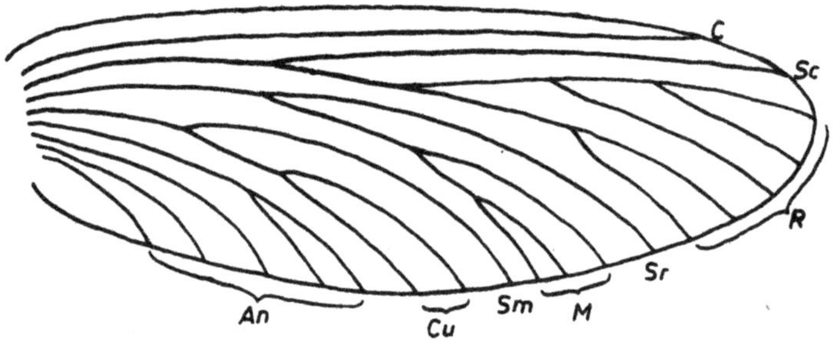


Abb. 2

*Lithomantidae,* von denen die *Palaeodictyoptera* (jene eigenartigen Segelflieger) abzuleiten (?) sind. Die *Lithomantidae* aber, stattliche Tiere, die ihre Flügel über das Abdomen legen konnten, sind ganz gewiß aus kleineren Insekten hervorgegangen, die das auch vermochten, sich aber in anderer Weise fortentwickelten, wie bereits weiter vorn angedeutet. Betreffs der Aderung (wie in Abb. 2) wies ich schon an anderer Stelle (8) auf das Vorhandensein von 3 einander sehr ähnlichen Aderkomplexen hin, die ursprünglich kongruent gewesen sein dürften. Daß sich Anklänge hieran auch bei den *Palaeodictyoptera* finden, ist ganz natürlich. *Blattocoleus* zeigt die 3 Komplexe deutlich. Weitere Ausführungen hierüber kann ich mir sparen, und ich verweise auf meine Studie darüber (8). Erwähnt sei aber, daß meine „Sub"-Adern mit den Adern gleichen Namens bei LAMEERE nichts zu tun haben. Homolog der Subcosta (Sc) vor dem Radius (R) sind der Media (M) ein Subradius (Sr) und dem Cubitus (Cu) eine Submedia (Sm) vorgeschaltet, beide ursprünglich auch je einen Nerv führend, der Sinnesorgane versorgte. Die Costa (C) ist bei *Blattocoleus* in den Vorderrand verlagert zu denken.

Mit *Blattocoleus* hätten wir nun eines jener Insekten vor uns, die als Grenzbewohner des tropischen Karbongürtels am Ende der Karbonzeit in die Landschaft der Permformation überzutreten vermochten. Diese Pioniere der Käfer, wie man sie nennen kann, müssen Vorfahren mit weniger konzentriertem Deckengeäder gehabt haben. Bei diesen müssen, wie an Parallel-Beispielen ersichtlich ist, alle 3 Aderkomplexe freie Subadern besessen haben und waren im Hinblick darauf primitiver. Ich nehme an, daß sie eine Art Bodenschicht bildeten, um einen Ausdruck aus der Floristik zu gebrauchen. Wie groß in diesem Falle deren Dichte zu veranschlagen wäre, bleibe außerhalb jeder Spekulation.

Hierzu sei folgendes bemerkt: Den Ausdruck „primitiv" gebrauche ich im Sinne von „urtümlich", nicht etwa von unzulänglich, um damit eine gewisse Minderwertigkeit oder Rückständigkeit des damit belehnten Objektes auszudrücken. Alles, was uns aus vergangenen Epochen heute an irgendeinem Lebewesen als primitiv anmutet, war seinerzeit und inmitten seiner Umwelt vollkommen. Es wäre sonst nicht existenzfähig gewesen. Alle Vollkommenheit aber war und ist relativ, und sie hat die Möglichkeiten einer Weiterentwicklung in sich zu tragen. Anderseits ist zu bedenken, daß ein an sich vollkommenes Lebewesen sich organisatorisch verausgaben kann, von anderen überholt wird und damit ausscheidet aus dem Kampf ums Dasein, der doch Leben bedeutet. Hierher gehört z. B. das Größenwachstum, dem seine natürlichen Grenzen gesetzt sind. Indem der Körper seiner Masse nach dreidimensional zunimmt, wächst seine äußere Oberfläche mitsamt der bewirtschaftbaren Fläche seiner inneren Organe nur nach Länge und Breite. Das Körpergerüst kann verstärkt werden, aber die Versorgung mit Atemluft, die Blutzirkulation und die Verdauung können nicht Schritt halten, da sie nur an Flächen angreifen.

Wie die primitiven Vertreter der *Coleoptera* im Karbon ausgesehen haben mögen, davon sich eine Vorstellung zu machen ist so lange noch unmöglich, als erläuternde Belegstücke fehlen. Diese noch hypothetischen Insekten möchte ich als *Palaeocoleoptera* bezeichnen. Bei ihnen werden die

Subadern noch frei aus der Schulter gekommen sein, bevor es zur basalen Verwachsung mit jenen Adern kam, denen sie vorgeschaltet sind, also zu Stielbildungen. Einzelne Vorkommnisse bei fossilen Flügeln geben noch Hinweise auf einen derartigen Zustand. Ich denke mir die *Palaeocoleoptera* als Entwicklungsbasis für einen erheblichen Teil der karbonischen Insekten, die sozusagen vertikal aus ihnen hervorgingen, während diese selbst sich sozusagen in der Horizontalen weiter fortbildeten, ohne dabei wesentlich an Größe zuzunehmen. Bei dieser Art der Entwicklung stießen sie gegen die Grenzen des ursprünglichen Wohngebietes vor, die sie dann auch überschritten. Mit dieser Annahme fällt die von Handlirsch aufgestellte Theorie, nach welcher die *Palaeodictyoptera* die Ahnen aller späteren Insekten gewesen sein sollen. Ich halte das schon aus dem Grunde für unwahrscheinlich, als es nicht denkbar ist, wie ganze Ordnungen — im Durchschnitt Familien, Gattungen und Arten von geringer Körpergröße enthaltend — daraus hervorgegangen sein sollen. Bisher lehrte uns das Naturgeschehen, daß stets kleine Formen am Anfang stehen. Es ist auch abwegig, etwaige Vorfahren der Käfer bei den *Orthopteroiden* oder gar den *Blattinen* allein zu suchen. Die gesamte äußere Anatomie der Käfer spricht dagegen. Schon der Hinweis auf die bei allen Käfern vorhandenen glatten Tibien dürfte genügen. Die Tibien, besonders jene der Hinterbeine, sind niemals dornig oder gar sägezähnig; sie haben höchstens einige seitliche Zacken. Eine Abstammung in umgekehrter Richtung anzunehmen, dürfte den wirklichen Verhältnissen näherkommen. Die Altinsekten dürften ursprünglich auch nur durchweg glatte Beine besessen haben, an deren Schienen und Tarsen sich erst allmählich Dornen entwickelten, wie betreffs der *Orthopteroiden* mit ziemlicher Sicherheit erkennbar ist. Außerdem aber waren sie Bauchatmer, deren abdominale Stigmen auf der Unterseite lagen. Die Käfer aber sind Rückenatmer, wovon im Kapitel über die Flügeldecken des weiteren gesprochen werden soll. Zugegeben werden kann, daß die *Orthopteroiden*, *Blattinoiden* und *Coleopteroiden* ziemlich nahe stammverwandt sein mögen, schon wegen der ähnlichen Mundteile. Ebenso kann man annehmen, daß etwaige verwandtschaftliche Beziehung auch durch Herausbildung $\pm$ passiv sich verhaltender Deckflügel zum Ausdruck kommt und durch zunehmende Aktivierung der Hinterflügel. Das sind aber nur Neuerscheinungen bei einzelnen Gattungen der beiden erstgenannten obigen Gruppen, wobei ich von den *Dermaptera* absehe, die schon im Tertiär ihre endgültige heutige Gestaltung besaßen. — Die Verlagerung der Flugtätigkeit nach rückwärts und einzig und allein auf die Hinterflügel ist mit tiefgreifenden Veränderungen im gesamten Körperbau verbunden. Sichtbar zum Ausdruck kommt dies in der Gliederung des

Thoraxrückens, bei Meso- und Metanotum. Unkontrollierbar für uns bleibt, in welcher Weise der Körper auf die Verschiebung seines Schwerpunktes reagierte, der seinen Ort gleichlaufend mit der Veränderung der motorischen Leistung seiner Flugorgane verlegen mußte. Soviel kann aber als feststehend angenommen werden, daß die *Coleoptera* als erste Insekten all diese Schwierigkeiten schon während des Karbon überwunden haben müssen. Was zu jener Zeit fliegend den Luftraum beherrschte, flatterte entweder vierflügelig oder segelte auch nur, wie die *Palaeodictyoptera*, oder es begann schon damit, in zunehmendem Maße die Vorderflügel als Schwingungs-Propeller zu betätigen, wie die *Homopteroiden*. Auf jeden Fall waren die Käfer des unteren Perm, des Rotliegenden, schon soweit „fertig", daß sie fast oder ganz ausschließlich nur die Hinterflügel als motorischen Teil ihres Flugapparates einsetzten, wobei die Vorderflügel in zunehmendem Maße die Funktion von Tragflächen übernahmen.

Was nun den coleopteroiden Charakter der Decken von *Blattocoleus* anlangt, so kann bei dessen Beurteilung das noch recht primitive Aderungssystem unberücksichtigt bleiben. Als überzeugend brauchbar erweist sich jedoch, daß dieser Urkäfer mit sehr stabilen Decken versehen war, wie der als Positiv und Negativ vorliegende Abdruck bezeugt. Die gefundene Decke ist gewölbt und schon dadurch als ziemlich druckfest anzusehen. Außer den Längsadern gaben noch Querrunzeln (im basalen Teil angedeutet) eine zusätzliche Versteifung. Der Druckpunkt für die Bewegung oder für das bloße Heben der Decke mnß — nach dem vermutlichen Ursprung der Längsadern zu urteilen — in der Mitte einer breiten Basis gelegen haben, so daß die leider nicht erhaltene Schulterecke als steil ansteigend zu denken ist, vermutlich also einen annähernd rechtwinkligen Zuschnitt zeigte. Wenn aber all das, was hier nur als Vermutung ausgesprochen werden konnte, als wenig beweiskräftig abgelehnt werden sollte, so mag der Hinweis auf die Abwölbung des vorderen Deckenrandes genügen, das bisher einzige und einzigartige Fundstück für die Decke eines echten Käfers zu erklären. Als solche wurde sie nicht mehr aktiv am Flug beteiligt, diente nur als Tragfläche, gehoben durch die hinter dem Vorderrande von unten nach oben stoßenden Luftwirbel, indem die Hinterflügel als Schwingungspropeller wirkten. Eine einfache Drachenwirkung der Decken kommt nicht in Frage.

Nun möchte ich auf die stammesgeschichtliche Stellung von *Protocoleus* Tilly. eingehen. In meiner Arbeit „Die ältesten geflügelten Insekten etc." von 1940 (7) sprach ich mich dahin aus, „daß die *Mylacridae* an den Anfang etwaiger Käfer-Vorfahren gehören, bei denen die Hinterflügel zum aktiven Teil des Flugapparates werden." Im vorhergehenden Abschnitt sagte ich: „Die *Mylacrida* treten spärlich im mittleren, reichlicher im oberen Oberkarbon auf und verschwinden gewissermaßen zu dem Zeitpunkt, an dem die ersten, als *Coleoptera* zu deutenden Insekten sich einstellen." Ohne die Originalarbeit Tillyards (18) über *Protocoleus* eingesehen zu haben, kopierte ich die von Zeuner (25) gebrachte Abbildung, mir nicht klar darüber, was an dem Flügel als Costal- oder Analrand anzusehen ist. Der Gedanke, den ich damals hegte, die *Mylacrida* in die Ahnenreihe der *Coleoptera* zu stellen, war verfehlt. Als ihre Nachfahren können nur coleopteroide Insekten in Frage kommen. Auffallend bei ihnen (Abb. 3) ist entschieden die Auflösung der C, die Streckung der zahlreiche An und die gegenläufige Verästelung von M und Cu. Die für das *Blattinen*-Geäder so charakteristischen trennenden Längsstreifen zwischen

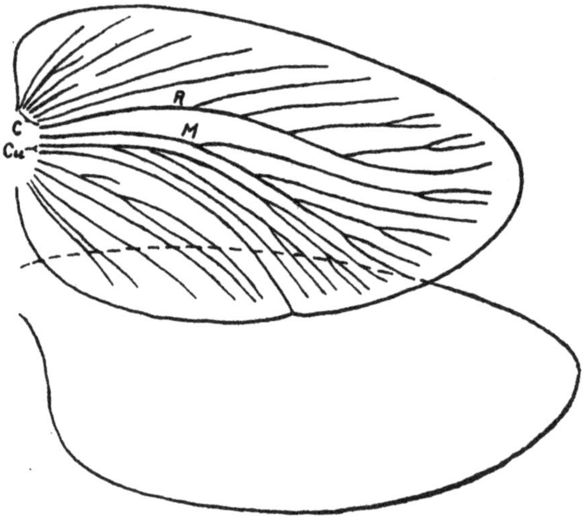


Abb. 3

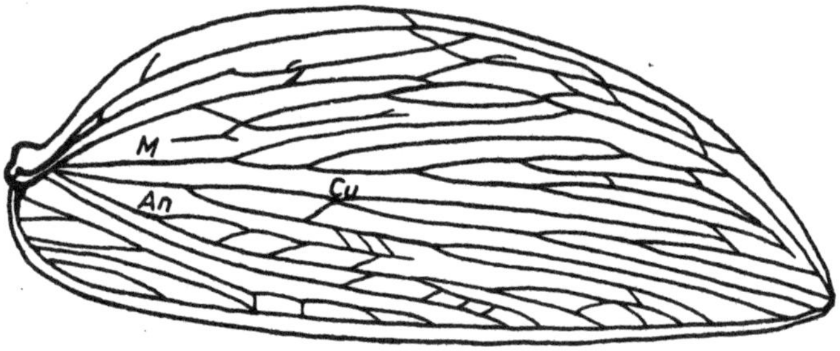


Abb. 4

C, R, M und Cu haben sich auf deren 2 reduziert zwischen R, M und Cu. Einige Anklänge an diese Verhältnisse zeigt noch der Flügel von *Protocoleus* Tilly. (Abb. 4), der aber nur noch eine einzige längsstreifen-ähnliche Lücke zwischen M und Cu besitzt, die fast genau gegen die Spitze verläuft. Eine Verwandtschaft mit den *Mylacrida* kann nicht allzu nahe gewesen sein. Es geht dies auch aus dem Bau der Flügelbasis hervor, d. h. dem basalen Zuschnitt des Vorderflügels. Hier zeigen sich fundamentale Unterschiede. Der Druckpunkt für die Bewegung liegt bei der gerundet-dreieckigen ·Decke der *Mylacrida* ziemlich genau in der Mitte von deren proximaler Basis. Infolgedessen entsteht eine weit vorgezogene Schulterecke, und die C ist fächerartig aufgeteilt. Ob eine derart geformte und in der eben beschriebenen Weise gelenkig ansitzende Decke noch als aktives Flugorgan betätigt werden konnte, mag zu bezweifeln sein. Auf jeden Fall liegt hier eine bedeutende Ähnlichkeit mit den Verhältnissen bei den echten Käfern vor, die aber nur als Konvergenz-Erscheinung gedeutet werden kann. Vielleicht waren auch schon die Hinterflügel länger als die Decken, wie ich in der Abbildung andeute.

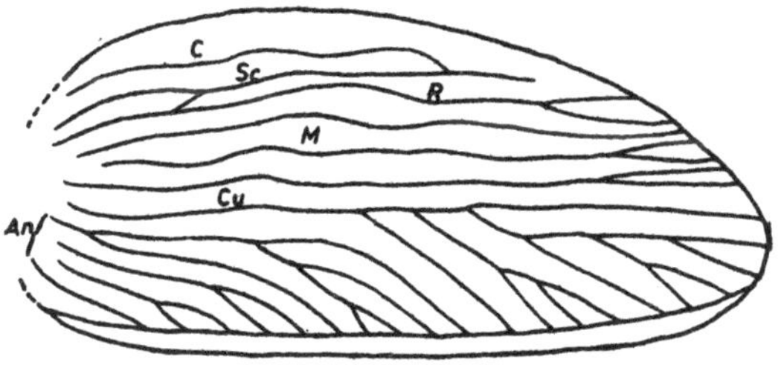


Abb. 5

Eine unmittelbare verwandtschaftliche Verbindung zwischen einer *Mylacride* und dem *Protocoleus* ist nicht zu erkennen, und eine Vergleichsmöglichkeit, der man allerdings eine gewisse Wichtigkeit beimessen kann, besteht nur in dem schon erwähnten Längsstreifen zwischen M und Cu. Der stielartige Ansatz der Decken, der einer gelenkigen Verbindung mit dem Thorax dient, liegt zwar auch sozusagen in der Mitte der Deckenbasis, aber trotzdem deutlich am Grunde eines in flachem Bogen ansteigenden Costalrandes. Daraus ergibt sich, daß bei *Protocoleus* die „Decken" als Vorderflügel aktiv am Flug teilnahmen. Ferner scheint der Analsaum mit vermutlich nach unten umgeschlagenem Hinterrand als Retinaculum gedient und die Hinterflügel gekoppelt zu haben, ähnlich wie bei *Protelytron* (vgl. Abb. 8!). Wie man es nun anfangen will oder soll, das Längsadersystem z. B. von *Permarrhaphus* Mart. (Abb. 11) „mühelos" von jenem bei *Protocoleus* abzuleiten, wie Zeuner schreibt, ist mir unbegreiflich. *Permarrhaphus* Mart. ist ein ebenso echter Käfer, wie *Protocoleus* Tilly. kein Käfer ist. Bei letzterem — im oberen Perm Australiens gefunden — ist noch zu bedenken, daß aus gleichalteriger Lagerstätte Decken stammen, die schon recht fortgeschrittenen *Coleopteren*-Stämmen zugeschrieben werden müssen, auf die ich noch zu sprechen komme. In Anbetracht dessen kann für die kritische Gattung nach meinem Dafürhalten nicht der Anspruch erhoben werden, der erste und älteste Repräsentant einer Ordnung *Protocoleoptera*

TILLY. zu sein, und es kann nur eine Familie *Protocoleidae* TILLY. bestehen bleiben. Für diese kommt noch als zweiter Vertreter eine Gattung in Frage, von der die Decke einer Art (besser wohl als Vorderflügel zu bezeichnen) im unteren Purbeck gefunden wurde (Abb. 5). Mit dieser Art, deren Aussehen als ganzes Tier ebenso rätselhaft ist wie jenes der Stamm-Gattung, starb die Familie vermutlich aus. HANDLIRSCH (3) nennt den betreffenden Vorderflügel? *Helopidium rugosum*, beschreibt ihn auf S. 565, gibt aber keine Abbildung. Ebenfalls mit vorgesetztem Fragezeichen (?) zählt er noch 3 weitere Arten auf: *H. brodiei* GIEB., *H. dubium* HANDL. und *H. dunkeri* Gieb., die aber nach den von WESTWOOD gezeichneten Abbildungen weder irgendwelche Ähnlichkeit mit *H. westwoodi* Gieb., noch mit dem typischen *H. neoridas* WESTW. haben. — *H. westwoodi* war von GIEBEL übrigens als *Hydrophilus* angesprochen worden, und ich möchte ihm hierin beistimmen. Bei der Type (*H. neoridas* WESTW.) handelt es sich um eine 6 mm lange Decke mit symmetrisch schmal-elliptisch abgerundeter Spitze, mit flachem Costalsaum und 18 feinen flachen Längsstreifen. — Für das fragliche *Helopidium rugosum* HANDL., das womöglich gar kein Käfer ist, schlage ich den Namen *Cymatelytron rugosum* (HANDL.) m. vor.

Bevor ich mich den permischen Resten echter Käfer zuwende, möchte ich die Aufmerksamkeit noch auf die coleopteroiden *Protelytroptera* TILLY. lenken, die ihr Autor in nähere Beziehung zu den *Dermaptera* (*Forficuliden*) bringen möchte. Es handelt sich bei ihnen um Insekten, die wegen der Wölbung ihrer Vorderflügel eine bemerkenswerte Konvergenz zu den *Coleoptera* zeigen, sicher aber weit entfernt von ihnen stehen und mit ihrem Dasein vermutlich auf die Permformation beschränkt bleiben. Mit mehreren Arten im oberen Perm von Kansas nachgewiesen, verraten ihre z. T. zahlreich gefundenen „Decken" eine lebhafte Entwicklung, die durch zunehmende Vereinfachung oder durch sonstige Abänderungen des Geäders zum Ausdruck kommt. Ihre entwicklungsgeschichtliche Ableitung dürfte aus der Nähe der *Oryctoblattinidae* HANDL. möglich sein. Diese stellte ich ((7) p. 88) an die Spitze der *Protofulgorida* m. Hier muß ich sie auch stehen lassen; doch nehme ich heute an, daß, wenn sie auch nicht selbst zugleich als Vorfahren der *Protelytroptera* in Frage kommen können, so doch vielleicht als eine noch unbekannte sogenannte Schwesterform. Was beide entschieden einander nahebringt, ist die basale Ansatzwölbung der Costa oder des Costalsaumes. TILLYARD läßt bei seinen Abbildungen diese beachtenswerte Stelle stets aus, und man kann annehmen, daß sie den Objekten fehlte, die ihm als Vorlage dienten. CARPENTER (2) indes bildet sie ab, und aus diesem Grunde sah ich mich veranlaßt, sie bei meinen Kopien (Abb. 6) punktiert anzudeuten. Betrachtet man nun den rechten Vorderflügel von

*Oryctoblattina laqueata* SCUDD. ((13), Pl. XI, fig. 6), den ich in freier Wiedergabe biete (Abb. 7), dann erkennt man deutlich den Ansatz zu der erwähnten Vorwölbung. Die *Fulgoriden*-Natur des Flügels ist nicht zu bestreiten; der gesamte Aderverlauf spricht dafür (vgl. bei (7) pp. 88—94!), und eine Clavusnaht (Cln) ist auch vorhanden. Es hat nichts zu bedeuten, daß die Bogenfalte quer über die Flügelmitte nicht entwickelt ist, die bei gleichalterigen Arten schon auftritt und bei den rezenten Arten ein Charakteristikum bildet. Dafür tritt aber noch eine pterostigmaähnliche Bildung auf (Ptst), die den rezenten Arten i. d. R. fehlt. Daß sich die M vom gemeinsamen Aderstiel Sc + R + M abzweigt, ist auch ohne Belang. Bei *O. pygmaea* MEUN. (Vdfl. 14 mm) von Commentry ((4) p. 560, Abb. 58) kommt sie als freie Ader aus der Flügelwurzel.

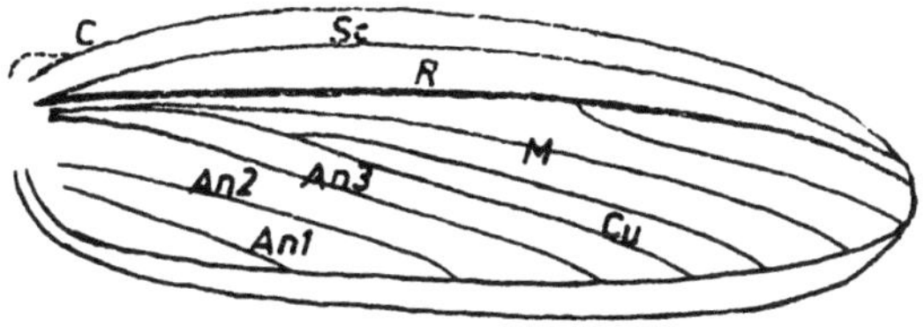


*Protelytron permianum* TILLY. 5,8 mm

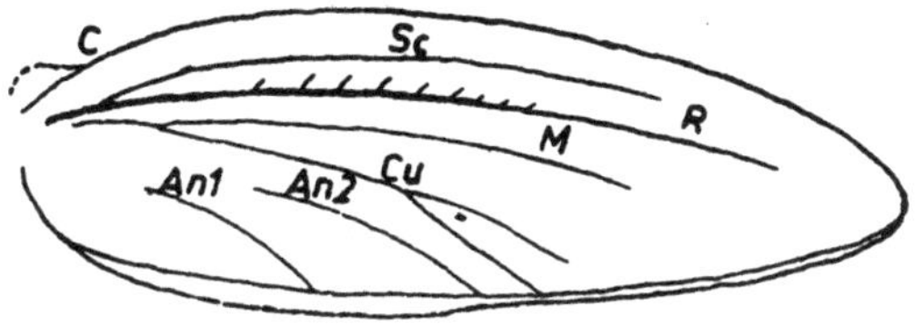


*Permelytron schucherti* TILLY. 8 mm

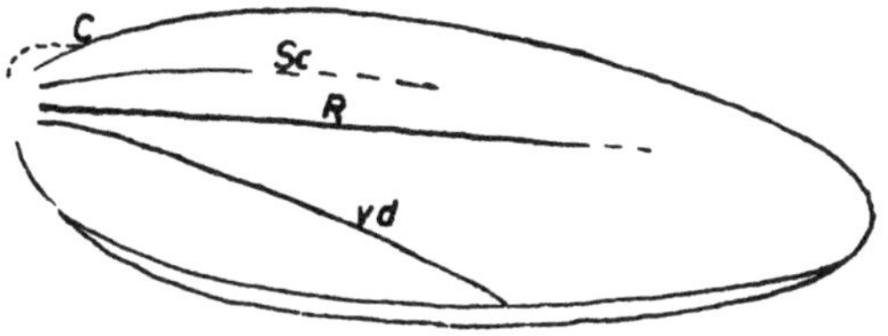


*Parablattelytron subincisum* TILLY 7 mm

Abb. 6

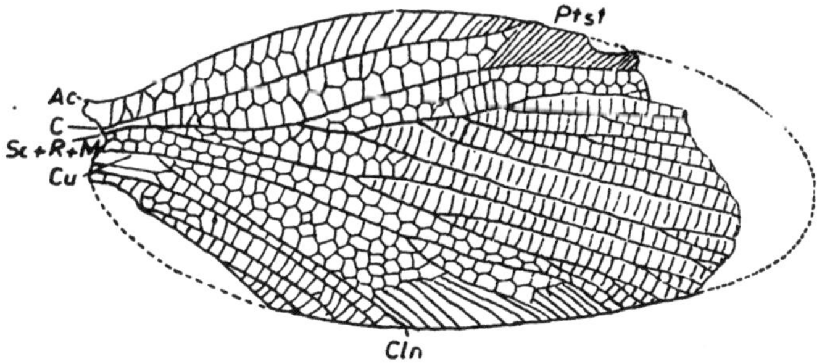


Abb. 7

Aus der Art, in welcher der Vorderflügel der *Protelytroptera* dem Thorax angeheftet war (und zwar in derselben Weise, wie bei *Protocoleus* besprochen), läßt sich ersehen, daß er aktiv am Flug beteiligt wurde. Der auch hier vorhandene Analsaum diente der Koppelung des Hinterflügels (Abb. 8). Der hierfür nötige, rinnenförmig nach unten eingewölbte Rand (das Retinakulum) reichte bis zur An 3 oder An 2 = vd (*vena dividens* nach TILLYARD), bei *Permelytron schucherti* TILLY. (Abb. 6) durch besondere Breite gekennzeichnet. Diese vordere An = vd dürfte der Clavusnaht (Cln) der *Homoptera* entsprechen, wenn auch neben ihr keine verdünnte biegsame Strecke lag. Der Vorderflügel blieb beim Flug steif und bildete mit dem Hinterflügel zusammen eine als Ganzes schwingende ungeteilte ± membranöse Platte.

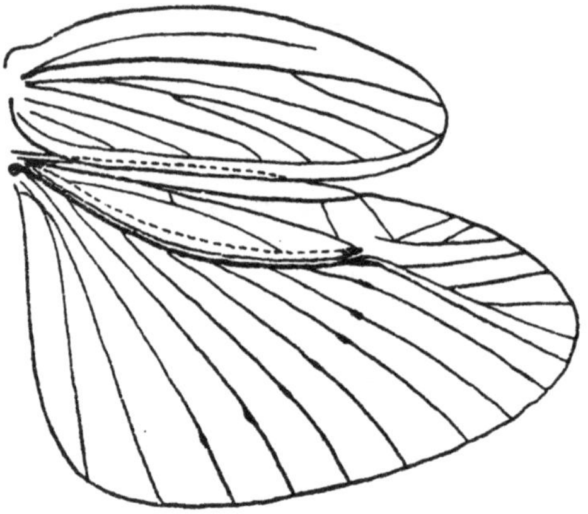

Abb. 8

Was nun an *Homopteren*-Ähnlichkeit noch besonders ins Gewicht fällt, ist jener Teil des Thoraxrückens, den das Insekt in der Ruhestellung zeigt (Abb. 9). Diese annähernde Rekonstruktion eines fortgeschritteneren Typus der *Protelytroptera* TILLY. (*Megelytron robustum* TILLY. ca. 13 mm) in vollkommen flachgedrückter Ansicht läßt einen breitdreieckigen Ausschnitt des Mesonotums sehen mit scutellumartig abgegrenzter Spitze. So etwas kommt außer bei *Homopteren* z. B. nur noch bei den *Neuroptera* vor, die aber nicht zum Vergleich herangezogen werden können. Mag nun auch das Aderungssystem der ganzen Ordnung so gut wie keine Ähnlichkeit mit jenem der *Oryctoblattinidae* besitzen, so liegen trotzdem genügend Vergleichsmomente vor, welche die Annahme einer gemeinsamen Abstammung rechtfertigen. Erwähnt sei noch, daß die Hinterflügel der *Protelytroptera* sich von der Spitze her einfalten lassen, wie aus Abb. 8 ersichtlich ist. Betreffs der fächerartig gestellten Sektoren des recht kräftigen Cu besteht große Ähnlichkeit mit *O. pygmaea* MEUN.

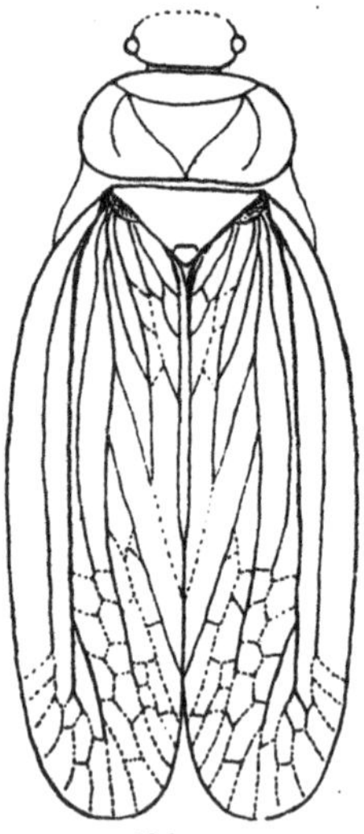

Abb. 9

Daß wir bei der Beurteilung und Klassifizierung der Alt-Käfer einzig und allein auf deren Decken angewiesen sind, liegt wohl daran, daß die ehemaligen Besitzer dieser Decken in lebendem oder vielleicht auch in totem Zustande von irgend einem Tier gefressen wurden, wobei nur die harten Decken übrigblieben, die oftmals noch beschädigt wurden. So kennen wir aus dem Perm nur derartige schwierig zu beurteilende Trümmer, die aber echten Käfern zugesprochen werden müssen. Das Bild jedoch, was uns diese von der damaligen Fauna vermitteln (wenigstens vorläufig), ist recht eigenartig. *Blattocoleus* aus dem unteren Perm gehört noch an das Ende der *Palaeocoleoptera*, und ohne jede Spur von überleitenden Zwischenformen treten uns dann im oberen Perm die *Neocoleoptera* entgegen. Allerdings stand diesen genügend Zeit zu ihrer Entwicklung zur Verfügung. Dem gesamten Perm spricht man ja eine Dauer von 40 Millionen Jahren zu, und es läßt sich annehmen, daß zwischen dem Verschwinden der Altkäfer und dem Auftreten der Neukäfer mindestens die unvorstellbare Spanne von 20 Millionen Jahren liegt.

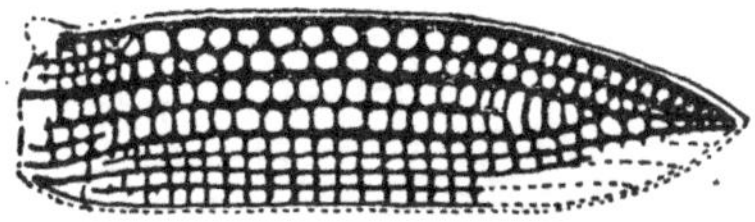

*Permocupes* TILLY. Ob. Perm Australiens

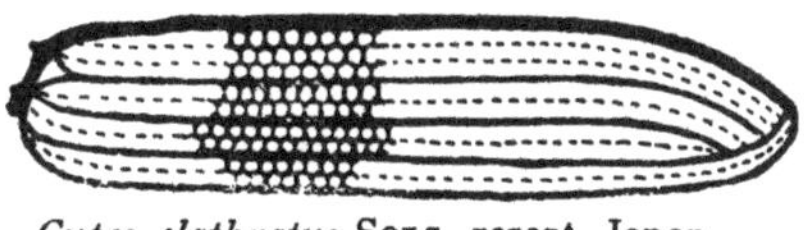

*Cupes clathratus* SOLS. rezent, Japan

Abb. 10

Unsere Kenntnis von dieser Käferfauna beruht auf Funden, die in Australien und in der Sowjetunion gemacht wurden. — An den Anfang meiner Betrachtungen stelle ich jene Käfer, die unter den rezenten Käfern als altertümlich gelten, die *Cupedidae*. Mit 5 Gattungen und etwa 20 beschriebenen Arten kommen sie sehr zerstreut in ± warmen Gebieten vor, fehlen deshalb in Europa. Es handelt sich bei ihnen um schlanke kleinere Käfer von 10—15 mm Länge, deren Körper einen recht unproportionierten Anblick bietet. Kopf und Pronotum machen zusammen oft kaum $^1/_4$ der Körperlänge aus. Ihre Fühler stehen auf der Stirnfläche, wie hin und wieder bei den *Staphylinidae* und *Silphidae*, anstatt seitlich und ± unter den Seitenrändern der Stirn; die Beine sind trotz ihrer fünfgliederigen Tarsen auffallend kurz, und ihre Hinterflügel zeigen als große Ausnahme noch Queradern. Die Flügeldecken erscheinen infolge regelmäßig gereihter Punkteindrücke gegittert oder tiefgrubig netzartig skulptiert (Abb. 10). Ein Vergleich zwischen der Decke eines *Permocupes* TILLY. mit einer Decke von *Cupes clathratus* SOLS. (Japan) zeigt deutlich die Verwandtschaft zwischen beiden Käfern, trotzdem die permische Art nur 8 Punktreihen hat. Bei den rezenten Arten schwankt die Anzahl der Punktreihen zwischen 8 und 10. Erwähnt sei noch, daß die Larven der rezenten *Cupediden* auch sehr kurzbeinig sind und in Holz bohren.

Weniger überzeugend betreffs Verwandtschaft mit rezenten Formen wirkt die im Perm Sowjetunions gefundene Decke von *Permarrhaphus* Mart. (Abb. 11). Sollten nach deren Umriß nähere Beziehungen zu *Protocoleus* Tilly. bestehen, wie Zeuner behauptet, so müßte es sich nach meinen weiter vorn gemachten Ausführungen um den Vorderflügel eines nur käferähnlichen Insekts und nicht um eine echte Käferdecke handeln. Ich kann diese Beziehungen aber nicht finden und möchte eher der Meinung Martynows beipflichten, daß es sich um die Decke eines Vorläufers der *Rhipiceridae* Lec. (rezent) handelt. Diese Familie, deren Unterbringung im System einige Schwierigkeiten bereitet, enthält Käfer mit vorderseitig gefiederten Fühlern. Sie selbst sind, wie die *Cupedidae*, schlank gebaut, haben auffällig kurzen Vorderkörper, und die Fühler stehen ziemlich nahe beisammen und sozusagen auch auf der Stirn, die sich innenseits neben ihrer Basis ± hoch und fast ohrartig aufkantet. Einiges an ihnen erinnert an *Buprestidae*, wie der Bau der Hinterhüften mit allerdings nur kurzer plattiger Überdeckung der Furche für die Hinterschenkel, ferner das kreisrunde Scutellum, und endlich noch die flache Ausbuchtung der Decken am Costalrande als Ausweichstelle für die Hinterschenkel. An sich ist ihr Körper ± walzenrund gebaut. Die Flügeldecken sind entweder unregelmäßig punktiert oder netzaderig, wie jene von *Arrhaphipterus* Kraatz (Abb. 12), mit der Martinow seine *Permarrhaphus*-Decke vergleicht. Die Familie *Rhipiceridae* ist auch nur klein, hauptsächlich in den Tropen (Amerika, Australien) verbreitet und kann als altertümlich gelten.

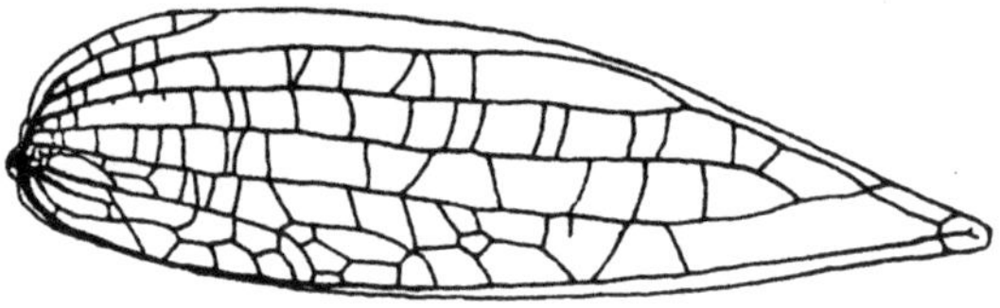

Abb. 11

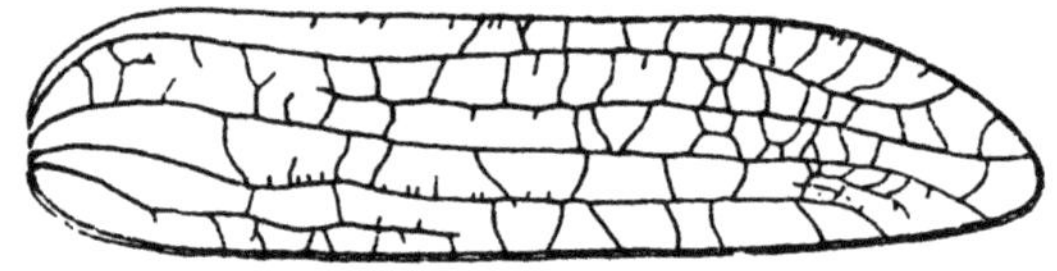

Abb. 12

Was nun an den beiden, schon aus dem oberen Perm nachgewiesenen Käferfamilien als primitiv, d. h. urtümlich zu gelten hat, geht weder aus der Form noch aus der Skulptur der gefundenen Decken hervor. Trotzdem sind aber beide als Relikte zu betrachten, die aus irgendwelchen Gründen heutzutage nicht mehr recht lebensfähig sind, wie die Spärlichkeit ihres Auftretens zu beweisen scheint. Als wirklich an den Decken festzustellendes primitives Merkmal mag nur das Vorhandensein von noch deutlicher Aderung gelten, die man aber schon bei den Decken aus dem oberen Perm vermißt. Hier ist schon (vgl. Abb. 16!) eine gleichmäßige Längsstreifung vorhanden (Adern und Zwischenräume im Gleichgewicht), die aber aus einem Gerüst rippenartig schmaler oder dünner Längsadern hervorgegangen sein muß. Beide Arten der Deckenversteifung treten heutzutage in einer Verteilung auf, die alle Rückschlüsse auf etwa frühere oder spätere Herausbildung irgend einer Familie oder Gattung verbietet. Mindestens geht aus den Befunden an Käferresten aus dem oberen Perm hervor, daß die Käfer damaliger Zeit bezüglich ihrer Decken schon fertig waren. Umbildungen und Weiterentwicklungen können von da an nur noch bei den Hinterflügeln stattgefunden haben. Als primitiv ist an diesen anzusehen etwaige Queraderung, wie sie bei den *Cupedidae* der Gegenwart sich noch als Ausnahme zeigt. Im Paläozoikum dürfte sie reichlicher gewesen sein und zudem allgemein verbreitet. Fossil sind derartige Flügel indes noch nicht bekannt geworden. Desgleichen kann als primitiv noch die Stellung der Fühler auf der Fläche der Stirn angesprochen werden, wie schon erwähnt. — Was ich hier ausführte, mag einigermaßen begründet sein, bewegt sich aber immer noch im Rahmen bloßer Spekulation.

Als allein feststehend ist anzunehmen, daß die Decken einst aktive Vorderflügel waren, deren gegliederte Basis sich allmählich zu einem kurzen Stielansatz zusammenzog. Die Käfer, die also zu den vierflügeligen Insekten gehören, bilden unter diesen insofern eine Ausnahme, als der Vorantrieb beim Flug allein von den Hinterflügeln ausgeht, die als Schwingungs-Propeller wirken; die Vorderflügel — die Decken — sofern sie gehoben und ihrer Größe nach dafür auch geeignet sind, dienen als Tragflächen. Da beide Flügelpaare in der Ruhe über das Abdomen zurückgelegt werden, kann als Vorfahr nur ein Insekt gedacht werden, dessen Flügel die gleiche Ruhelage einzunehmen vermochten. Veranlassung hierzu bildete jedenfalls der Zwang, den Witterungseinflüssen gegenüber eine möglichst kleine Oberfläche zu bieten. Etwaige Tarnung, die dabei erzielt wurde, wäre auf Rechnung einer späteren Auslese zu setzen. Jene Alt-Insekten aber, deren Flügel über das Abdomen zurückgeschlagen werden konnten, müssen bei der Breite ihres Flügelansatzes am Thorax an der Flügelbasis gelenkige Stellen besessen haben. Anfänglich werden einfach Durchbiegungen an der Wurzel der Adern genügt haben, die allmählich zu Brüchen und damit zur Ausbildung von Axillarstücken führten. — Was an ältesten Insekten aus dem unteren Oberkarbon vorliegt, wie z. B. *Stygne* HANDL. (*Protocicadida* m. (7)), war schon auf dem besten Wege hierzu. Notwendigerweise wurden die Adern des Analteils (bis zur Basis des Cu einschließlich) beim Zurücklegen der Flügel zuerst bestroffen be der Entstehung der axillaren Mechanik. Der Nachweis eines Aderbruches (Cu-Basis), der dann kompensiert wurde, gelang mir für die *Homoptera* (7). Den Urzustand einer basalen Gelenkstelle zeigen sehr schön (13) *Gryllacris Bohemica* NOVÁK (= *Hadroneuria bohemica* (NOV., HANDL.) und *Gr. Brongniarti* MANT. (= *Lithosalius brongniarti* (MANT., SCUDD.). Für sein Handbuch (3) hat HANDLIRSCH beide — von NOVÁK genau und sauber gezeichnet — äußerst nachlässig kopiert und die axillaren Gelenkstellen unterschlagen.

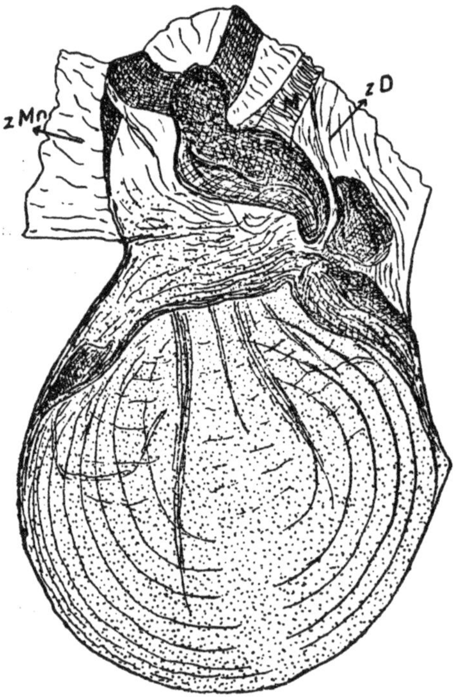

Abb. 13

Die beiden NOVÁKschen Originalabbildungen zeigen deutlich das Entstehen jener Bruchstücke, die zu den späteren Axillarstücken wurden, i. d. R. 3 an der Zahl. Ohne derartige Gelenkteilchen, die auch wichtig für die Mechanik des Fluges sind, ist ein Zurücklegen der Flügel undenkbar, es sei denn, der Flügelansatz verschmälere sich zum kurzen Stiel, wie ihn die Decken der Käfer besitzen.

Hier erhebt sich nun die Frage: „Was ist im letzteren Falle mit den ehemals vorhandenen Axillarstücken der ursprünglich breiteren Flügelbasis geschehen?" Eine Antwort hierauf gibt die bei einigen Käfern vorhandene Alula (das Flügelchen) am Grunde der Decken, innenseits, und zwar analwärts gelegen. Ich zeige dieses eigenartige Gebilde, der linken Decke von *Hydrophilus caraboides* L. entnommen, in der Ansicht von oben (Abb. 13) bei starker Vergrößerung. Seine verhältnismäßige Größe im Vergleich zur ganzen Decke ergibt sich aus der Darstellung der rechten Flügeldecke desselben Käfers von der Innen- oder Unterseite (Abb. 14). — Diese Alula hat etwa kreisförmigen Umriß, ist flach muschelförmig nach oben gewölbt und liegt — eine dünne Membran — ausgespannt zwischen 2 Gabelästen einer kräftiger chitinisierten Basis (ehemalige Analadern?).

Gefaltet werden kann sie nicht, wird aber beim Heben der Decken um etwa 120° nach außen gedreht. Man kann sich leicht davon überzeugen, wenn man (um größere Objekte vorzuschlagen) einen *Hydrous* oder eine *Calosoma* in Flugstellung präpariert. Will man aber die Axillarstücke der Alula sehen, dann muß man sie ablösen und unter das Mikroskop nehmen. 3 Gelenkteilchen zeigen sich, deren Funktion sich aus dem Zug des Muskels (Abb. 13: M) erklärt. Er greift an dem mittleren S-förmig gebogenen Stück an, das mit seinem (in der Zeichnung l) einen Ende dem Bogenstück aufliegt, das seinerseits mit dem spitzeren Ende einem niedrigen Gelenkhöcker neben dem Stiel der Decke an- oder eingefügt ist. Das untere Ende drückt beim Zug des Muskels an ein drittes kleines Gelenkstück, so daß augenscheinlich die ganze Mechanik dazu dient, die Alula inmitten des auf sie drückenden Luftstromes während des Fluges in genügender Spannung zu halten. Von den abgerissen gezeichneten Häuten der Alula-Basis geht die rechte Haut (zD) zur Flügeldecke, die linke (zMn) zum Mesonotum. Die Punktierung der Membran, die noch etwas dichter und feiner ist, als sie dargestellt werden konnte, besteht in Wirklichkeit aus stumpfen Zäpfchen. Diese stehen auf der gewölbten Außenseite der Alula, die dem unter der Deckenachsel durchstreichenden Luftstrom zugekehrt ist und sind vermutlich Sinneswärzchen.

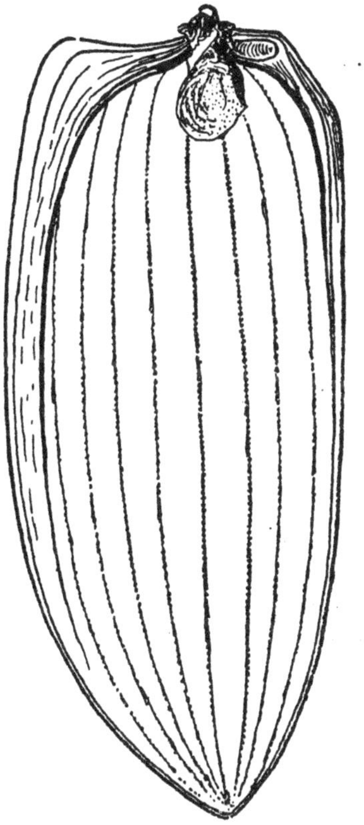

Abb. 14

Vielleicht haben Alulas eine ähnliche Funktion zu erfüllen wie die zu Schwingkölbchen reduzierten Vorderflügel der *Strepsiptera* oder der reduzierten Hinterflügel der *Diptera*. Beide sind wohl als gestielte Pterostigmata anzusprechen und sind als solche entschieden Sinnesorgane.

Die Alula wechselt etwas betreffs ihrer Ausbildung. Bei den kleineren *Hydrophilidae* zeigt sie sich wie bei *H. caraboides*; bei *Hydrous* indes ist sie verhältnismäßig größer und ähnelt einer Art von kleinem Segel; bei *Calosoma* ist sie verhältnismäßig kleiner und mit einem kräftiger chitinisierten Rand umgeben. Ob der häutige Anallappen bei *Periplaneta* als Alula gedeutet werden kann, erscheint mir zweifelhaft. Offenbar liegt hier nur eine Spannhaut vor, welche die Aufgabe hat, die dreieckige Lücke zwischen Analfeld und Thorax zu schließen. Bei den Singzikaden ist eine ähnliche Haut (meist farbig) vorhanden.

Abb. 15

Äußerst bemerkenswert ist es nun, daß sich eine solche Alula nachweisen ließ (Abb. 15) an dem Abdruck einer Flügeldecke aus dem oberen Perm Australiens bei *Permophilus pincombei* Tilly., einem etwa 21,5 mm langen Objekt. Leider fehlt dem Fossil die Schulterecke, doch ist der Zuschnitt des basalen Analrandes derart, daß man das ehemalige Vorhandensein jenes großen Scutellums annehmen muß, das die *Hydrophilidae* auszeichnet. Der Abdruck zeigt ferner noch sehr feine Längslinien, auf deren Einzeichnung der Autor aber verzichtete. — Die nur bei so wenigen Käferfamilien (auch bei *Dytiscidae* und — *Cupedidae* ?) vorhandene Alula läßt vermuten, daß sie als Erbteil aus dem Perm als primitive Einrichtung angesehen werden kann. Bei den Käfern, wo sie fehlt, sind Sinnesorgane, die für den Flug Bedeutung haben mögen, auf den Decken verteilt. Untersucht sind sie noch nicht. Auf den Decken von *Eopyrophorus* ließen sich Spuren davon auf Lackabzügen nachweisen.

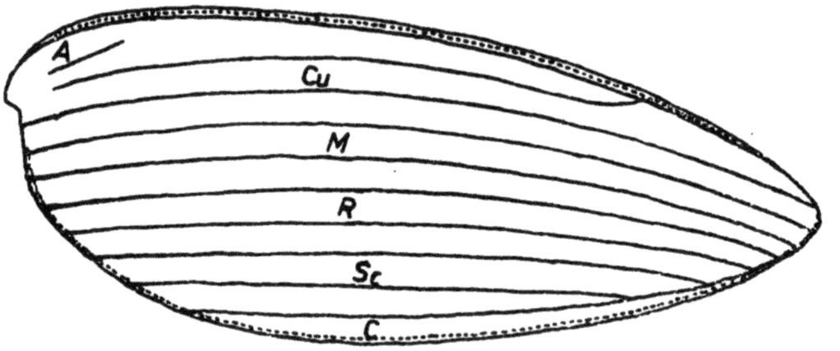


Abb. 16

Außer diesem Käfer und dem schon weiter vorn behandelten *Protocoleus* wurden noch die Decken von 4 verschiedenen Arten einer Käfergattung gefunden, deren eine (Abb. 16) ich als Nachzeichnung wiedergebe. Es handelt sich um recht kleine Objekte. Wegen der Parallelstreifung der

Decken kann mit ziemlicher Sicherheit angenommen werden, daß es sich um Laufkäfer (*Carabidae*) handelt. Was an Käferresten mittlerweile außer dem schon Genannten noch im Perm Sowjetunions entdeckt wurde, das zu ermitteln war mir unmöglich.

Die nun folgende Trias-Periode lieferte nur wenig Material, und hier ist es vor allem der Keuper, dem wir einige Funde verdanken. Tillyard (18) beschreibt aus dieser Formation für Australien 4 Arten, je eine *Hydrophilide, Elateride, Tenebrinoide, Malacodermate.* Betreffs der ersten (*Ademosyne wianamattensis*), einer Decke von 4,5 mm Länge, ist zu bemerken, daß es sich wegen der „Längsstreifen", die mit nur geringer Konvergenz gegen die Spitze der Decke verlaufen, auf keinen Fall um eine *Hydrophilide* handeln kann, sondern eher um eine *Carabide.* — Die schmale und gestreckte Decke (4 mm) von *Elateridium angustius* mag wegen der feinen Längsstreifung als *Elateride* anzuerkennen sein. Die Streifen vereinigen sich vor der Deckenspitze nacheinander, die costalwärts mit den analwärts gelegenen, mit den äußersten beginnend. — Die abgerundet-dreieckige Decke von *Adelidium cordatum* (4 mal 2,2 mm) soll zu einer *Tenebrionide* gehören, was ich sehr bezweifele. Soweit ich die Vertreter der *Tenebrionidae* (auch der australischen) einst im Zoologischen Museum Berlin durchmusterte, verliefen die Streifen ihrer Decken — sofern sie nachweisbar waren — stets parallel einerseits zum Costal- und anderseits zum Analrand, um sich dann vor der Spitze der Decke zu vereinigen. Bei dem hier genannten *Adelidium,* das dem rezenten *Adelium* (Australien) ähnlich sein soll, verlaufen aber bei dem „beautifully preserved elytron" die sehr scharf ausgeprägten Punktreihen zwischen den Längsstreifen einander parallel, ohne sich vor der Deckenspitze zu treffen. So sehr wahrscheinlich mir auch ein hohes erdgeschichtliches Alter der *Tenebrionidae* ist — es fällt mir schwer, die Deutung der Decke anzuerkennen. — Ebenso zweifelhaft ist es wohl, das 14,4 mm lange Bruchstück einer Decke als zu einer *Malacodermate* gehörig zu betrachten. Erhalten ist die schulterwärts schräg gestutzte Spitzenhälfte der Decke mit 3 scharf eingeprägten Längslinien, die vor der Spitze verlöschen; außerdem ist die Decke fein gekörnelt. Auch die *Malacodermata* können im Hinblick auf ihre außerordentlich vielgestaltige Entwicklung für sehr alt gelten (wie die *Tenebrionidae*). Bei ihnen aber das genannte Objekt (*Metrorhynchites grandis*) unterzubringen, erachte ich für gewagt.

Viel günstiger liegt die Möglichkeit einer Deutung für Käferdecken aus dem deutschen Keuper, die von Zeuner (24) beschrieben und abgebildet wurden. Da tritt uns eine wohl unzweifelhafte *Silphide* entgegen in *Pseudosilphites triassicus* Zeun. aus dem westfälischen Steinmergelkeuper. Auf ein bei der Familie altertümliches Merkmal wies ich schon weiter vorn hin: Fühler (noch bei einigen Arten) auf der Fläche der Stirn. Aus diesem Grunde schon läge die Annahme eines Vorhandenseins von *Silphiden* in der Trias nahe. — Des weiteren beschreibt Zeuner ein *Triadocoleopteron spectabile* aus dem Rät-Sandstein (Bezirk Kassel) und wiederholt mit Ergänzung die Beschreibung von *Helopides hildesiensis* F. Roemer (15), die beide nach ihrer Deckenskulptur zu den *Tenebrioniden* gehören nach meinem Dafürhalten. Damit wäre auch das hohe erdgeschichtliche Alter dieser Familie bestätigt.

Aus dem Keuper von Liechtenstein (Vaduz) kennt man noch *Pseudobuprestites pterophylli* Heer, von dem der Abdruck eines ganzen Körpers, die vordere Hälfte eines Körpers und eine einzelne Decke gefunden wurden. Nach der Decke zu urteilen kann es sich gut und gern um den ältesten Vertreter der *Buprestidae* handeln, wenn sich auch nicht die geringste Andeutung von Skulptur bei den Fundstücken zeigt. Die Decke läuft ziemlich spitz aus, im Umriß mindestens deutlicher formgerecht als beim Abdruck des ganzen Käfers ((3) Taf. 39, Fig. 1, 2, 3 und (5) p. 192, Fig. 156). Weniger überzeugend, wenn auch ähnlich, sind *Glaphyroptera insignis* Heer und *Proctobuprestites brevicollis* Heer aus dem unteren Lias der Schweiz.

Damit wäre dasjenige erschöpft, was sich Genaueres über die Käfer der Trias sagen ließe. Die nun folgende Jura-Periode bringt kaum Neues hinzu. In den meisten Fällen muß indes darauf verzichtet werden, die Decken, um die es sich i. d. R. handelt, irgendwelchen Käfern bekannter Familien zuzusprechen. Noch problematischer ist die Hinterlassenschaft der Kreideformation, und erst das Tertiär hat uns fossile Käfer überliefert, mit denen die Systematik zu arbeiten vermag. In erster Linie ist es der Bernstein, der uns das Bild einer sehr reichen Käferfauna des unteren Tertiär vermittelt. Ihm reiht sich, fast möchte ich sagen „würdig“ dasjenige an, was die eozäne Braunkohle des Geiseltales konservierte. Immerhin ist diese Fauna ärmer, erscheint wenigstens ärmer. Von den 6 Familien der *Adephaga* fand sich nur ein Vertreter der *Cupedidae*; und von den 54 Familien der *Polyphaga* sind nur deren 9 durch Funde belegt, und zwar *Buprestidae, Elateridae, Oedemeridae, Scarabaeidae, Silphidae, Tenebrionidae, Cerambycidae, Chrysomelidae* und *Curculionidae*. Die Arten, aus denen sich diese eozänen Familien zusammensetzen, sind aber nicht in rezenten Gattungen unterzubringen; die Übereinstimmung mit den Zuständen der Gegenwart geht bloß bis zu den Unterfamilien. Eine fortschrittliche Änderung nach dieser Seite hin wird erst im Oligozän erreicht. Mit dieser Periode kann man den Beginn der Neuzeit ansetzen, weil hier die Übereinstimmung schon betreffs der Gattungen erreicht wird.

Allem Anschein nach setzte die reichlichere Aufgliederung der Käfer mit dem Erscheinen der Blütenpflanzen zur Kreidezeit ein, vielleicht in gleichem Schritt mit der Herausbildung der einjährigen Pflanzen, überhaupt jener Gewächse, die mit der Samenreife ihr Leben erschöpften, um dann abzusterben.

In vergleichbarer Verfassung im Hinblick auf vorerwähnte Pflanzen befanden sich wohl von allem Anfang an die Insekten und damit auch die Käfer, insofern die entwickelten Geschlechtstiere, die Imagines, als ♂♂ nach der Begattung, als ♀♀ nach der Eiablage starben. Die Hauptzeit ihres Lebens liegt in der Periode ihrer Entwicklung: Als Jugendzustand (imagoähnlich) oder als ± wurmähnliche Larve (fressender Embryo). Die Entwicklung über imagoähnliche sog. „Jugendzustände" hinweg, die Hemimetabolie, ist sicherlich älter, jene über wurmartige „Larven" hinweg, mit ruhender Puppe als Übergang zur Imago die jüngere. Letztere, die volle Verwandlung (Holometabolie), kann im Perm ihr endgültiges Stadium erreicht haben, nachdem sie im Karbon vorgebildet wurde. Das Auftreten echter Käfer im Perm ist ohne Holometabolie undenkbar. Das Entstehen dieser Form der Metamorphose aus der Hemimetabolie ist leicht vorstellbar. Die wurmähnliche Phase des Embryos nahm den Inhalt des Eies völlig in sich auf und verließ das Ei in diesem Zustand unter Verzicht auf die langen Beine der künftigen Imago oder auch völlig beinlos, desgleichen ohne lange Fühler, mit nur gering entwickelten Augen bis völlig augenlos, auch ohne jede Spur von Flügelansätzen. Alles Übrige, wie Verdauungsapparat, Tracheensystem und Rückengefäß waren vorhanden und funktionsfähig. Zunächst mag dieser Zustand nur bis zur ersten Häutung gedauert haben, allmählich über immer mehr Häutungen hinweg bis zur vorletzten, aus welcher die ruhende Puppe resultierte. Die Beweglichkeit dieser Puppe ist eine sehr beschränkte. Nur das Abdomen kann sie kontrahieren oder strecken, sowie mit ihm kreisförmig um seine Längsachse schwingen. Mit der „ruhenden Puppe" aber wurde die letzte Station vor der Häutung zum Geschlechtstier erreicht, der entsprechenden Stufe bei hemimetabolem Entwicklungsgang vergleichbar, nur unfähig zu Ortsbewegung und Nahrungsaufnahme. Letztere erübrigte sich aus dem Grunde, als diese Puppe einem gefüllten Nährstoffspeicher gleicht, den die vorausgehenden Larvenzustände angelegt hatten. Zur Bewegungslosigkeit verurteilten sie die in ihrem Innern vor sich gehenden Umbauten (Histolyse), die bei hemimetaboler Entwicklung nicht nötig sind.

Die Puppe der Coleoptera, mit der ich mich hier nur zu beschäftigen habe, bezeichnet man als „gemeißelte" Puppe, weil alle Körperteile des künftigen Käfers, wie aus einer weißlichen Masse herausgearbeitet, sich plastisch darstellen. Die an sich ungeschützte Puppe steckt entweder im Holz, liegt hinter Baumrinde oder (der häufigste Fall) in der Erde, was bedeutende Sicherheiten gewährt. Nur Puppen von Coccinelliden und Chrysomeliden hängen frei an Pflanzenteilen (Giftschutz). Das Spinnvermögen der Käferlarven ist im allgemeinen sehr gering oder fehlt, und nur wenige Gattungen (z. B. *Donacien*) bergen ihre Puppen in schützenden Kokons. Im Puppenzustand verharren die Käfer nur kurze Zeit, niemals aber zu dem Zweck, den Winter zu überdauern.

Wodurch die holometabole Entwicklung veranlaßt wurde, darüber ist man sich noch nicht recht klar. Klimatische Einflüsse können nicht die Ursache gewesen sein, da sie in allen Zonen vorhanden ist, wenn auch zugegeben werden muß, daß nach den kälteren Breiten hin die Insekten mit hemimetaboler Verwandlung abnehmen und jene mit holometaboler dominieren. Nahrungsmangel kann auch nicht in Frage kommen.

Einer Überlegung wert wäre jedoch folgender Umstand: Mit verhältnismäßig geringen Ausnahmen sind die Larven der Holometabola kurzbeinig bis beinlos, mindestens mit auffallend kürzeren Beinen versehen als die Imago, also, wie schon gesagt, $\pm$ wurmähnlich. Diese Erscheinung muß im Zusammenhang stehn mit ihrer Lebens- und Ernährungsweise. Für Larven, die zu Holzbohrern wurden oder in den Erdboden eindrangen, wären lange Beine oder Flügelscheiden ein Hindernis gewesen. Nach dieser Seite hin kann man sich Anpassungen und Auslese vorstellen. Dasselbe dürfte auch für Larven gelten, die ihrer Nahrung hinter gelockerter Baumrinde, in verpilztem Holz, Mulm u. dgl. nachgingen. All dies würde gut auf Käfer passen. Für die Verhältnisse bei anderen Ordnungen ließen sich ebenfalls Erklärungen finden. — Zu allem Überfluß sei noch erwähnt, daß wurmähnliche Käferlarven, wie z. B. die Larven von *Tenebrio molitor*, die bekannten „Mehlwürmer", in Ausnahmefällen Flügelscheiden ansetzen können. Der Fall ist in der Literatur behandelt sowie mir selbst mehrfach begegnet.

Betreffs der Ernährungsweise der Käfer will ich noch erwähnen, daß hier meist wenig Differenz zwischen der Ernährung der Larven und der Geschlechtstiere besteht, indem die Nahrungsquelle i. d. R. die gleiche bleibt, wobei ich der Bindung an die Pflanze gedenke, an Fleisch oder Verwesendes. Seltener kommt es vor, daß die Larve räuberisch lebt, wie z. B. bei *Hydrous*, der fertige Käfer dagegen Pflanzenkost zu sich nimmt.

Schließlich wäre noch der Lebens- und Ernährungsweise der Käfer zu gedenken, die Rückschlüsse auf ihr erdgeschichtliches Alter gestattet. Ich will mich aber nur an jene Käfer halten, die in der Braunkohle des Geiseltales gefunden wurden. Da stehen an erster Stelle die *Buprestidae.* Diese müssen sich an und mit den Nadelholz-Gewächsen entwickelt haben. Denn was WESTWOOD (23) an unzweifelhaften *Buprestidae* für das Purbeck in Form sorgfältiger Zeichnungen angeben konnte, kann nur auf Nadelholz gelebt haben. Laubbäume oder gar kurzlebige Kräuter und Gräser gab es noch nicht, auf denen sich gegenwärtig auch viele *Buprestidae* finden. Das erste Auftreten von *Buprestidae* im Keuper ist mithin gar nicht zu früh angesetzt, wenn man bedenkt, daß in der Trias die Nadelhölzer den höchsten Grad ihrer Entwicklung erreichten.

Die *Elateridae,* die auch schon im Jura Englands nachgewiesen wurden, dürften mit den *Buprestidae* gleichen Alters sein. Indem diese die oberirdischen Teile der Holzgewächse besetzten, werden sie ihre Angriffe gegen die unterirdischen Teile gerichtet haben. Vermorschtes Holz und Wurzeln, die sozusagen noch frei zu haben und von keinem anderen Fresser heimgesucht waren, bildeten ihre Nahrungsquelle, woran sich bis zur Gegenwart nichts änderte. Bis zum Eozän brachten sie es sogar schon zu leuchtenden Vertretern ihrer Familie.

Eigenartig ist, daß für die Fauna des Geiseltales nur 2 kleine *Cerambycidae* nachgewiesen werden konnten. Es wäre Grund vorhanden, anzunehmen, daß mindestens die *Prioninae* mit stattlichen Vertretern hätten aufwarten können. Gerade aus dieser Unterfamilie lieferte das Purbeck eine ansehnliche Art, die nach der fast vollständig erhaltenen Flügeldecke, die WESTWOOD zeichnete (BRODIE (1), Taf. 6, Fig. 15) an Größe unseren *Prionus coriarius* L. übertraf. In die Literatur ging er ein als *Pr. oolithicus* GIEB. = *bucklandi* MORRIS. Was PONGRÁCZ als Teile irgendwelcher *Cerambycidae* in der Geiseltalkohle ansprach, erwies sich bei der Nachprüfung als zu *Eosagra* gehörig.

Nehmen wir an, daß die *Cerambycidae* — wie sicherlich auch die *Buprestidae* — ursprünglich nur Nadelhölzer befielen und ihre Angriffe darauf von außen her begannen, wo sie auf noch lebendes Pflanzengewebe mit entsprechendem Eiweißgehalt stießen, so mußte, bei späterem, tieferen Eindringen ihrer Larven in das Altholz, sich ihre Verdauungstätigkeit umstellen. Dies dürfte eine erhebliche Spanne an Zeit beansprucht haben. Bei der Ernährung mittels Altholz muß die Verdauung — wegen der Abwesenheit von Eiweiß — sich mit Ammoniakresten als einfachsten Eiweiß-Bausteinen abfinden. Unter den *Buprestidae* liegt dieser Fall bei *Chalcophora* vor; ob auch bei all den exotischen Gattungen, die als Mitglieder der *Chal-*

*cophorinae* gelten, ist unbekannt. Eine ähnliche, meist auch auf Nadelholz beschränkte Lebensweise trifft für die Gattung *Chrysobothris* Eschsch. zu, die aus diesem Grunde auch für sehr alt gehalten werden kann. Als Merkmal einer Entwicklung jüngeren Datums kann der Blütenbesuch von *Anthaxia*-Arten angesehen werden. Ähnliches kann für blütenbesuchende *Cerambycidae* gelten, von denen es mehrere Gattungen gibt. Ob und wo die übrigen *Buprestidae* oder *Cerambycidae* als Imagines Nahrung zu sich nehmen, ist unbekannt.

In die warmen, mehr oder weniger wüstenartigen Trockengebiete des Rotliegenden (unteres Perm) rückten die *Blattinen* nur zögernd vor. Als Abfallfresser übernahmen dort ihre Stelle die *Tenebrionidae* (Dunkelkäfer, weil lichtscheu). In der außerordentlichen Vielgestaltigkeit, zu der sie sich allmählich entfalteten, stellen sie gewissermaßen ein Gegenstück zu den *Blattinen* des Karbons dar. Bemerkenswert ist ferner, daß sie ein ebenso verstecktes Leben führen, vorwiegend Nachttiere sind und mehr laufen als fliegen. Vielen der rezenten Gattungen fehlen die Hinterflügel, und die Decken sind dann längs des Rückenschlusses miteinander verwachsen. Ihren Lebensraum bilden heute (und so war es sicherlich seit jeher) allerlei Anhäufungen von verpilzten und vermodernden Pflanzenabfällen, Tierresten sowie zusammengewehten Staubmassen mit Beimengungen organischer Herkunft. Wo der Wind derartiges zusammenjagt, Vertiefungen oder Winkel in seinem Schatten damit anfüllt, dort sind sie zu Hause. Doch nur in warmen Landstrichen bilden sie ein bemerkenswertes Element der Fauna. In der Tiefe scheinbar steriler Staubmassen führen sie ihr Dasein, wie man schon im Mittelmeergebiet feststellen kann. An solchem und ähnlichem Detritus wird im Rotliegenden kein Mangel gewesen sein, und es wäre sonderbar, wenn diese nahrhaften Ansammlungen nicht irgendeinem Käfer als Lebensraum gedient hätten. Zwar fehlt noch ein überzeugender Beleg für das Vorhandensein von *Tenebrioniden* im Perm. Sie treten uns aber schon im Jura mit einem ziemlichen Formenreichtum entgegen, müssen also sozusagen bereits eine Vergangenheit hinter sich haben.

Tritt bei den vorgenannten Käferfamilien eine ausgesprochene Beharrlichkeit betreffs ihrer Nahrung zutage, so ist dies bei den *Silphinae*, einer Unterfamilie der *Silphidae*, etwas anders. Neben reinen Aasfressern, als welche diese Käfer anfänglich wohl nur aufgetreten sind, gibt es unter ihnen jetzt auch Pflanzenfresser und Räuber. Daß sie schon im Keuper vorhanden waren, wurde durch Zeuner (24) erwiesen. Sie werden hier den Biotop „Tierische Leichen“ besetzt haben und dürften bis ins Perm zurückreichen, von welcher Zeit an sich das trockene Land mit Großgetier bevölkerte. Im Geiseltal wurde ein *Eosilphites* im Spülschatten einer angeschwemmten Krokodilleiche gefunden.

Der Kreis der *Curculionidae* einschließlich benachbarter Familien ist derart streng an Betulaceen, Cupuliferen, baumartige und krautige Blütenpflanzen gebunden (bei geringen Ausnahmen), daß sie sich an und mit diesen seit der Kreidezeit entwickelt haben müssen. Aus der Kreide beschrieb COCKERELL als ältesten bisher bekannt gewordenen Vertreter der Familie einen *Curculionites*. Es gibt kaum einen Pflanzenteil, oberirdisch wie unterirdisch, den sie nicht befallen. -- Vielleicht sind die *Chrysomelidae* gleichalterig mit ihnen.

Zum Schluß möchte ich nochmals auf die schon weiter vorn kurz erwähnten Unterschiede zwischen den *Coleoptera* und den *Blattida* zurückkommen. Ich erwähnte nur die Tibien. Bei den *Blattinen* sind diese beiderseits mit Dornenreihen besetzt, die Außenseiten i. d. R. mit dreien, von denen die obere Reihe schräg aufwärts gerichtete Dornen hat, die untere schräg abwärts gerichtete. Tibien der *Coleoptera*, meist nur jene der Hinterbeine, haben am Außenrande höchstens einige wenige Zacken mit nach rückwärts weisenden Spitzen, die als Stemmorgane dienen. Demselben Zwecke dienen ähnliche Zacken am Femur. Gezackte Vordertibien dienen als Grabkämme. Die *Blattida* haben Fühler mit äußerst zahlreichen und nur kurzen Gliedern, die *Coleoptera* dagegen Fühler mit nur wenigen (i. d. R. 11) Gliedern, die unter Umständen (*Cerambyciden*) stäbchenartig und sehr lang sein können. Daß die *Blattida* ausnahmslos Cerci besitzen, die den *Coleoptera* fehlen, ist ein weiterer großer Unterschied, ebenso die Lage der abdominalen Stigmen in den Seitenfalten zwischen den Tergiten und Sterniten. Oothekbildung kommt bei den *Coleopteren* auch nicht vor, nicht einmal rudimentär. — Von den hier genannten Eigenheiten der *Blattida* sind als Neuerwerbungen (die aber schon im Karbon vorhanden waren) anzusehen die mit einer beschränkten Beweglichkeit versehenen Beindornen (vermutlich aus Haaren entstanden) und die Ablage von Eiern in Paketen einschließlich Brutpflege. Beides hätte rückgebildet werden müssen auf dem Wege zur Umwandlung zum *Coleopteron*.

Die *Blattida* versucht HANDLIRSCH ((5) p. 157) von den *Protoblattoidea* abzuleiten. Es heißt dort: „Es kann kaum einem Zweifel unterliegen, daß in der Gruppe der *Protoblattoiden* die Übergangsglieder zu suchen sind, welche die *Palaeodictyopteren* mit den modernen *Blattoiden, Mantoiden* und vermutlich indirekt auch mit den *Isopteren, Corrodentien, Coleopteren* und *Hymenopteren* verbinden". Die von mir weiter vorn behandelten *Oryctoblattinidae* HANDL. rechnet er mit zur Familiengruppe. — Im Sinne des erwähnten Entwicklungsganges vermag ich HANDLIRSCH nicht zu folgen.

Viel näher liegt mir die Annahme, daß die schlanken *Protoblattoidea* mit dem frei getragenen Kopf ebenso wie die breiten *Mylacrida* mit dem versteckten Kopf blind endende Seitenzweige der *Blattida*-Reihe sind. — Handlirsch kamen übrigens selbst Bedenken ((5) p. 355 unten), wenn er schreibt: „Ich halte es aber jedenfalls vorläufig, wenigstens solange über die Kiemen der *Coleopteren*-Larven noch das letzte Wort aussteht, für berechtigt, statt an die *Protoblattoiden* an uns unbekannte amphibiotische Vorfahren zu denken und reihe deshalb die *Coleopteren* nicht ohne weiteres in meine Gruppe der *Blattaeformien* ein, sondern betrachte sie mit der folgenden kleinen Gruppe (*Strepsiptera*!) zusammen als eigene Superordo: *Coleopteroidea*".

Zeuner (25) versucht 1931 immer noch daran festzuhalten, daß die *Blattida* mitsamt den *Protoblattoidea* die Basis für die Entwicklung der *Coleoptera* bilden. Ob er seither anderer Meinung geworden ist, vermag ich nicht zu sagen. Auf keinen Fall aber ist es beweiskräftig, wenn in irgendeiner Insekten-Ordnung sich Vertreter herausbilden mit harten gewölbten Vorderflügeln, den Elytren der Käfer vergleichbar. Niemals wird durch solche Erscheinung der Grund-Charakter der Ordnung gestört.

## Die Flügeldecken der Käfer

Die Flügeldecken sind ein wichtiges Charakteristikum der Ordnung und stellen einen wesentlichen Teil des Bildes dar, das ein Käfer bei Betrachtung von oben dem Auge bietet. Sie sind aber zugleich auch jener Teil ihres Körpers, welcher jeden Versuch einer Ableitung der Käfer von irgendeinem der alten Insektenstämme zur Unmöglichkeit macht. — Die Bezeichnung „Flügeldecken" (Elytren) bringt zum Ausdruck, daß man sie in erster Linie als eine schützende Auflage für die leicht verletzlichen häutigen Flügel betrachtet. Daß sie selbst auch Flügel sind und als umgewandelte Vorderflügel zu gelten haben, ist nicht ohne weiteres festzustellen. In der Regel werden sie gehoben, wenn sich der Käfer zum Flug anschickt, und die Stellung, die sie dabei einnehmen, behalten sie während der Dauer des Fluges bei, ohne sich wesentlich zu bewegen; mindestens rudern oder schwingen sie nicht. Daß sie trotzdem für den Flug eine Bedeutung haben, ist durch einschlägige Versuche erwiesen worden. Immerhin gibt es Käfer, die ohne Mitwirkung ihrer Decken fliegen (*Cetoniden*), neben solchen, deren Decken für diesen Zweck als zu klein und darum ungeeignet erscheinen (*Staphyliniden*), noch andere, die das Fliegen aufgaben (*Carabiden*, *Tenebrioniden* z. T.) und doch wohlentwickelte Decken haben bei rückgebildeten oder gar schon fehlenden Flügeln, und schließlich noch weitere, bei denen auch die Decken sich ± rückgebildet haben (z. B. *Me-*

*loiden, Lampyriden, Driliden* ♀♀). Daß die Decken nicht durchaus die erwähnte Schutzfunktion auszuführen haben, beweisen Käfer wie *Necydalis* mit langausgestreckten, nur an ihrer Basis gedeckten Flügeln oder wie die exotischen *Coloborrhombus* (Java) mit starr zur Seite gespreizten Flügeln; beide genannten Arten besitzen nur stark verkürzte Decken.

Als eine weitere Funktion der Decken wird der Schutz des i. d. R. weichen Abdomen-Rückens angesehen. In erster Linie wird es aber wohl die Art der Atmung sein, für welche das Gewölbe der Decken eine Bedeutung vielleicht als staubfreier Luftraum hat. Die Käfer sind Rückenatmer; die verbindenden Seitenfalten zwischen Sterniten und Tergiten des Abdomens, in welchen die Tracheen mit ihren Stigmen münden, sind hier rückenwärts umgelegt. Da die Sternite nach unten durchgebogene stabile Spangen bilden, geschieht das Ein- und Ausatmen mittels Hebens und Senkens der i. d. R. weichhäutigen Tergite. Die Stigmen vermögen sogar bis in die vorderen Seitenecken der Tergite zu wandern. Letzteres ist z. B. bei *Chalcophora* zu beobachten, deren Abdomenrücken zudem ziemlich dick gepanzert ist, so daß beim Atmen der Rücken als Ganzes gehoben und gesenkt werden muß. Daß Wasserkäfer eine Reserve von Atemluft unter den Decken tragen, setze ich als bekannt voraus.

Eine besondere Eigentümlichkeit der Decken bei den Käfern ist ihr Zusammenschluß längs des Rückens. Sie greifen hier mit Leiste und Furche, oder — wie es im Handwerk heißt — mit „Nut und Feder" (wie z. B. Dielen) ineinander, so daß sie bei seitlichem Druck nicht aneinander vorbeigleiten können. Ausnahmen gibt es hier nur bei parasitären Käfern (*Meloe, Metoecus* etc.), vielleicht auch bei *Malacodermaten.* Bei letzteren kommt es auch vor, daß die Decken den Seiten des Abdomens nicht dicht anliegen. — Längs des Rückenschlusses vermögen die Decken fest miteinander zu verwachsen.

Die Wölbung der Decken entspricht in vielen Fällen der Bauchwölbung des Abdomens, kann aber auch bedeutend überhöht sein, so daß z. B. bei flacher Unterseite halbkugelige Formen zustande kommen. In der Regel sind die Decken $\pm$ glatt, wodurch die Käfer befähigt werden, sich in Verstecken zu verkriechen, die ihnen genehm sind. Aus diesem Grunde mögen auch sämtliche Käfer glatte Beine haben, die in den allermeisten Fällen beim Ruhen so gelegt werden können, daß sie vollkommene Deckung unter dem Körper haben.

Eigentümlich ist eine Funktion der Decken bei vielen *Buprestidae* als passiv wirkendes Stemmorgan, das beim Herauskriechen aus dem Bohrgang seine Dienste leistet. Zu diesem Zwecke ist an der Spitze der Decken ein besonderer Dorn (Steigedorn) vorhanden und der Außenrand ist vor der Spitze unterseits sägezähnig, d. h. mit weitläufig gestellten Zacken versehen, die nach rückwärts gerichtet sind. Vgl. Abb. 17!

Die Decken vieler Käfer verraten durch das Vorhandensein von Längsadern oder wenigstens von deren Spuren, daß sie ehedem aktive Flügel waren. Dieses „Ehedem" muß im Karbon gesucht werden, ist aber noch durch keinerlei Funde belegt. *Blattocoleus* aus dem unteren Perm ist aber entschieden ein unmittelbarer Nachkomme von ihnen, und sein Deckengeäder (vgl. Abb. 1) verrät, welchen Weg dessen Entwicklung zurückgelegt hat. Ich nenne es altertümlich, und vorläufig fehlt noch jeder Übergang zu dem Deckengeäder, wie es die Käfer des oberen Perm bereits zeigen. Es setzt voraus, daß dreiteilige Rückenabschnitte des Meso- und Metathorax vorhanden waren. Die von mir als altertümlich bezeichnete, sich drei Mal wiederholende Aderbildung ist heute verschwunden, aber die Dreiteilungen des Thorax-Rückens sind bei vielen Insekten noch deutlich zu erkennen. Von den jedesmaligen 3 Abschnitten dient aber nur noch der mittlere Abschnitt der Flügelbewegung. Am stärksten abgebaut erscheint immer der 3. Abschnitt: bei den *Pompilidae* (Hym.) die Cuneoli als Abschluß des Mesonotums und das Postnotum als Abschluß des Metanotums. Ein noch nicht zu den erwähnten Keilstückchen (Cuneoli) reduziertes Tergit besitzt als breite und auffallende Spange die *Chalcidier*-Gattung (Hym.) *Chirocornia* Westw. (Südamerika).

Das ehedem aus 3 einander ± gleichen Aderungs-Systemen bestehende Flügelgeäder und demzufolge auch jenes der Decken konzentrierte sich im Verlaufe der Permformation auf ein einziges, bestehend aus 2 einander unähnlichen Komplexen, am Achselschluß durch Analadern ergänzt. Die Arbeitsleistung der Flügelbewegung übernahm für Meso- wie Metathorax der mittlere Abschnitt ihres dreigeteilten Rückens. Es erfolgt also überraschenderweise noch oder vielmehr schon im Paläozoikum die Umgestaltung der *Palaeocoleoptera* zu Käfern moderner Prägung. Im oberen Perm, durch wohlerhaltene Decken bezeugt, treten uns Käfer entgegen, die sich in das System der rezenten einreihen lassen. Ihre Decken zeigen sowohl die einfache Aderung rezenter Typen als auch bereits eine völlig ausgeglichene Längsstreifung, bei der die Adern nicht mehr als solche hervortreten und der von ihnen durchzogene Streifen ebenso breit und ebenso gewölbt ist wie die zwischen den Adern gelegenen Streifen.

Nach dem gegenwärtigen Stand der Entwicklung des Geäders im Insektenflügel werden 6 Längsadern unterschieden: Costa (C), Subcosta (Sc), Radius (R), Media (M), Cubitus (Cu) und Analis (A), letztere unter Umständen mehrteilig. Von diesen Adern werden 2 Gruppen gebildet, die je einem Tracheenast im larvalen Flügel homolog sind: Einem vorderen Ast (incl. Verzweigungen), den Costa-Medialis-Komplex, einem hinteren Ast, den Cubitus-Analis-Komplex. Hat man die basal gelagerte Grenze zwischen beiden Komplexen ermittelt, dann gelingt es selbst bei scheinbar kompliziertem Geäder, die einzelnen Aderzüge richtig zu deuten. Das gilt aber nur für solche Flügel, die aktiv am Flug beteiligt sind, die als Schwingungs-Propeller den Vorantrieb in der Luft bewirken, beim Käfer also für die Hinterflügel. Hier sind die Vorderflügel, soweit es sich um flugfähige Formen handelt, in den allermeisten Fällen bei starr gehobener Haltung zu bloßen Tragflächen geworden. Bei diesen Trag- oder auch bloßen Schutzdecken bereitet die Ausdeutung der Längsadern einige Schwierigkeiten oder ist sogar völlig unmöglich. Betreffs der rezenten Käfer ist bisher auch darauf verzichtet worden. Bei den mir vorliegenden eozänen Käfern habe ich aber versucht, zu einer Deutung der Adern zu gelangen, um mich bei den Beschreibungen wenigstens hin und wieder klarer ausdrücken zu können. Bei vielen Arten mußte ich auf die Benennung der Adern verzichten.

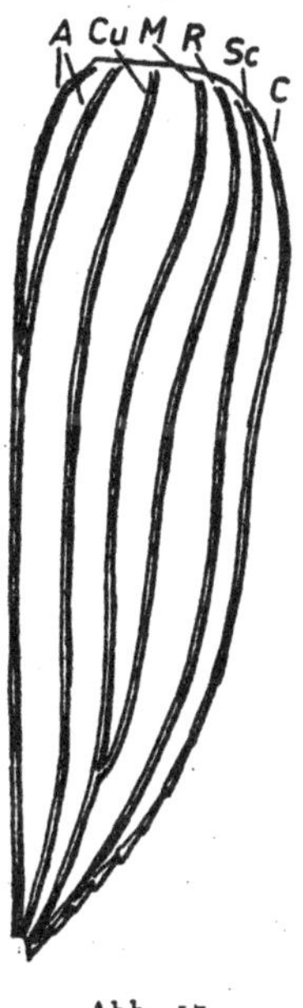

Abb. 17

Wenn ich mit den hier anschließenden Ausführungen den Spuren von HEER (9) folge, so geschieht dies nicht in der Absicht, ein allgemein gültiges Aderungs-System für die Deckflügel zu liefern. Gleich vorweg bemerken will ich, daß mir die rein mechanische Seite des Deckengeäder-Gerüstes als die wichtigere erscheint. Deshalb habe ich größten Wert auf eine möglichst genaue Wiedergabe des Verlaufs und der Verknüpfung der Adern miteinander gelegt und bin der Meinung, daß abseits von jeder Art der Aderbenennung das gebotene Aderungsbild bei Identifizierungen das Entscheidende ist. Wie für den Propellerteil der Flugorgane dessen Aderung der Verspannung der Membran dient, so dienen die Adern der Decken als eine Art von Rippen oder Spanten der Festigung und Formung eines Gewölbes. Aus dieser ihrer mechanischen Beanspruchung erklärt sich dann auch die Weiterentwicklung bzw. Auflösung des primären urtümlichen Aderungsmodus, wobei selbst innerhalb enger Verwandtschaftskreise Verschiedenheiten auftreten können, wie wir sie an schwingenden häutigen Flügeln nicht gewohnt sind.

Ich verweise auf die Flügeldecke von *Chlorodema primordialis* PONGR. (Abb. 17), Ansicht von der Unterseite, deren Aderung sehr deutlich hervortritt. Zwischen der M und dem Cu ist noch ein gewisser Abstand am Schulterteil zu sehen, so daß das Vorhandensein von 2 Aderkomplexen angenommen werden kann: C-Sc-R-M und Cu-A. Die Adern je eines Komplexes vereinigen sich in der Spitze der Decken. Die C säumt den Außenrand, die A den Innenrand und besteht an ihrer Basis aus 2 Aderzügen. R und M vereinigen sich kurz vor ihrem distalen Ende zu einem Joch, um von da an als einfache Ader weiterzuziehen. Vergleichsmöglichkeiten bieten rezente Vertreter der orientalischen *Chrysochroini* Kerr. (*Chrysochroa* Sol., *Steraspis* Sol.). Weiteres vergleiche man bei *Chlorodema* m. Hingewiesen sei noch auf die Sägezähnelung auf dem Endabschnitt des Costalrandes, die bei zahlreichen Decken deutlich zu sehen ist.

Übereinstimmend hiermit gebaut sind hinsichtlich der Aderung die Decken der seltener auftretenden *Rhabdoglyptus*-Arten, deren Adern aber verhältnismäßig breiter sind und bei denen sich bereits eine Längsteilung der Zwischenstreifen („Plagae" nach Heer) anbahnt (vgl. Abb. 38). Damit entsteht ein Übergang von der primitiven Rippenstruktur als versteifendem Element zur Wellpappenstruktur, die sich bei einem Querschnitt durch die Decke etwa so ausnimmt (⏜⏜⏜⏜⏜⏜⏜⏜⏜), wie sie mittels waagerecht gelegter Klammern aus dem Setzkasten hervorgeht. Es ergeben sich bei dieser Struktur nur Wellen ohne Wellentäler. In vielen Fällen sind auch diese Wellen eingeebnet, und die Decken sind dann vollkommen glatt, wie sich bei vielen rezenten Käfern beobachten läßt. Diese Wellpappen-Struktur, wie sie sich bei den übrigen *Buprestidae* zeigt, wird aber in ganz anderer Weise erreicht, als das angeführte Beispiel ahnen läßt. Dadurch, daß die Adern sich verbreitern, verschmälern sich die Plagae bis beide ins Gleichgewicht kommen und die Adern als solche sich von den Plagae gar nicht mehr unterscheiden, wenigstens nicht an der fossilen Flügeldecke. An der Decke eines rezenten Käfers erscheinen in der Durchsicht die Adern als helle Linien. Um festzustellen, was Adern und Plagae sind, habe ich mich an die kurze Ader gehalten (Abb. 17: A), die sich an den Schlußrand legt, die seinerzeit auch Heer aufgefallen ist, der sie „Costula scutellaris" nennt. Von diesem Anhaltspunkt aus war die Auszählung leicht. Für Abb. 42 kommt als Hilfe noch die an die Adern gebundene Fleckenzeichnung hinzu. Bei der Gattung *Taenionotus* aber ist die Fleckenzeichnung auch auf den Plagae vorhanden.

Etwas anders ist das Aderungsbild schon bei *Eolampetis*, wo der Analrand nur noch linear auftritt. Als Beispiel gebe ich die ähnlich aufgeteilte Decke von *Eoanthaxites* (Abb. 30), wo die Costula A unmittelbar am Schlußrand liegt.

Sehr charakteristisch ist der Verlauf der Deckenaderung bei den *Tenebrionidae*, wo die Adern $\pm$ weit vor der Deckenspitze miteinander verbunden sind. In einfachster Form findet dies bei *Eodromus* (Abb. 73) seinen

Ausdruck in annähernder Übereinstimmung mit den Verhältnissen bei den sehr ähnlichen Vertretern der rezenten (orientalischen) Gattung *Camaria*. Die Abbildung erklärt sich selbst. Derartige Aderungsbilder gibt es — soweit mir bekannt — nur noch bei den *Curculionidae*. Bis weit in die Spitze hineingeschoben ist diese Aderverknüpfung bei *Eohelaeus* (vgl. Abb. 84); bei *Mimohelops* (vgl. Abb. 81) erfolgt sie sozusagen stufenweise. Primitive (dünne) Aderung fand sich bei keiner eozänen *Tenebrionide*.

Ein Vertreter der *Melolonthinae* (vgl. Abb. 25) besitzt die primitive Aderung, wie sie noch ganz ähnlich z. B. unser Maikäfer zeigt. Die kuppelartige Aufwölbung der Deckenspitze wird schon bei der fossilen Art durch ein gebogenes Ende der R in ihrer Form gefestigt.

Von den Vertretern der *Chrysomelidae* zeigt *Eosagra* m. (vgl. Abb. 96) paralleladerig längsgestreifte Decken.

Ob Struktur und Form der Decken irgendwelche phylogenetische und demzufolge auch systematische Bedeutung haben, dürfte wohl anzunehmen sein. Nach dieser Seite hin sind aber die Käfer, soweit mir bekannt, noch nicht studiert worden. Nur den Insekto-Paläontologen blieb es vorbehalten, sich auf diesem Gebiet mit $\pm$ Erfolg zu bewegen, ohne bei diesem heiklen Unternehmen umfangreichere Vorarbeiten seitens der Coleopterologen benutzen zu können. Diese haben bis heute nur Studien über die Hinterflügel der Käfer geliefert und auch reichlich mit Abbildungen versehen, die indes dem Paläontologen nichts nützen, da i. d. R. nur Abdrücke von Decken überliefert wurden, mit denen er sich abzufinden hat. Welche Wichtigkeit Adervergleichungen nach den Vorderflügeln aller Insekten haben — und Vorderflügel sind ja auch die Decken der Käfer — läßt sich am Beispiel der Altinsekten ermessen. Die genaue Kenntnis des Flügelgeäders bei den rezenten Ordnungen (nach Familien, Gattungen und auch vieler Arten) ermöglichte tiefe Einblicke in die Geschichte ihrer Entwicklung und deckte überraschende verwandtschaftliche Beziehungen auf. Allerdings muß gesagt werden, daß von den vielen bekannten Aderungsbildern nur wenige unmittelbar zu brauchen waren, indem sie als Ganzes einen Vergleich aushielten. Betreffs der Käfer aber scheint fast das Umgekehrte zuzutreffen, wenn man der bereits geglückten Deutungen gedenkt.

So kann schon mindestens am Vorhandensein von *Hydrophiliden* im australischen Perm nicht gezweifelt werden, ebensowenig am ersten Auftreten von *Cupediden* und *Rhipiphoriden* (*Sandaliden*) im sowjetischen Perm.

Die Carabiden bilden aber noch ein Problem. Ob die Parallelität der Deckenaderung von *Permosyne* absolut sicher auf deren Zugehörigkeit zu den *Carabiden* hinweist? Der Käfer muß einen hochgewölbten Rücken besessen haben; Anal- und Costalrand können als in der Herausbildung begriffen betrachtet werden. Die Tälchen, die C innen sowie Sc beiderseits begleiten, sind vor der Spitze miteinander verbunden und bilden den Anfang einer sogenannten Figur, wie man ihr bei den rezenten Gattungen besser und deutlicher ausgeprägt begegnet. Leider wurde auf die Adervereinigungen bei der Abbildung von Decken recht wenig Rücksicht genommen, wie z. B. in dem sonst guten Käferwerk der Fauna Germanica von Edm. Reitter. Es soll nur ein Beispiel — und zwar aus den *Carabiden* — herausgegriffen werden. Die Abbildung von *Harpalus aeneus* F. zeigt den Käfer mit einem Deckengeäder, das in ungestörter Parallelität bis zum Endrand der ± gestutzten Decken durchläuft (Abb. 18). Nimmt man aber den Käfer selbst zur Hand, so ist man überrascht, ein ganz anderes Aderungsbild vorzufinden. Man muß feststellen, daß die Tälchen sich dicht vor der innern und eigentlichen Spitze der Decken von außen nach innen zu miteinander treffen und ineinander geschachtelte Winkel bilden (Abb. 19). Auf derart ungenauen Abbildungen fußend, wie ich obige Reitter entnahm, kann kein Vergleich mit einem fossilen Objekt vorgenommen werden.

Abb. 18

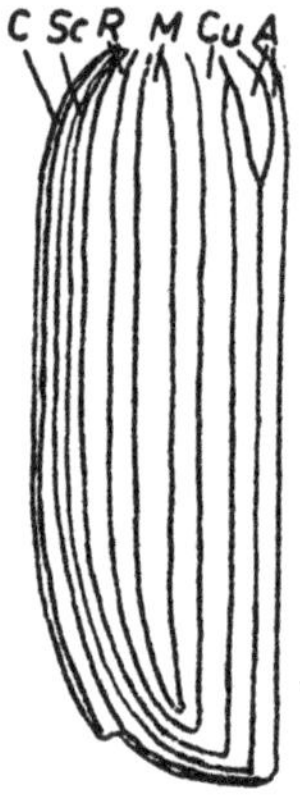


Abb. 19

Als 2. Beispiel wähle ich die Decke eines *Pterostichus* (Abb. 20). Ich tue das aus dem Grunde, weil Pongrácz mit dieser Gattung arbeitet, ohne überzeugend wirken zu können. Sehen wir betreffs dieser Gattung bei Reitter nach, so finden wir, daß hier der Zeichner schon genauer arbeitete, aber noch längst nicht in dem Maße, wie es zum Zwecke von Vergleichen mit fossilen Objekten wünschenswert wäre. Die Verschachtelung von Tälchenwinkeln erfolgt hier zweimal. Auf andere Eigentümlichkeiten einzugehen will ich mir sparen. Eine gewisse Ähnlichkeit mit *Permosyne* könnte darin erblickt werden, daß die Aderstreifen in starrer Geradheit am Schulterrande beginnen. Der Umriß der Decke wirkt aber bei der permischen Gattung noch durchaus fremd, und es wird noch manches glücklichen Fundes bedürfen, bis sich eine klare Sicht über den Ursprung der zahlreichen Käferfamilien ergibt, die gegenwärtig in reicher Entfaltung auftreten.

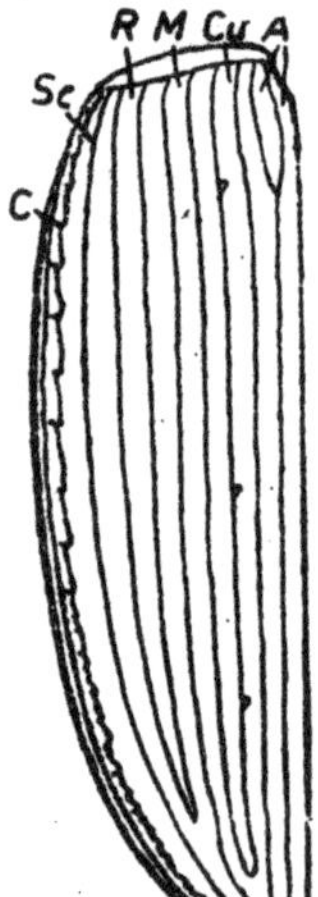


Abb. 20

Hält man sich nur an das Strukturschema der Ineinander-Schachtelung der Tälchenwinkel, dann muß man Beziehungen von einzelnen Käferfamilien untereinander vermuten. Ich möchte glauben, daß hier Verwandtschaften zum Ausdruck gebracht werden, so z. B. zwischen *Tenebrioniden*, *Curculioniden* und vielleicht *Chrysomeliden*, letztere beiden erst seit der ausgehenden Kreideformation auftretend. Dann dürften vielleicht auch *Tenebrioniden* und *Malacodermata* (letztere im weiteren Sinne gefaßt) einander verwandtschaftlich nahestehen. Beiden Familien oder Gruppen dürfte schon aus dem Grunde ein hohes erdgeschichtliches Alter zukommen, als sie in außerordentlicher Vielfalt aufspalten und eine ganze Reihe von Formen mit auffallenden Konvergenzen zu Vertretern anderer Familien hervorbrachten. Ihr erstes Auftreten ist noch nicht ganz sicher belegt.

Daß irgendwelche Fäden von den *Tenebrioniden* zu den *Carabiden* führen (oder umgekehrt), kann vielleicht auch angenommen werden. Es sei auf das Deckengeäder von *Harpalus* verwiesen. Was betreffs des Geäders in den Flügeln anderer Insektenordnungen gilt, mittels dessen Hilfe Verwandtschaften nachgewiesen werden können, das sollte auch betreffs der Käferdecken seine Gültigkeit haben.

Da ich nun nicht die Absicht habe, auf andere Familien einzugehen als nur auf jene, die im Eozän des Geiseltales vertreten sind, so sei nur noch auf die Decken der *Buprestiden* hingewiesen. Ihrer Form nach sind sie unverkennbar. Dementgegen schreibt PONGRÁCZ in seiner Bearbeitung der Geiseltalinsekten p. 499 (15) im Abschnitt III. Eidonomie, Kap. Himatologisches gleich im ersten Satz: „Die systematische Stellung ... bloß auf Grund der Flügeldecken und des Gesamthabitus festzustellen, stößt auf Schwierigkeiten". Ausgiebig beschäftigt er sich dann mit den *Buprestiden*, denen er einen „unspezialisierten, primitiven Habitus" andichtet. Die Flügeldecken dieser Familie sind bei ihm (p. 500) „mit undeutlichen Furchen versehen und enden stumpf". Nichts von alledem stimmt. Ich muß ihm den Vorwurf machen, daß er seine Objekte nur höchst mangelhaft untersuchte und demzufolge auch äußerst nachlässig abbildete. Die sog. „Furchen", plastisch gehobene Adern wie auch ± flache Längsstreifen, lassen sich „zählen". So sind bei *Chlorodema* (seiner *Iridotaenia*) nicht etwa „5—6 Rippen" vorhanden, sondern stets deren 5, abgesehen von der A, die doppelt beginnt, den Hinterrand säumend, und der C, die den Vorderrand bildet, ähnlich bei *Rhabdoglyptus*. Bei allen übrigen *Buprestiden* sind die 6 Aderstämme, wie sie in den Vorderflügeln aller rezenten Insekten vorkommen, ebenfalls zu erkennen, wenn man sich die Mühe nimmt, die Längsstreifen (Aderstreifen und Plagae) auszuzählen. Allerdings gelingt es gerade bei den *Buprestiden* nicht, verwandtschaftliche Beziehungen etwa zu permischen Käfern aufzudecken. Aber Verwandtschaften eozäner *Buprestiden*-Gattungen untereinander müssen zugegeben werden, jedoch ganz anders, als PONGRÁCZ glaubhaft zu machen versucht. Vorläufig müssen, mindestens nach ihren Decken, die *Buprestiden* eine isolierte Stellung behalten.

Ebenso isoliert treten uns vorläufig auch noch die *Lamellicornier* entgegen, nicht nur nach dem Bau ihrer Decken, sondern auch nach der „Engerlings"-Form ihrer Larven. Auf Näheres einzugehen würde den Rahmen dieser Arbeit weit überschreiten.

# B. Systematischer Teil

## Die Zusammensetzung der Insektenfauna des Geiseltales

Wollte man sich nur nach dem, was durch Funde belegt werden konnte, ein Bild vom Insektenleben während des Eozän im Geiseltale machen, so würde dieses sehr einförmig zugunsten der *Coleoptera* ausfallen. Im Vergleich zu diesen für eine Fossilisation besonders geeigneten Insekten bilden alle übrigen Insekten-Ordnungen zusammengenommen nur eine bescheidene Minderheit. Trotzdem muß angenommen werden, daß die Insektenwelt jener Zeit innerhalb des in Frage kommenden Gebietes eine sehr reiche gewesen ist. Die als Lebensgrundlage dienende Vegetation war erwiesenermaßen eine üppige, und anderseits waren insektenfressende Tiere in Menge vorhanden. Es gab Fische, Frösche, Molche, Eidechsen, Vögel, Fledermäuse, Spitzmäuse und Halbaffen. Außerdem gab es Raubinsekten wenigstens durch das Vorhandensein von Libellen belegt.

Ich gebe folgende kurze Übersicht: Die Anwesenheit von *Apterygoten* wird durch die Schuppe einer *Lepismatide* bewiesen, die bei der mikroskopischen Durchprüfung eines Lackabzuges von Kohle gefunden wurde. Die bei den *Pterygota* einzureihenden übrigen Insektenfunde verteilen sich auf 8 Ordnungen: *Odonata, Saltatoria, Blattaria, Isoptera, Coleoptera, Neuroptera, Diptera* und *Homoptera.* Mit Ausnahme der *Coleoptera* wurde aber nur noch von den *Diptera* und den *Homoptera* Vollständiges gefunden.

Die Anwesenheit von *Diptera* bezeugen Massenfunde von Fliegenmaden in Gestalt leerer Hautschläuche mit wohlerhaltenem Schlundgerüst; sie lagen vor allem in den Röhrenknochen vom *Lophiodon.* Auf einem Lackabzug fand sich auch die Maxille eines *Anopheles.* — Die *Homoptera* sind dreimal vertreten: durch eine *Fulgoride,* eine *Aleurodide* und eine *Coccide.* Die *Fulgoride* (sog. Laternenträger) ist ziemlich groß, leider aber bis zu fast völliger Unkenntlichkeit zerdrückt. Was PONGRÁCZ als *Homoptere* publizierte und für eine *Lithopsis* ausgab, hat damit nichts zu tun und erwies sich nach dem noch vorhandenen Flügelrest als zu den *Neuroptera* gehörig. Von *Aleurodiden* (*Protaleurochiton pristinus* n. gen. n. sp.) sitzen eine Anzahl Puparien auf einem Blatt. Die *Coccide* (*Pseudococcites eocaenicus* n. gen. n. sp.) ist erwähnt und abgebildet bei *Eopyrophorus.* All dies sind Feststellungen von meiner Seite. Die Bearbeitung dieser Funde steht noch aus. — Von den übrigen Ordnungen publizierte PONGRÁCZ nur einzelne Flügel und von den *Saltatoria* gar nur ein Sprungbein, wofür aber keine Belege mehr vorhanden sind mit Ausnahme von Flügeln seiner *Eothaumatoneura ptychoptera* (*Odonate*).

Eigenartigerweise liegen keine Reste von *Lepidopteren* vor. — Ob die gefundenen Blattgallen von *Hymenopteren* erzeugt wurden, ist ungewiß. Es kann aber mit Sicherheit angenommen werden, daß auch beide letztgenannten Ordnungen in der Fauna reichlich vertreten waren neben anderen, deren Vorhandensein vorausgesetzt werden muß. Nach dieser Seite hin können oder müssen alle Hoffnungen auf die Ergebnisse der in neuerer Zeit wieder aufgenommenen Grabungen (in der Nähe der alten Fundstätte) gesetzt werden.

## Ordnung: **Coleoptera**

### Einleitende Bemerkungen über die Familie der Laufkäfer (*Carabidae*), die nach PONGRÁCZ im Geiseltal vertreten sein soll

Bei der Durchmusterung der zahlreichen ± gut erhaltenen Käfer und der noch viel zahlreicher vorhandenen Reste, vor allem an Decken und deren Bruchstücken, fällt auf, daß aus der Unterordnung *Adephaga* keine Vertreter der *Carabidae* überliefert wurden. PONGRÁCZ beschreibt zwar einen Laufkäfer aus der Subfamilie *Pterostichinae* und bildet ihn auch ab; doch muß seine Darstellung als reines Phantasieprodukt betrachtet werden. Man vergleiche, was ich darüber bei *Eodromus agilis* MEUN. ausführe. Nach seinen Angaben lagen ihm nur 6 vollständige Elytren vor, so daß es unverständlich bleibt, wie er es wagen konnte, daraufhin einen Käfer mit Pronotum, Kopf, kräftigen vorgestreckten Mandibeln und vollständigen Beinen abzubilden. Im Text der Diagnose vermißt man auch jeden Hinweis darauf, daß es sich bei diesem Käfer um eine *Pterostichine* handeln könnte. Es heißt dort nur ganz allgemein, daß der „Farbenglanz und die primitive Skulptur der Flügeldecken auf *Catadromus*-Arten" der äthiopischen Region hinweisen. Wie noch an anderer Stelle, so sei auch im Anschluß hieran bemerkt, daß zwischen den Käfern des Geiseltales und jenen der äthiopischen Region keinerlei Beziehungen nachweisbar sind. Es hat keinen Zweck, daß ich mich hier noch weiter mit den einschlägigen Ausführungen von PONGRÁCZ beschäftige, die als völlig unbrauchbar bezeichnet werden müssen. Er selbst fühlt sich reichlich unsicher und versieht die Überschrift jeden Abschnitts mit einem Fragezeichen (?), das nur hinter seinem *Poecilus virgatus* fehlt. Doch dafür heißt es aber gleich in der ersten Zeile: „Flügelrest, der entweder dieser Gattung oder *Agonum* einzureihen wäre". Trotzdem es dann auf der andern Seite (p. 538) heißt: „Nach der Auffassung ERNST CSIKIS ist dieser Flügelrest kaum einer Carabide zuzuschreiben", beharrt P. auf seinem Standpunkt, die in Frage kommende Flügeldecke einem Laufkäfer zuzusprechen. Was er davon abbildet oder in der Diagnose zu sagen weiß, betrifft nur die Färbung, die ihn jedenfalls stark faszinierte, die aber als Folge der Fossilissation sekundär gewesen sein dürfte. Eine derart bunte Decke: „Grundfarbe metallisch, sanft grüngelb. Mit 6 tiefkobaltblauen Längsstreifen, in deren Mitte je eine violette Furche hinwegzieht", ist mir in den späteren Funden niemals begegnet. Die Type ist nicht mehr vorhanden. Dem Umriß nach handelt es sich um die Decke einer *Tenebrionide*. Ich nehme dies mit einiger Sicherheit an; denn: Wenn P. auch über die Skulptur der Decke nichts aussagt, so ist ihm doch wohl aufgefallen, daß deren Aderverlauf eine ziemliche Übereinstimmung mit der Aderung bei den *Curculioniden* aufweist, die er auch als Vergleichstiere heranzieht, wenn auch in anderem Sinne. Übrigens gibt P. bei sämtlichen Abbildungen die Deckenaderung sehr nachlässig und sogar falsch wieder. — Was P. einleitend über die Familie der *Carabidae* zu sagen weiß, bewegt sich vorzugsweise in Betrachtungen über die Färbung und bringt kein einziges überzeugendes Moment zutage.

Nach dem gegenwärtigen Stand der Systematik gebe ich eine Übersicht von dem, was an Käfern aus der eozänen Braunkohle geborgen werden konnte und mir vorlag. — Die 3. Familienreihe: *Palpicornia*, als einzige Familie die *Hydrophilidae* enthaltend, lieferte keinen Vertreter.

I. Unterordnung: Adephaga
  Familie: Cupedidae

II. Unterordnung: Polyphaga
  1. Familienreihe: Staphylinoidea
    2. Familiengruppe: Necrophaga
      Familie: Silphidae
  2. Familienreihe: Lamellicornia
      Familie: Scarabaeidae
  4. Familienreihe: Diversicornia
    4. Familiengruppe: Sternoxia
      Familie: Buprestidae
      Familie: Elateridae
  5. Familienreihe: Heteromera
      Familie: Oedemeridae
      Familie: Tenebrionidae

6. Familienreihe: Phytophaga
Familie: Cerambycidae
Familie: Chrysomelidae

7. Familienreihe: Rhynchophora
Familie: Curculionidae

## I. Unterordnung: **Adephaga**

### Familie: Cupedidae Alluaud

Von dieser Reliktfamilie liegen mir die Decken einer Art vor, belegt durch die Objekte Nr. 1846, 1867 und 3557. Nach ihrer Ausmodelierung stellen sie ein Unikum dar innerhalb dem, was die Käferwelt nach dieser Seite hin sonst noch hervorbringt. Beim ersten Anblick einer solchen Decke könnte man meinen, sie sei durch Druck deformiert und es habe ein Einbruch in ihre Wölbung stattgefunden, was aber nicht der Fall ist (Abb. 21). — Charakteristisch sind der doppelt geschwungene Längsgrat und die schüsselartige Vertiefung. Der Längsgrat, der nahe dem Analwinkel beginnt und in der Deckenspitze endet, verläuft außerhalb der Mittellinie und beschreibt 2 nach außen geschwungene Bögen: einen kürzeren proximalen Bogen und einen längeren distalen. Von ihm fällt die Fläche der Decke gegen den Costalrand in ± gleichmäßiger Neigung ab, etwas hinter der Mitte am steilsten, wo er sich dem Rande am stärksten nähert. Geringere Neigung hat im proximalen Drittel der breitere Abfall gegen den Analrand. Ist nun der Grat an sich schon eine große Besonderheit, die nichts mit einer der Längsadern zu tun hat, so ist dies noch viel mehr der gestreckt-ovale Eindruck, der den Raum einnimmt zwischen dem flachgeschwungenen distalen Bogen des Längsgrates und dem Analrand. Der Form nach läßt er sich vergleichen mit dem Innenraum der Flußmuschel (*Unio*). Am Analrand beginnt er einigermaßen flach und fällt mit nur wenig zunehmender Ausmuldung ab gegen die tiefste Stelle, die nahe an den Grat heranrückt, gegen den seine Wandung dann steil ansteigt. Der Grat, der den Eindruck außen begrenzt, ist infolgedessen ziemlich scharf. Die Decke scheint recht massiv gebaut zu sein, was aus dem Fehlen versteifender Längsadern geschlossen werden kann. Was sonst an Festigung nötig ist, das bewirkt der Grat als eine Art Dachfirst im vorderen Deckenabschnitt und als hochkant stehende Leiste im Endabschnitt.

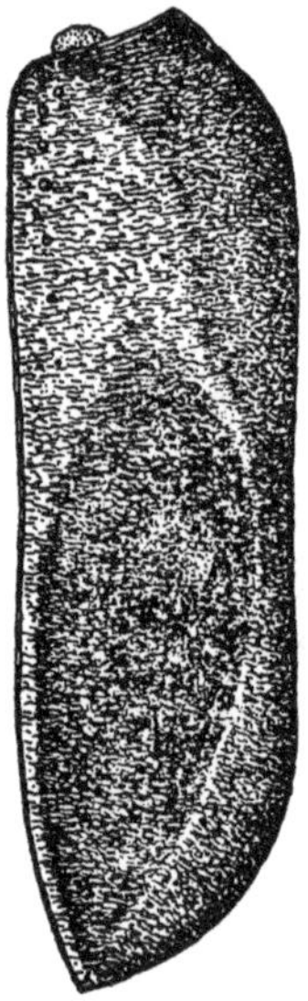

Abb. 21

Daß es sich bei der ovalen Vertiefung nicht um eine zufällige Bildung handelt, indem eine nachgiebige Stelle der Decke bei der Fossilisation eingedrückt wurde, erweist ihr Vorhandensein bei allen Decken, besonders aber ihre symmetrische Ausbildung bei dem Deckenpaar Obj. 1846 (Abbildung 22), des typischen Exemplars. Eigentümlich ist, daß die Skulptur der höherliegenden Deckenfläche sich auf dem Boden der Vertiefung fortsetzt und erst auf deren tiefster Stelle durch Zusammenfließen unkenntlich wird. Im allgemeinen ist man gewohnt, den Boden von Eindrücken glatt zu sehen. Was an den Decken nun noch besonders auffällt, ist das Vorhandensein einer Alula, die am Vorderrande sichtbar wird, da sie nach außen umgelegt ist. Dieser von mir im allgemeinen Abschnitt „Zur Entwicklungsgeschichte der Käfer" ausgiebig behandelte Anhang an der Basis der Decken unterseits weist auf nahe Beziehungen zu den *Adephaga* hin, zu denen auch die *Hydrophiliden* gehören könnten wegen ihrer räubernden Larven. Ob nun die rezenten *Cupediden* eine Alula besitzen, weiß ich nicht. Trotzdem spreche ich die mir vorliegenden Decken einem Vertreter der *Cupedidae* zu. Hierzu veranlaßt mich neben ihrer Form auch die als sicher anzunehmende Derbheit und Druckfestigkeit.

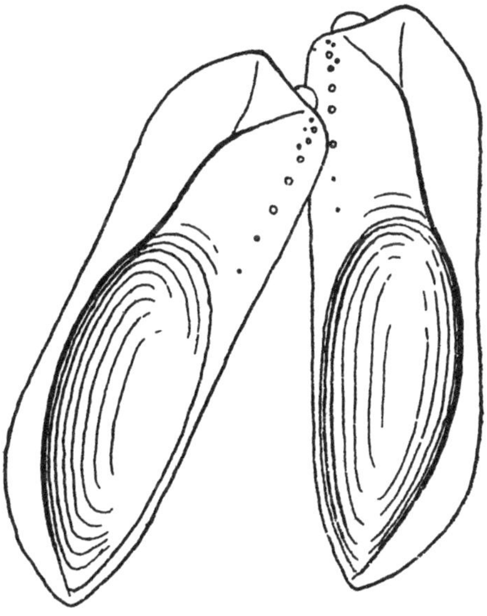

Abb. 22

Den Käfer (von dem leider kein Prothorax, kein Kopf und keine Beine vorliegen) bei einer anderen Familie unterzubringen, erscheint unmöglich. Mindestens kann er nicht zu den *Malacodermata* gehören, zu welcher Annahme seine Färbung verleiten könnte.

Gattung: Lecanopteryx n. gen.

Zum Unterschied von der rezenten Gattung *Cupes* F. (Decken 5—7 mal so lang wie breit) bedeutend kürzer gebaut (Decken 3 mal so lang wie breit). Statt der tief eingeprägten längsreihigen Netzskulptur der permischen Gattung *Permocupes* TILLY. und der groben Punktreihen der rezenten *Cupes* F, nur mit der Andeutung einer Punktreihe und als gewissermaßen zusammenfassende Versteifungs-Vorrichtung mit nur einer ausgedehnten Vertiefung, die sich an eine Längsleiste anlehnt. Längsadern fehlend.

Lecanopteryx miranda n. sp.

Länge der Decken 10 mm, genau dreimal so lang wie breit (Abb. 21 und 22). Einzelne Decke im ganzen parallelseitig; Costalrand auf seiner langen Mittelstrecke leicht flachbogig eingezogen, an der Basis kurz abgeschrägt, am Ende gegen die Spitze im Viertel-Kreisbogen abgerundet. Oberfläche matt, sehr fein querrunzelig skulptiert. Die Runzeln selbst sind äußerst fein körnig gerauht. Neben dem Analrand und fast parallel zu ihm zieht von der Basis her eine Reihe eingestochener spiegelnder Punkte. Die Punkte nehmen allmählich an Größe ab und verlängern dabei ihre Abstände voneinander; ihre Reihe erlischt neben dem Beginn des großen ovalen Eindrucks.

Färbung des Längsgrates und der Fläche zwischen diesem und dem Analrand dunkelgrün, zwischen dem Grat und dem Costalrand dunkelblau; die Tiefe des Eindrucks erscheint schwarzblau; Alula blau.

II. Unterordnung: **Polyphaga**

Familienreihe: Staphylinoidea

Familiengruppe: Necrophaga

Familie: Silphidae

Es liegen zahlreiche Reste vor (besonders Decken in ± gutem Zustand, einige Pronoten und 4 Köpfe neben geringen Beinresten), die einem Käfer zugesprochen werden müssen, der trotz aller Brillanz seiner Färbung bei den *Necrophaga* unterzubringen ist. Die wenigen einigermaßen vollständig erhaltenen Stücke gestatteten eine sehr glaubhafte Rekonstruktion, bei der die Tarsen weggelassen werden mußten, weil von diesen nichts zu finden war. Die 3 einzig nachweisbaren Fühlerglieder zeigte das Obj. Nr. 5821, das ich vor Jahren zum Typus erklärte, das jetzt aber — trotz sorgfältigster Konservierung — von Sprüngen durchsetzt ist und sich kaum noch erkennen läßt. Das Stückchen Kohle, auf welchem das viele Einzelheiten bietende Objekt lag, enthielt vermutlich Markasit, der infolge Vitrioleszierung zerstörend wirkte.

Nach der Form des Pronotums und nach dem Bau des Kopfes gehört das Fossil in die Subfamilie der *Silphinae*, und da unzweifelhafte Vergleichsmöglichkeiten mit Arten gegeben sind, die in der Nähe der Gattung *Silpha* L. stehen, könnte es sogar in der Tribus *Silphini* einen Platz haben. Ich nenne die Gattung

### Eosilphites n. gen.

Kopf mit vorquellenden Augen. Scheitel zwischen den Augen so breit wie ein Auge, die Augen nach vorn überragend als Stirn oder sog. Clypeus. Letzterer augenscheinlich scharf gerandet, der Vorderrand mitten leicht bogig ausgeschnitten. Auf dem Clypeus inserieren vermutlich — seitlich vor den Augen — die Fühler, deren Basalglied fehlt; es läßt sich aber die kleine runde Narbe erkennen, wo es ansetzte. Die etwas seitlich vom Objekt verlagert gewesenen 3 kurzen Fühlerglieder wurden wegen der leeren Ansatzstelle für das Basalglied in entsprechender Nähe an den Rand des Clypeus gezeichnet. Pronotum quer-trapezisch, doppelt so breit wie mitten lang, nach vorn um $^1/_4$ verengt; Vorder- und Hinterrand sind mitten flachbogig nach außen geschwungen, die Seitenränder sind stärker nach außen gebogen. Die seitlichen Vorderecken, die in der Rekonstruktion (vgl. Abb. 23) stumpf erscheinen, können etwas spitzer vorgezogen sein. Ringsum ist das Pronotum mit einem schmalen aufgeworfenen Rand versehen; die Mitte seiner Fläche ist flach emporgewölbt. Das Scutellum — nur in einem Fall erhalten geblieben — ist dreieckig. — Die Decken sind 4 mal so lang wie mitten breit und auch etwa 4 mal so lang wie das Pronotum. Ihre Längsaderung, die nur bei stark abgetragenen Stücken erkennbar ist, läßt sich mit jener von *Silpha* nicht vergleichen. Bei dieser Gattung treten die Adern als ± scharfe linear gehobene Längsrippen auf, während sie bei der fossilen Gattung flache Längsstreifen darstellen, die voneinander durch gleichbreite Zwischenstreifen (Plagae) getrennt sind, auf denen bei „normaler" Zeichnung die länglichrunden Eindrücke liegen. Der Costalrand ist schmal gesäumt; die Saumnaht ist ± deutlich punktiert. Ein nach unten umgeschlagener Außenrand der Decken (wie bei *Silpha*) ist nicht vorhanden, bei dem dann die äußere Längskante von der Sc eingenommen werden müßte. Die Schulter der Decken ist nach außen gerundet, und ihr Abschluß gegen die Spitze verläuft in flach-elliptischem Bogen. Die Beine waren augenscheinlich verhältnismäßig lang.

### E. decoratus n. sp.

Länge 17—18 mm. Auffallend ist das Fleckenmuster der Decken. Die einzelnen Eindrücke, die das Muster bilden, sind mitten leicht emporgewölbt, infolgedessen mit einem leicht vertieften ± breiten Rand versehen. Bei ganz regelmäßiger Ausbildung (Abb. 23 links) sind sie gegeneinander versetzt, so daß eine schrägstreifig verlaufende Anordnung entsteht. Die Grundfärbung, die der fossile Käfer zeigt und die ich für die naturgegebene halten muß, ist golden: heller bis dunkler, zuweilen fast kupfern. Die Flecken sind innen ebenfalls golden, ± breit blau bis grün gerandet. Alle mir vorliegenden Pronoten sind hellgolden und ringsum breit blau gerandet; die Skulptur seiner Fläche besteht in einer ziemlich dichten Punktierung. Ebenso punktiert ist der Kopf.

Die Skulptur der Decken ist sehr variabel. Störung der Schrägstreifen zeigt schon die erste der einzeln dargestellten Decken (Abb. 23). Diese Störungen treten bei den beiden anderen Decken aber noch bedeutend stärker in die Erscheinung. Zunächst fällt auf, daß die eingeprägten Flecken sich mehr der kreisrunden Form nähern, sich dann aber auch nicht mehr

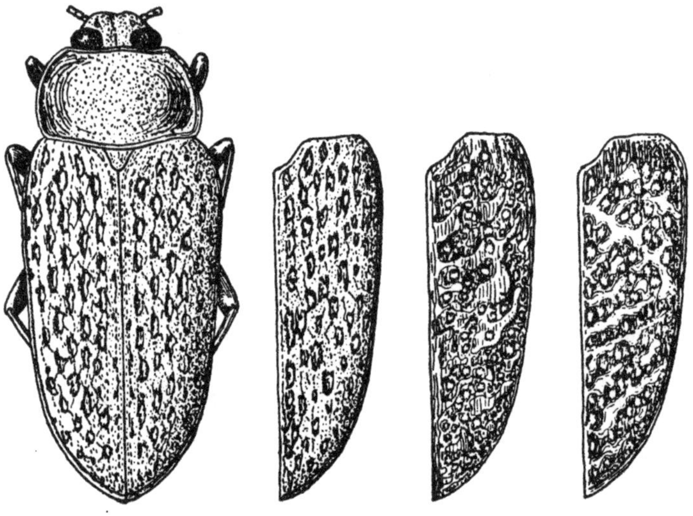

Abb. 23

der Längsstreifung der Decken anpassen, sondern sich zu wirren Querreihen verbinden, die mich anfänglich veranlaßten, derartige Stücke einer besonderen Art zuzuschreiben, die ich *irregularis* nannte, bis sich herausstellte, daß von der regelmäßigsten Musterung bis zur unregelmäßigsten alle Übergänge vorhanden waren.

Einige der Decken sind gleichmäßig blau, infolge der Fossilisation verfärbt und zugleich stark abgetragen. Das Fleckenmuster ist auf derartigen Decken oft kaum noch zu erkennen.

Ob die Art Aasfresser gewesen ist, läßt sich nicht mit völliger Sicherheit annehmen. Immerhin wurde eines der Exemplare im Spülschatten einer angeschwemmten Krokodilleiche gefunden. — Aus einer späteren Grabung als jener, deren Funde von Pongrácz bearbeitet wurden, lagen diesem Autor Stücke des jetzigen Materials vor und wurden von ihm als *Buprestites archimaculatus* bezettelt, aber nicht beschrieben.

Wie weit und in welchem Maße mechanische Einflüsse auf die Formveränderung der Käfer in der Kohle eingewirkt haben, mag Objekt 1839 veranschaulichen (Abb. 24). Der Käfer ist völlig nach Blau verfärbt und zeigt nur noch geringe Spuren der ursprünglichen goldenen Grundfärbung. Vom Fleckenmuster der Decken ist kaum noch etwas zu erkennen. Die Umrißskizze, die ich gebe, betont aber einige befremdlich wirkende größere kreisrunde Figuren. 2 dieser Figuren befinden sich auf jeder der beiden Decken, und auf dem Pronotum sind ebenfalls noch 1 Paar jener Figuren angedeutet. Bei den Abdrücken fossiler Insekten, vor allem jener des Karbons, sind Paare kreisrunder Figuren auf dem Pronotum keine Seltenheit und könnten fast für eine skulpturelle Eigentümlichkeit gehalten werden. In Wirklichkeit handelt es sich hierbei aber um nichts weiter, als um die Durchdrücke der Ansatzöffnungen für die Vorderhüften. Bei den ringartigen Figuren auf den Decken der Abbildung liegt die gleiche Erscheinung vor. Hier haben wir die Durchdrücke der Gelenkstellen für die Mittel- und Hinterhüften vor uns, die durch ihre Form noch verraten, daß alle Hüften kegelförmig waren und sich pendelnd bewegten. Die Hinterhüften müssen sogar weiter auseinander gestanden haben, wie dies z. B. bei den rezenten Gattungen *Silpha* oder *Necrophorus* der Fall ist. Da nun die Decken beim jetzigen Zustand des Fossils gespreizt liegen, muß angenommen werden, daß die Einbettung des Käfers mit geschlossenen Decken erfolgt sein muß. In diesem Zustand war es möglich, daß sich die verdickten Umrandungen der Gelenköffnungen auf den Decken durchprägten. Hierbei muß für die Stelle, an die das Objekt geriet, ein besonders hoher Druck vorausgesetzt werden, und außerdem wird das Objekt durch das basische kalkhaltige Wasser gehörig erweicht worden sein. Ein zweites ähnliches Vorkommnis war nicht nachzuweisen. Ferner muß nach bereits erfolgter Fossilisation die Kohle an dieser Stelle zum Fließen gekommen sein, wobei der eingebettete Käfer einem Schub ausgesetzt wurde, als dessen Folge sich die Decken spreizten und das Abdomen zur Seite gebogen wurde. Möglicherweise ist auf Rechnung des erwähnten Schubs auch das Abschleifen der gesamten Oberfläche des Käfers zu setzen. Ganz allgemein läßt sich auf Grund dessen, was soeben

Abb. 24

erörtert wurde, der Schluß ziehen, daß Bewegungen innerhalb der Kohle z. T. bewirkten, daß den Käfern fast durchweg Fühler und Beine fehlen, da sie auf diese Weise verschleppt wurden.

Familienreihe: Lamellicornia
Familie: Scarabaeidae
Unterfamilie: Melolonthinae
Gattung: Eophyllocerus n. gen.

Von dieser Gattung liegen mir eine ganze Anzahl meist stark zertrümmerter Reste vor, an denen die mit groben Punktnarben versehenen Flügeldecken besonders auffallen. Zwischen der unregelmäßig verteilten Punktskulptur der Decken sind Spuren ehemals vorhanden gewesener Aderung nur mit Mühe nachweisbar. Die Adern, soweit sie zu erkennen sind, sind sehr schmal, wenig plastisch hervortretend und von Punktierung frei. Vor der Spitze der Decken, doch in ziemlichem Abstand davon, vereinigen sich mindestens 3 der Adern miteinander (Cu, M und R), indem der R einen Bogen parallel zum abgerundeten und gleichzeitig abgewölbten Außenrand der Deckenspitze beschreibt, in welchem die beiden geradlinig ziehenden anderen Adern M und Cu einmünden (Obj. Nr. 2592). Das jedenfalls stark gewölbt gewesene Pronotum ist bei allen mir vorliegenden Resten sehr zerdrückt; es ließ sich aber in befriedigender Weise rekonstruieren und zeigte dann im Umriß eine Begrenzung fast in der Form eines Halbkreises, dessen vorderste Rundung (wo der Kopf eingefügt ist) ungefähr gerade abgeschnitten ist. Der Kopf zeigt immer eine weit über die Augen vorgezogene Stirnplatte mit abgerundeten Ecken und flach ausgeschnittenem Vorderrand. — Das Scutellum ist hinten halbkreisförmig begrenzt.

Die Fühler besitzen eine aus Lamellen zusammengesetzte Fühlerkeule, und ich habe angenommen, soweit in einem Falle eine Zählung möglich war, daß die Keule aus 7 Blättern bestand; Basalglieder ließen sich deren 4 zählen. Vollständige Blätter sind an jeder Seite der Type (Obj. Nr. 1872) nur je eins zu erkennen, außerdem noch auf der linken Seite ein zweites Blatt, teilweise zerstört. Daß es sich um ein dickeres Paket von Blättern handelt, beweist der Befund auf der rechten Seite der Type, wo ein größeres Stück Kohle ausgebrochen ist, und zwar gerade dort, wo die basalen Fühlerglieder enden. Die vorderen Blätter sind mit dem Kohlestückchen herausgefallen beim Bergen des Fundes, so daß nur das äußerste und letzte der Blätter erhalten blieb, wie sich mit Gewißheit annehmen läßt.

Von den Beinen sind nur linksseitig Vorder- und Mittelbein erhalten (Obj. Nr. 1872) mit dem Schenkel und einem Basalstück der Schiene.

Teile des Abdomens zeigen die Objekte Nr. 1722, 1801, 1916 und 2005. Anscheinend vollständig ist es bei Obj. Nr. 2205 vorhanden, wo 5 Tergite sichtbar sind; das letzte Tergit (Pygidium) ist bei diesem Stück breit und kurz, hinten flachbogig abgerundet.

### Eophyllocerus scrobiculatus n.sp.

Länge 16—19 mm (Abb. 25 ♂). — Körper von der Schulterwölbung der Decken an distal auffällig verschmälert. Pronotum $^1/_5$ so lang wie die Körperlänge, hinten doppelt so breit wie vorn, seine Seiten stark nach außen gebogen, so daß es fast halbkreisförmigen Umriß besitzt, allerdings ein wenig elliptisch übersteigert; Vorder- wie Hinterrand mitten leicht bogig nach außen geschwungen; feine eingeprägte mittlere Längslinie vorhanden. Scheitel (Stirn) annähernd quadratisch und mit abgerundeten Vorderecken, neben den vorquellenden Augen leicht bogig einwärts gezogen, vorn flachbogig ausgerandet. Da ein männlicher Käfer vorliegt (ein weiblicher konnte nicht nachgewiesen werden), ist die Fühlerkeule auffallend groß; ihre vermutlich 7 Blätter sind länger als der Kopf. — Gesamtoberfläche ± dicht mit gemischter Punktskulptur versehen, die sich aus auffallend groben und aus feinen eingeprägten Punkten zusammensetzt. Pronotum und Kopf nur locker punktiert, die Decken aber ziemlich gedrängt. Auf den Decken begleiten die groben Punktnarben in ± geordneten Längsreihen die ziemlich undeutliche Aderung.

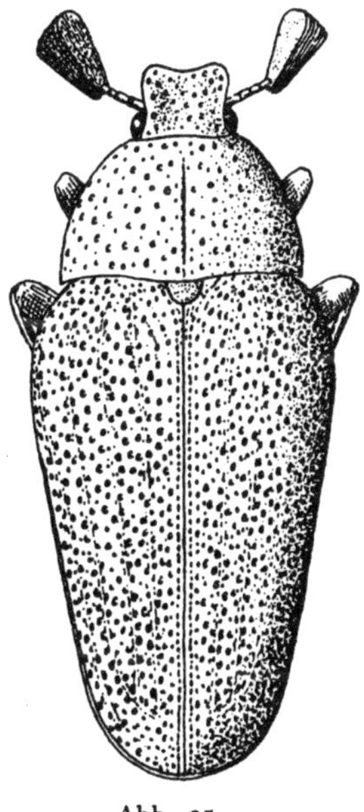

Abb. 25

Über die Färbung der verschiedenen Objekte ist folgendes zu sagen: Das als Holotypus ausgewählte Stück (Obj. Nr. 1872) zeigt bei vorzüglich erhaltener Skulptur der Decken eine eisengraue Färbung mit einigen blauen Stellen, an denen nicht sicher zu erkennen ist, ob sie Reste einer höheren und bereits stark abgetragenen Schicht darstellen oder einer durchschimmernden tieferen Schicht. Leider liegt kein Fundstück mit Druck und Gegendruck vor. Als Parallelerscheinung zu *Eodromus agilis* gedacht (hier durch mehrere Funde belegt), läge bei den blauen Flügeldecken die obere Schicht vor, aber auch in diesem Falle nur von unten bzw. hinten sichtbar, da die Decken in den allermeisten Fällen im Schichtmittel auseinanderreißen. Die Annahme, daß es sich bei den blauen Abdrücken um die oberste Schicht (Cuticula) der Decken handelt, wird noch dadurch gestützt, daß hier die grubige Punktskulptur am kräftigsten sich zeigt. Als Stufenfolge der Färbungen je nach Abtragung ergibt sich: Dunkelblau, hellblau, ± eisengrau oder auch hell bronzefarben. Bei grauen Abdrücken, die so dünn an Masse sind, daß schon der kohlige Untergrund durchschimmert, ist von der Punktskulptur nur noch wenig zu erkennen. — Als ehemalige Lebendfärbung des Käfers kann olivgrün angenommen werden. Die Punktskulptur, die sich über alle Körperteile erstreckt, läßt vermuten, daß der Käfer behaart war.

Zur Untersuchung lagen mir vor:

Obj. Nr. 1218: Eine Decke, dunkelblau.
" " 1722: Beide Decken, zerdrückt, dunkelblau. Reste des Abdomens.
" " 1801: Beide Decken, gespreizt, grau, gut skulptiert; Abdomen, Pronotum zum Teil.
" " 1872: Fast vollständig; Kopf und Pronotum zerdrückt; grau mit etwas blau.
" " 1916: Basis beider Decken, hellblau, gut skulptiert; Abdomenende gut, Pronotum zum Teil.
" " 2005: Beide Decken, linke ziemlich gut, grau mit blau; Skulptur deutlich; Abdomen.
" " 2241: Zerdrücktes Pronotum, beide Decken, rechte defekt, Abdomenreste.
" " 2248: Zerdrücktes Pronotum, beide Decken defekt, Abdomenreste.
" " 2290: Beide Decken, grau, wenig Skulptur.
" " 2335: Kopf, Pronotum, stark defekte Decken, grau.
" " 2349: Beide Decken leicht defekt, grau, gut skulptiert.
" " 2426: Beide Decken leicht defekt, grau, Skulptur undeutlich.
" " 2592: Decken ± defekt, grau mit gelblichem Schimmer. Aderung!
" " 2718: Beide Decken fast vollständig, graublau.

Ohne Nummer: Rest einer linken Decke, kupfern-violett, eine längere Strecke Costalrand erhalten, mit derselben groben Punktierung wie die dunkelblauen Decken von Obj. Nr. 1218 und 1722.

### Eophyllocerus glaucinus n. sp.

Länge 18 mm. — Von diesem Käfer liegt in Obj. Nr. 2621 ein relativ gut erhaltenes Stück vor, dem zwar Beine und Fühler fehlen, das aber bis auf geringe ausgebrochene Stellen am Vorderrande des Pronotums und am Costalrande der rechten Decke (hinter deren Mitte) vollständig ist. Kopf, Pronotum und Scutellum sind dunkelblau gefärbt, die beiden Decken blaugrün. Weder auf dem Kopf noch auf dem Pronotum oder auf den Decken läßt sich irgendwelche Skulptur nachweisen; letztere zeigen nicht einmal Aderung; ihre Oberfläche erscheint fleckig bis wolkig rauh.

Dem Umriß nach handelt es sich bei dem vorliegenden Objekt unzweifelhaft um eine *Melolonthine,* die sich jetzt in vollkommen flachgedrückter Form darstellt. Fossilisation und Pressung müssen in diesem Falle gleichzeitig erfolgt sein, nachdem das Objekt in einer Weise erweicht war, daß die am lebenden Tier hochgewölbten Teile nicht einrissen, wie sich das sonst oft ereignet. Auf ehedem vorhanden gewesene starke Wölbung deutet nur, daß die Flügeldecken am Ende gespreizt liegen; ferner sind die hintere Ecke des Pronotums und die Schulter der Decke in spitzem Winkel auseinander gerückt. Es muß angenommen werden, daß der Käfer zu Lebzeiten etwas kürzer und schmäler gewesen ist.

Die beiden Decken eines anderen Stückes, von denen nur die hinteren $^2/_3$ erhalten sind (Obj. Nr. 2297), könnten noch gut hierher passen. Diese Decken sind am Costalrande dunkelblau, im übrigen aber unregelmäßig und verschwommen grünfleckig; ein Rest des rechten Schulterteils ist sogar violett gefärbt. Mit einiger Mühe läßt sich Punktierung auf diesen Decken nachweisen, so daß es zweifelhaft erscheint, ob diese Decken nicht besser zu *E. scrobiculatus* zu stellen wären.

Familienreihe: Diversicornia

Familiengruppe: Sternoxia

Familie: Buprestidae STEPH. ESCHSCH.

An den *Buprestidae* des Geiseltales fällt auf, daß es sich bei den hier vertretenen Gattungen und Arten ausschließlich um solche Formen handelt, deren Umriß als lückenlos geschlossen zu bezeichnen ist. Es treten in der äußeren Umrandung nirgends einspringende Winkel auf zwischen Kopf und Prothorax oder ausladende Rundungen bei letzterem. Von rezenten paläarktischen Gattungen kommen daher solche wie *Perotis, Capnodis, Dicerca* und *Chrysobothris* als Vergleichstiere nicht in Betracht, und die übrigen Gattungen scheiden zum größten Teil wegen des Umrisses ihrer Flügeldecken aus. Völlig aussichtslos sind daher alle Bemühungen, eozäne *Buprestidae* des Geiseltales mit irgend einer der rezenten Gattungen identifizieren zu wollen, wie es tatsächlich schon geschehen ist.

Zur Kennzeichnung der Geiseltal-*Buprestidae* sei folgendes angeführt: Der breite Kopf, den sämtliche rezenten Arten besitzen, ist vorhanden, und die flache Kurve des Stirn-Vorderrandes geht glatt in die Kurve des Prothorax-Seitenrandes über. Letztere verläuft dann lückenlos in die Kurve des Costalrandes der Decken. Die von mir gebrachten Rekonstruktionen zeigen allerdings den Schulterteil der Decken z. T. kräftig nach außen gewölbt, zu welcher Darstellung mich die fossilen Vorlagen veranlaßten, bei denen der Druck vermutlich Deformierungen verursacht haben mag. Am lebenden Objekt dürfte die Auswölbung weniger stark gewesen sein. — Besonders charakteristisch ist die Gestalt jenes Mittelstückchens des 1. Tergits vom Metanotum, das für gewöhnlich allein als Scutellum bezeichnet wird. Es ist stets rundlich begrenzt (kreisrund bis queroval), und der annähernd viertelkreisförmige Ausschnitt an der Analecke aller gefundenen einzelnen Decken beweist, daß alle Arten ein wohlausgebildetes rundes Scutellum besaßen. Bei den rezenten Arten ist dieses Skelettteilchen im Abbau begriffen, es wird nicht mehr von allen gezeigt. Wo es noch auftaucht, hat es Pilzform, d. h.: Der bei geschlossenen Decken sichtbare knopfartige Teil sitzt auf einem Stielchen. Bei den *Elateridae*, für die man mit ± Recht nahe verwandtschaftliche Beziehungen zu den *Buprestidae* annimmt, ist dieses Scutellum dreieckig und entwickelt sich zu einer ± gehobenen, distal ausgezogenen Lamelle. Das ständige Vorhandensein des Scutellums bei den *Buprestidae* des Geiseltales kann als ein Beweis dafür genommen werden, daß die eozänen Vertreter dieser Familie in ihrer Entwicklung zurückstehen gegenüber der Familie, wie sie sich heute darstellt, daß sie mithin als primitiver (mehr vorläufer-gemäß!) angesprochen werden können.

Abb. 26

Nun sei auf einen (fossil kaum erhaltenen) Skeletteil aufmerksam gemacht, dessen Bedeutung noch nicht erkannt wurde. Das ist der distal gerichtete mittlere Dornfortsatz des Prosternums, der bei den *Elateridae* als Sprungdorn fungiert. Bei den *Buprestidae* vermittelt er aber eine gelenkige Verbindung zwischen Pro- und Mesothorax (Abb. 26). Die mitten vorspringende Rundung am Ende des Dornfortsatzes besitzt 2 Gelenkköpfe (an der Abbildung allerdings nicht sichtbar!), jederseits einen, die in entsprechende Gelenkpfannen im rundlichen Ausschnitt am Vorderrande des Mesosternums eingreifen. Dadurch wird ein ziemlich bedeutendes Abwärtsneigen des Prothorax ermöglicht, welches unumgänglich nötig ist für das Heben der Decken beim Flug. Viele Pronoten besitzen für diesen Zweck noch ± tiefe oder umfangreiche grubige Eindrücke beiderseits an oder nahe dem Hinterrande, um Platz zu schaffen für die Schultern der Decken während des Fluges. Die Bildung längsgerichteter Schwielen auf dem Pronotum wirkt auch in diesem Sinne. Diese eben erwähnten Gruben oder auch etwaige Schwielen stellen brauchbare Merkmale für die Deutung einzeln gefundener Pronoten dar, falls diese nicht völlig plattgedrückt sein sollten. Daß aber bei den *Buprestidae* aus dem Geiseltal der Prothorax oft noch in inniger Verbindung mit dem Mesothorax steht, ist dem Scharniergelenk des Prosternaldornes zu verdanken, das nicht so leicht zu lösen war wie eine nur häutige Verbindung.

Sehr leicht und mit großer Sicherheit sind die Flügeldecken zu erkennen. Hingewiesen wurde schon auf den Ausschnitt für das Knöpfchen des Scutellums. Charakteristisch ist auch die flache Ausbuchtung des Costalrandes vor seiner Mitte, die auch bei den meisten rezenten Arten in deutlicher Ausbildung auftritt und die dem Hinterschenkel eine freiere Beweglichkeit gestattet. Sehr häufig zeigen die Decken dornige oder ausgezackte Spitzen, die mit einer anschließenden Folge von Sägezähnen am Costalrande unterseits ihre Fortsetzung finden (vgl. Abb. 17). Es handelt sich hierbei um eine Stemmvorrichtung, die ihre Dienste beim Verlassen des Bohrganges leistet.

Die Unterseiten (Sternalseiten!) sind an der Gestalt der Hinterhüften zu erkennen, deren schildartige flache Außenseite sich glatt der Ebene des Metasternums anschließt. Bei den hier als Abbildung gegebenen Beispielen bilden sie querliegende stumpf-dreieckige Platten mit vorspringendem Winkel nahe der Mittellinie (vgl. Abb. 32, 33, 34). Bei den *Elateridae* sind diese Hüften weniger ausgeprägt dreieckig.

## Die eozänen Buprestidae aus der Braunkohle des Geiseltales

### Übersicht

I. Tribus: Julodini
- 1. Microjulodis n. gen.
  - auratus n. sp.

II. Tribus: Anthaxiini
- 1. Eoanthaxites n. gen.
  - carneolus n. n.
  - unicolor n. sp.
  - irregularis n. sp.

III. Tribus: Buprestini

1. Chlorodema n. gen.
   primordialis PONGR.
2. Rhabdoglyptus n. gen.
   viridistriatus n. sp.
   auratostriatus n. sp.
   seorsus n. sp.
3. Stizonotus n. gen.
   acropterus PONGR.
   marmoratus n. sp.
   signatus n. sp.
   eximius n. sp.
4. Taenionotus n. gen.
   fasciatus n. sp.
   maculatus n. sp.
5. Eolampetis PONGR.
   schulzi n. sp.
   weigelti PONGR.
   micans n. sp.
   griseomicans n. sp.
6. Eochalcophora n. gen.
   abbreviata n. sp.
   transversovittata n. sp.

## Tabelle der Buprestiden-Gattungen

I. Umriß des Gesamtkörpers glatt schlank-oval, vorn breit abgerundet, hinten ziemlich spitz auslaufend. Prothorax nach vorn konisch verjüngt, an den Seiten kaum nach außen gewölbt; Pronotum annähernd trapezisch, ohne Gruben oder Schwielen, netzartig skulptiert. Flügeldecken mit Wellpappenstruktur; die gleichbreite Längsstreifung bzw. Rippung läuft in der Deckenspitze zusammen; eine flach S-förmig geschwungene A (Costula scutellaris) ist nicht vorhanden.

I. Tribus: **Julodini**

1. Gattung: Microjulodis n. gen.

T. gen. *M. auratus* n. sp.

— Umriß nicht in glatter Kurve verlaufend, wellig, Costalrand der Decken ± geschweift, an den Schultern ± nach außen gewölbt. Costula scutellaris vorhanden oder an deren Stelle eine deutliche Ader . . . . II

II. Prothorax annähernd quer-rechteckig, nach vorn nicht oder kaum merklich verjüngt. Scutellum quer-oval. Decken mit Wellpappenstruktur; Costula scutellaris vorhanden, Schlußrand (A) aber linear; R und Sc vereinigen sich dicht vor der Deckenspitze.

II. Tribus: **Anthaxiini**

1. Gattung: Eoanthaxites n. gen.

T. gen. *E. carneolus* n. n.

— Prothorax nach vorn konisch verjüngt, seine Seiten gerade oder nur sehr wenig nach außengewölbt; Pronotum annähernd trapezisch, seine Fläche mit Schwielen, grubigen Eindrücken, oft auch noch mit Punktskulptur. Scutellum ± kreisrund. Flügeldecken mit deutlichen Längsadern (Rippenstruktur) oder mit gleichbreiten erhabenen Längsstreifen (Wellpappenstruktur); A als deutliche flachgebogene Ader oder als flach S-förmig geschwungene Costula scutellaris vorhanden, Analrand demzufolge als Ader oder als Längsstreifen entwickelt, oder auch nur linear auftretend als bloßer verdickter Schlußrand. Aderverenigungen verschieden, aber immer weit vor der Deckenspitze liegend.

III. Tribus: **Buprestini.**

1. Längsadern der Flügeldecken linear (schmal), auf jeden Fall schmäler als die sie trennenden Zwischenräume. R und M vereinigen sich in der Nähe des beginnenden letzten (distalen) Viertels der Decken zu einem sogenannten Joch und ziehen von da an als einfacher Stiel zur Deckenspitze. Pronotum mit Längsschwielen . . . . . . . . . . . 2

— Längsadern der Flügeldecken bandförmig (breit), so breit wie die sie trennenden Zwischenstreifen (Plagae); an Bruchstücken sind Aderstreifen und Plagae ihrer Breite nach nicht voneinander zu unterscheiden. M und Sc vereinigen sich vor der Deckenspitze. R endet spitz (blind) etwa an der Grenze des distalen Viertels der Decken . . . . . 3

2. Längsadern einigermaßen scharf hervortretend. Deckenfläche an sich skulpturfrei, höchstens dicht und fein gekörnelt. Pronotum mit ± deutlichen flachen Längswülsten, anschließend an die Lücken zwischen den Adern.

1. Gattung: Chlorodema n. gen.

T. gen. *Chl. primordialis* Pongr.

— Längsadern ± flach, gekörnelt; Deckenfläche zwischen den Adern längs ihrer Mitte mit Reihen kurzer linearer Erhebungen, die eine Aderung zweiten Grades vortäuschen. Pronotum mit erhabenen Längsstreifen in gleicher Breite wie die Adern der Decken, diese gewissermaßen fortsetzend.

2. Gattung: Rhabdoglyptus n. gen.
T. gen. *Rh. viridistriatus* n. sp.

3. Analrand längs des Schlußrandes der Decken ebenso breit wie Aderstreifen und Plagae; Costula scutellaris normal entwickelt . . . 4
— Analrand sozusagen nur linear und als bloßer verdickter Saum der Decken vorhanden; durch eine Verbreiterung seiner Basis ist die Costula angedeutet . . . . . . . . . . . . . . . . . . . 5
4. Nur die bandartigen Längsadern mit Fleckenzeichnung; die Flecken sind stets gegeneinander versetzt. Pronotum mit figurenbildendem Punktmuster.

3. Gattung: Stizonotus n. gen.
T. gen. *St. acropterus* Pongr.

— Längsaderstreifen sowohl als auch Plagae mit Fleckenzeichnung; die Flecken bilden ± vollkommene Querreihen oder vereinigen sich in der Mitte der Decken zu einem bindenartigen Fleck. Scheitel und Pronotum dicht punktiert.

4. Gattung: Taenionotus n. gen.
T. gen. *T. fasciatus* n. sp.

5. Längsaderstreifen und Plagae durch perlschnurartig aufgereihte Punktierung voneinander getrennt. Deckenfläche sehr fein querrunzelig skulptiert; Decken ohne Fleckenzeichnung. Pronotum mit längsreihiger Punktskulptur.

5. Gattung: Eolampetis Pongr.
T. gen. *E. weigelti* Pongr.

— Längsaderstreifen und Plagae durch locker aufgereihte grobe Punktierung voneinander getrennt. Plagae mit leicht gehobenen aber abgeflachten skulpturfreien Längsflecken in unregelmäßiger Verteilung; Deckenfläche im übrigen fein punktiert. Pronotum mit ähnlichen längsgerichteten Flecken wie die Decken oder auch mit quergerichteten Flecken bzw. Schwielen.

6. Gattung: Eochalcophora n. gen.
T. gen. *E. abbreviata* n. sp.

I. Tribus: **Julodini**

1. Gattung: Microjulodis n. gen.

Der typische länglich-ovale Umriß ist vorhanden, wie ihn die Vertreter der rezenten Gattung *Julodis* zeigen. Ob die kleine eozäne Gattung als

Vorfahr oder Vorläufer anzusehen ist, dies festzustellen oder auch nur anzunehmen erscheint insofern etwas gewagt, als dem fossilen Objekt nicht anzusehen ist, ob sein Körper hochgewölbt gewesen ist im Gegensatz zu den übrigen *Buprestidae*. Der Skulptur nach, besonders jener des Pronotums, dürfte kaum ein Zweifel aufkommen; auch die Skulptur der Flügeldecken stimmt.

Microjulodis auratus n. sp.

Länge 11 mm (Abb. 27). — Skulptur der Decken anscheinend fein gekörnelt, die des Pronotums grubig netzartig, die einzelnen Netzmaschen unregelmäßig und mit geschärften Rändern. Dem Vorderrand des Pronotums entsprechend scheint der Kopf breit gewesen zu sein; da er aber nicht erhalten ist, läßt sich nichts über ihn sagen. — Das Pronotum ist längs seiner Mitte leicht eingedrückt; doch läuft diese Längsvertiefung nicht bis zum Vorderrand durch. — Der Costalrand der Decken scheint mit glatter Biegung verlaufen zu sein.

Abb. 27

Die Färbung des Käfers ist vorwiegend rotgolden, stellenweise auf den Decken bläulich, letztere Färbung vermutlich sekundär. Die dunkleren Stellen täuschen eine unregelmäßige Fleckung vor. Eine sicher erkennbare Zeichnung besitzt nur das Pronotum: Zwei dunkelgoldene Längsstreifen beiderseits des mittleren Eindrucks, die sich vorn vereinigen, und je einem ebensolchen Streifen an den Seitenrändern.

II. Tribus: **Anthaxiini**

1. Gattung: Eoanthaxites n. gen.

Unter diesem Gattungsnamen möchte ich eine Reihe von 3 Käferresten zusammenfassen, wovon eine Art schon von Pongrácz beschrieben und von ihm in die rezente Gattung *Coroebus* Lap. (oder: *Coraebus* Lap.) gestellt wurde (vgl. *A. carneolus* m. = *C. carniolicus* Pongr.!). Die bestimmenden Merkmale entnimmt Pongrácz vor allem dem Halsschild (Pronotum), betreffs deren ich aber annehmen muß, daß sie als Ergebnisse einer Augentäuschung zu bewerten sind. Ich konnte an der mir vorliegenden Type nur das Vorhandensein eines zackig begrenzten Bruchstückes vom Pronotum erkennen, das keinerlei verwertbare Einzelheiten seiner ursprünglichen Form oder Ausmodellierung bot (vgl. Abb. 29).

Mir liegen nun außer der erwähnten Type noch 2 besser erhaltene Käfer vor (Obj. Nr. 3727 und 3883), außerdem ein vollständig erhaltenes

Pronotum. Letzteres (Abb. 28) ist seiner Grundform nach quer-rechteckig, reichlich $1\,{}^1/_2$ mal so breit wie lang. Gegen seinen geraden Vorderrand sind die ziemlich parallelen Seitenränder leicht einwärts gebogen; mit dem Hinterrand bilden sie jederseits eine stumpfwinklig gebrochene Ecke. Der Hinterrand verläuft leicht geschwungen und ist mitten flachbogig ausgezogen. Parallel zu den Seitenrändern und dem Hinterrand, dicht an diese Ränder herangerückt, läßt sich eine eingeprägte Linie erkennen. Die Fläche des Pronotums scheint flach emporgewölbt gewesen zu sein; bei dem vorliegenden Stück ist die genannte Wölbung unregelmäßig eingedrückt. — Die Pronoten der beiden anderen Arten sind weniger glattrandig erhalten, zeigen aber als kennzeichnendes Merkmal für einen Käfer aus der Nähe von *Anthaxia* die parallelen Seiten. — Das Scutellum ist quer-oval.

Abb. 28

Der Umriß des Körpers (vgl. Abb. 29), der sich von der Mitte des Thorax bis etwa zur Spitze des Abdomens verfolgen läßt, paßt gut für die gedrungene Form einer *Anthaxia*, weniger für einen *Coraebus*. Wegen dieser Annäherung an die Gestalt einer *Anthaxia* und vor allem wegen der Form des Pronotums benannte ich die Gattung, deren abseitige Stellung das quer-ovale Scutellum rechtfertigt. Als weitere Begründung meiner Auffassung über die systematische Stellung der Gattung kann die sehr feine Skulptierung ihrer Oberseite dienen. Betreffs dieser Skulptur scheint nur *E. irregularis* eine Ausnahme zu machen. — Der Käfer ist an den Schultern nur wenig breiter als am Hinterrande des Pronotums.

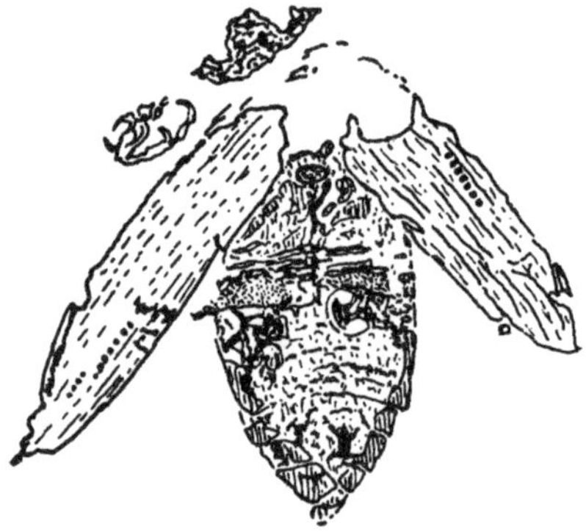

Abb. 29

### Eoanthaxites carneolus (PONGR.) n. n.

*Coroebus carniolicus* PONGR., Nova Acta LEOP. N. F. Bd. 2 Nr. 6. 1935, p. 565.

Die wohlkonservierte Type, die sich seit ihrer Bearbeitung seitens PONGRÁCZ augenscheinlich nicht veränderte (Aufbewahrung in $2\,{}^0/_0$ Formalin), hat mir für nebenstehende Zeichnung vorgelegen (Abb. 29). Ehe ich auf die Beschreibung eingehe, sei die Benennung seitens des ersten Bearbeiters erörtert. Ich nehme an, das Pongrácz ein Schreibfehler unterlaufen ist, den richtigzustellen ich mich verpflichtet fühle. Der Artname „*carniolicus*" würde besagen, daß der Käfer in Krain vorkommt, und ich glaube, daß diese Namensgebung nicht ernstlich beabsichtigt gewesen sein kann. Wenn nun der Autor in der Beschreibung des Fossils sagt: „Grundfarbe karneol-kupferrot", so hat er jedenfalls „*carneolus*" schreiben wollen.

An der Type sind folgende Einzelheiten zu bemerken: Zwischen den fast rechtwinklig gespreizten Decken sind deutlich der Umriß und die Gliederung des Abdomens zu erkennen. Der vor dem Abdomen liegende hintere Abschnitt des Thorax, seitlich durch die Decken schräg beschnitten, zeigt nur noch geringe Reste seiner Rückenteile, gut erhalten nur das quer-ovale Scutellum. Ob die seitlich davor liegenden, unscharf begrenzten Teile, die etwas blau schimmern, zum Tergit gehören oder als Sternit angesehen werden müssen, läßt sich nicht mit Bestimmtheit sagen, ist an sich auch belanglos. Ganz sicher aber sind Reste der Hinterbeine zu erkennen (grünglänzend), in der Abbildung punktiert dargestellt. Die Tergite des Abdomens sind (wie i. d. R.) vollkommen abgetragen, und nur die Sternite blieben übrig. Rechts vorn, neben der Mittellinie, liegt der gebogene Rest eines inneren Organs. — Vom Pronotum ist ein Reststück vorhanden, das schräg nach vorn-links verschoben wurde; von irgendwelchen — wenn auch noch so kurzen — Stückchen begrenzender Ränder ist nichts daran zu erkennen, ebensowenig von seiner ehemaligen Ausmodellierung. Ich vermochte weder etwas von „Querwülsten" noch von einem „vorgezogenen Hinterrand" oder einer „Längsfurche" zu erkennen. — Von den beiden Decken ist die linke am vollständigsten erhalten; es fehlen nur die äußerste Spitze und die Schulterecke, und außerdem ist die reichliche proximale Hälfte des Costalrandes zerstört. Im übrigen ist von der Skulptur beider Decken mehr zu erkennen, als die Urbeschreibung angibt. Zunächst ist auf der rechten Decke die Längsaderung teilweise deutlich ausgeprägt, und bei genauerem Zusehen entdeckt man bei günstigem Licht Punktreihen und schließlich auch die querwellige Feinskulptur. Eine einzeln vorhandene Decke (Obj. Nr. 1229) zeigt die Punktreihen am deutlichsten.

Bei dem Gebilde im Winkel zwischen der linken Decke und dem Pronotum-Rest handelt es sich vermutlich um herausgepreßte innere Organe.

Ehe ich nun die Neubeschreibung des Käfers vornehme an Hand eines etwas reichlicheren Materials, als es Pongrácz seinerzeit vorlag, möchte ich mich noch gegen dessen Ansicht wenden, daß der Käfer, weil er mit gespreizten Decken sich vorfand, „am Wasserspiegel mit fortwährendem Öffnen und Schließen der Flügeldecken Schwimmbewegungen ausübte".

Ich habe noch keinen ins Wasser gefallenen Käfer gesehen, der mit seinen geöffneten Flügeln gerudert hätte, um dem Wassertod zu entgehen. Ich konnte aber anderseits beobachten, daß Käfer, die mit geöffneten Flügeln aufs Wasser gerieten, mit diesen buchstäblich auf der Wasseroberfläche anklebten und sie in keiner Weise mehr wirksam gebrauchen konnten. Dagegen zeigt sich an der Type etwas ganz Anderes: Durch innere Bewegung der Kohle, jedenfalls lange nach erfolgter Fossilisation des Käfers, wurde dessen Körper einem Schub von hinten nach vorn ausgesetzt. Dadurch wurden die Schulterteile beider Decken weit in die Region des Prothorax hineingeschoben und z. T. zerstört, und die Reste des Pronotums, das ebenfalls zerstört wurde, gelangten in die schon vorher beschriebene Lage.

Nach der Type und den weiteren hinzugekommenen Resten des Käfers, die später gefunden wurden, ist es möglich, sich folgendes Bild von der Art zu machen.

Länge etwa 10 mm. Kopf und Pronotum goldglänzend, glatt; Decken infolge feiner Skulptierung weniger glänzend (matt), rötlich-golden bis annähernd kupfern gefärbt. — Decken mit ± deutlich erkennbaren Längsstreifen, in den Tälchen zwischen diesen mit geschlossenen Längsreihen eingeprägter feiner Punktnarben von unregelmäßiger Begrenzung. Diese Grundskulptur wird überdeckt von einer sehr feinen runzeligen Quer-Wellung. Da letztere ziemlich regelmäßig ist, so erscheint z. B. die linke Decke in Abb. 29 zart längsstreifig infolge der hintereinander liegenden Wellenbogen. Je nach dem Grad der Abtragung der oberflächlichen Feinskulptur tritt die längsgerichtete Punktierung ± deutlich hervor.

Außer der Type lagen mir noch vor: ein fast vollständiger Käfer (Obj. Nr. 3883), ein Käfer ohne Kopf und mit abgespreizter linker Decke (Obj. Nr. 3727), ein einzelnes Pronotum und 4 einzelne Decken, eine davon unter Nr. 1229. Von diesen 4 Decken zeigt die eine matt-dunkelblaue Färbung, und ich nehme an, daß sie sicher zur vorliegenden Art gehört, da derartige Umfärbungen nichts Ungewöhnliches sind (vgl. bei *Chlorodema*). Die Pronoten der Nummern 3883 und 3727 sind trotz ihres Glanzes unregelmäßig gerunzelt, ohne daß ihr für ursprünglich anzunehmender spiegelnder Hochglanz wesentlich gestört wurde. Ich halte diese Oberflächen-Gestaltung für eine Scheinskulptur, hervorgerufen durch die Art der Fossilisation.

### Eoanthaxites unicolor n. sp.

Länge 18—20 mm (Abb. 30). — Färbung dunkelgrün bis oliv, an den Schultern der Decken und gegen deren Costalrand kupfern bis erzfarben.

Die Decken zeigen eine feine Längsliniierung in gleichen Abständen, zwischen welcher die den Adern und Plagae entsprechenden Längsstreifen eingeschlossen sind. Die obere Innenecke wird von dem kurzen, spitz auslaufenden Analstreifen eingenommen. Es folgen dann Cu-, M-, R-, Sc- und C-Streifen, von denen sich R- und Sc-Streifen vor der Deckenspitze vereinigen. Die ganze Oberfläche der Decken zeigt eine sehr feine Skulptur, in der tiefer eingeprägte Pünktchen liegen. Da unregelmäßig verteilte Pünktchen auch längs der Aderstreifen liegen, so erscheinen deren Grenzlinien sehr fein wellig gesäumt. Ein Skulptur-Unterschied zwischen den Aderstreifen und den Plagae besteht nicht. Leider ist von keiner der mir vorliegenden Decken die Spitze erhalten; diese wurde von mir nach Gutdünken ergänzt.

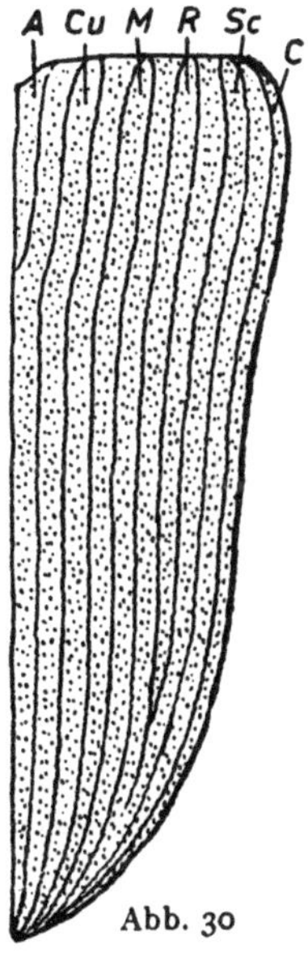

Abb. 30

Das Pronotum, das viermal vorliegt, zeigt leider niemals vollkommen ungestörte Begrenzung; vor allem ist der Hinterrand und sind die hinteren Seitenecken bestoßen. Die Parallelität der Seitenränder ist aber überall deutlich vorhanden. Die Oberfläche des Pronotums ist durchgehends sehr fein und dicht punktnarbig rauh. Andere plastische Einzelheiten sind nicht nachweisbar.

Das Scutellum war rundlich begrenzt und ist nur in einem Falle einigermaßen erhalten (Obj. Nr. 2105). — Der Kopf war breit wie bei allen *Buprestiden* und war augenscheinlich der Länge nach eingedrückt. — Die bei vorgenannter Nummer vorhandenen Reste der Beine sowie die Reste des Abdomens sind dunkelblau. Ganz oder teilweise ist bei allen Stücken mit Ausnahme der Type (Obj. Nr. 1644) völlige Umfärbung nach Blau eingetreten.

Es lagen mir vor Obj. Nr. 1644, 2105, 3890 und 5806.

### Eoanthaxites irregularis n. sp.

Länge 18 mm. — Es liegt ein fast vollständiger Käfer vor (Abb. 31). — Als wesentlichstes Merkmal, das seine Zugehörigkeit zur Gattung bestätigt, sehe ich die Form des Pronotums an; in zweiter Linie käme noch die über den ganzen Käfer verteilte feine Punktskulptur in Frage.

Type (Obj. Nr. 1609) mit breitem, vorn abgerundeten Kopf. Das Fossil zeigt an dem gut erhaltenen rechten Auge erkennbare Spuren der ehemaligen Fazettierung. Ein Längseindruck des Scheitels scheint vorhanden gewesen zu sein.

Das Pronotum war jedenfalls parallelseitig, was sich aus dem Winkel schließen läßt, den der einzig ungestört erhaltene Seitenrand zu Vorder- und Hinterrand bildet. Scheitel und Pronotum gleichmäßig dicht punktiert, etwas kräftiger als die Decken. Über die Form des Scutellums kann nichts gesagt werden, da auch der Ausschnitt dafür an der Analecke der Decken nicht mehr vorhanden ist.

Abb. 31

Decken reichlich doppelt so lang wie der gesamte Vorderkörper, ihre Längsaderung einigermaßen deutlich; eine etwaige Vereinigung irgendwelcher Adern miteinander vor der Spitze der Decken ist nicht zu erkennen. Dunkelfarbige, ziemlich unregelmäßig verteilte Querverbindungen zwischen den Adern erzeugen eine Skulptur, die an das Aussehen von Kiefernrinde erinnert. Möglicherweise handelt es sich um eine Scheinskulptur als Folge der Fossilisation. Im übrigen sind die Decken feinpunktiert.

Der Scheitel des Käfers zeigt infolge vermutlicher stärkerer Abtragung dunkelblaue Färbung, die auch etwas auf dem Pronotum, noch ausgedehnter auf dem Rest des Abdomens zum Ausdruck kommt. Im ganzen liegt eine Braunfärbung vor mit Andeutung von Goldglanz, letzterer auch am Abdomen nachweisbar. Die Lebendfärbung des Käfers scheint dunkelgolden gewesen zu sein.

## III. Tribus: **Buprestini**

### 1. Gattung: Chlorodema n. gen.

*Iridotaenia* Pongr. nec Deyr., Nova Acta Leop. N. F. Bd. 2, Nr. 6, 1935, p. 558 (74).

Die rezente Gattung *Iridotaenia* Deyr. (orientalische Region) kommt auf keinen Fall in Betracht, und Pongrácz identifiziert die fossile Gattung zu Unrecht damit. Weder bei *Iridotaenia* noch bei einer der nahestehenden Gattungen kommt es vor, daß M und R sich miteinander zu einem Joch verbinden, dessen Stiel zur Spitze der Decke zieht, wo dann Cu, M + R und Sc nahe beieinander enden. Dafür zeigt sich bei diesen rezenten Gattungen folgendes: Es verbinden sich ± deutlich Cu und M miteinander, oder die vereinigten Cu + M nehmen etwas weiter proximal noch den R auf, so daß eine stufenweise Vereinigung der Adern zustande kommt. Sucht man unter den rezenten *Buprestidae* nach Gattungen mit ähnlichem Aderverlauf wie bei der fossilen *Chlorodema*, so kommt man bei den einheimischen Gattungen auf *Chalcophora* Sol., des weiteren aber auf exotische Gattungen, die nicht bei den *Chalcophorini* stehen, wie *Steraspis* Sol., *Chrysochroa* Sol., und *Chalcogenia* J. Thoms., wovon letztere eine ziemlich isolierte Stellung bei den *Anthaxia*-ähnlichen einnimmt. Diese 3 Beispiele (die sich jedenfalls noch vermehren lassen) zeigen, daß für die

Abb. 32

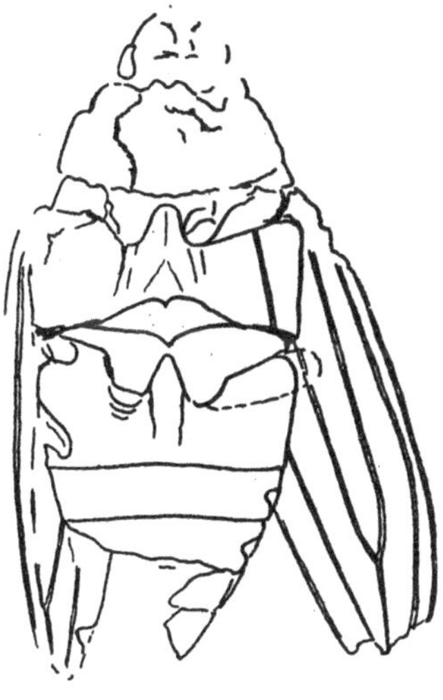

Abb. 33

Charakterisierung der rezenten Gattungen wie für die Aufteilung innerhalb der Familien keinerlei Rücksicht genommen wurde auf die Aderung der Decken, auf die ich aber bei meinem fossilen Material sorgfältig achten mußte, ohne indes in den Fehler zu verfallen, die Bedeutung des Aderverlaufs zu überschätzen. Aus den hier dargelegten Gründen habe ich für meine Zwecke die Tribus *Buprestini* weiter gefaßt, als es sonst in der Systematik üblich ist.

Wie aber Pongrácz dazu gekommen ist, in der Strichzeichnung der linken Decke seiner *Iridotaenia* 6 Längsrippen anzugeben, die er nicht bis zur Spitze durchziehen läßt (es ist dies seine Abb. 21 B), wird unverständlich bleiben. In seiner bunten Darstellung einer Decke auf Taf. VII Fig. 9 ist die Aderung einigermaßen richtig wiedergegeben. Ich sehe mich veranlaßt dies zu erwähnen, weil Objekte, die ihm seinerzeit vorlagen, noch in bester Erhaltung vorhanden sind und mir z. T. auch als Vorlage dienten. An diesen ist auch die Zähnelung im Spitzendrittel des Costalrandes zu erkennen, jene Stemm- oder Stützeinrichtung der *Buprestidae*, die ihre Dienste beim Verlassen des Bohrganges zu leisten hat (vgl. Abb. 17 u. 36).

Ob nun wegen des nahezu gleichen Aderverlaufs der Decken auf irgendwelche nähere Verwandtschaft zwischen der fossilen *Chlorodema* und der

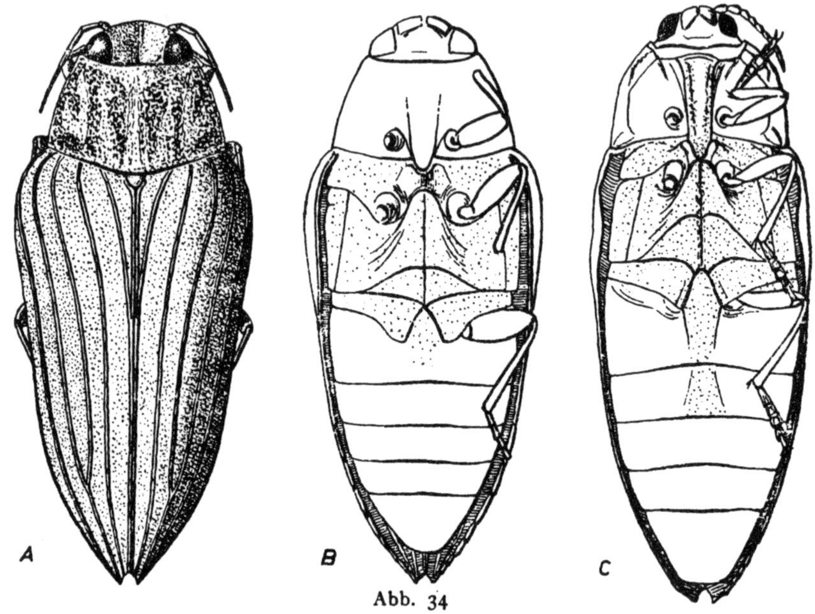


Abb. 34

rezenten äthiopisch-orientalischen *Steraspis* geschlossen werden kann, vielleicht auch zu den beiden anderen genannten Gattungen, darüber muß ich mit meinem Urteil zurückhalten. Den Gründen für die systematische Aufteilung der Familie und der Verteilung der zahlreichen Gattungen auf die verschiedenen Tribus habe ich nicht volles Verständnis entgegenbringen können.

Da kein einigermaßen vollständiges Exemplar des Käfers gefunden wurde, wohl aber guterhaltene Pronoten neben unverletzten Decken, so war ich bei der Rekonstruktion fast nur auf die Benutzung von Bruchstücken angewiesen. Dabei halfen mir aber 2 ziemlich zerdrückte Käfer, Obj. Nr. 1634 und 2590 (Abb. 32 und 33), die auf dem Rücken liegen und zahlreiche Einzelheiten vom Bau und der Gliederung ihrer Unterseite zeigen (vgl. auch Abb. 108: *Mesomphalia*!). Es ergab sich das Idealbild (Abb. 34 A), neben das ein vollständiges Bild der Unterseite (Abb. 34 B) gestellt werden konnte. An beiden Abbildungen fallen die reichlich weit ausladenden Rundungen des Schulterteils der Decken auf, vermutlich eine Folge des Druckes im Einbettungsmittel. Zum Vergleich gebe ich die Darstellung der Unterseite von der rezenten *Steraspis ambigua* F. (Abb. 34 C), die wegen ihrer Deckenaderung ähnlich ist und schon erwähnt wurde. Die Proportionen sind andere; ihr gegenüber erscheint die fossile Art von gedrungenerem Bau, verhältnismäßig breiter. Vermutlich handelt es sich hierbei auch um eine Deformation, die auf Rechnung des Druckes zu setzen ist. Durch diesen sind nicht nur hier, sondern auch bei anderen Fundobjekten Merkmale zerstört oder verwischt worden, die man bei der Auswertung verwandtschaftlicher Beziehungen zu Mitgliedern der heutigen Fauna gut hätte gebrauchen können. Daß *Chlorodema* jedenfalls etwas schlanker gebaut war, als die Rekonstruktion zeigt, geht aus der Rückenansicht (Abb. 35) mit den stark abgetragenen Flügeldecken hervor. Dieses Fundstück ist insofern einzigartig (wie schon anderwärts erwähnt), als hier die schwächer chitinisierten Tergite des Abdomens mitsamt den verbindenden Häuten erhalten blieben.

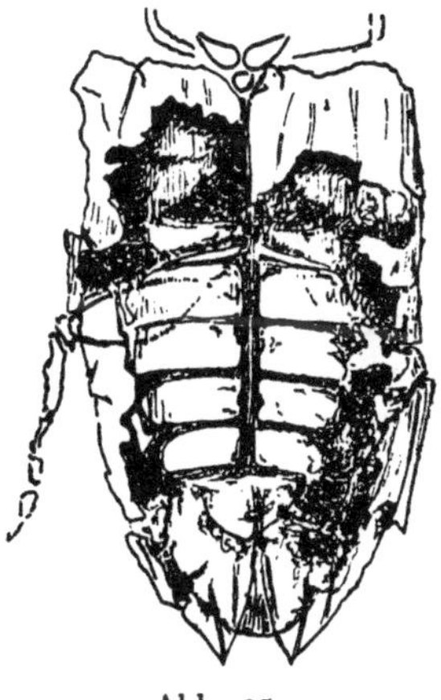

Abb. 35

Diagnose der Gattung: Prothorax $1/4$ so lang wie die Decken, nach vorn konisch verjüngt; Pronotom fast quer-trapezisch, sein Hinterrand leicht nach rückwärts durchgebogen, sein Vorderrand sehr flachbogig ausgeschnitten, seine Seitenränder fast gerade bis leicht bogig nach außen geschwungen; Vorderrand $2/3$ so breit wie der Hinterrand. Kopf entsprechend breit, wenig vortretend, Stirn vorn flach gerundet, längs ihrer Mitte flach eingedrückt; Augen $1/2$ so breit wie die Stirn; Fühler langgliederig, 3. und 4. Glied 3—4 mal so lang wie dick. Scutellum deutlich, etwa kreisrund. Decken mit deutlich hervortretenden schmalen Adern; A lang entwickelt, Cu und Sc bis zur Spitze durchlaufend, M und R sich in der Nähe des distalen letzten Viertels der Decken zu einem Joch verbindend und von da an als einfache Ader zur Spitze ziehend.

### Chlorodema primordialis Pongr

*Iridotaenia primordialis* Pongr., Nova Acta Leop., N. F. Bd. 2 Nr 6, 1935 p. 559 (75), Abb. 5 B, 21 B, Taf. III Fig. 3—5, Taf. VI Fig. 6.

Länge (25) 32—35 mm. — Decken fein und mäßig dicht punktiert; Pronotom etwas gröber punktiert, seine Längsschwielen rauh; Stirn fein punktiert. — Meist mit Sekundärfärbung vorliegend, grün-glänzend und mit blauer bis violetter Längsstreifung, aber auch oft nur stumpf dunkelblau gefärbt. Primärfärbung jedenfalls malachitgrün bei goldener Umrandung mit goldener Aderung. Beine goldglänzend.

Abb. 36

Bei der als *Iridotaenia voigti* Pongr. beschriebenen Art handelt es sich um kleinere Stücke, deren Färbung sich derjenigen nähert, die ich für die primäre halten muß. Ich gebe die Darstellung einer Decke von Obj. Nr. 3346 (Abb. 36), die Pongrácz als zu *I. voigti* gehörig bezeichnete. Da ich die Färbungs-Abweichungen, von denen er redet und die sich hier wie auch anderwärts an den Fundstücken zeigen, nicht als Artmerkmale anerkennen kann, so bliebe nur die Größe als beachtliches Kennzeichen übrig. Die Decke ist nur annähernd $^2/_3$—$^3/_4$ so lang wie durchschnittlich bei *Chl. primordialis*, sonst aber vollkommen damit übereinstimmend. Daß die innere A, die Costula scutellaris, abgekürzt ist, ist reiner Zufall. Bei der Abbildung, die Pongrácz gibt (Taf. VII Fig. 9), erreicht sie die Randader. Richtet man sich übrigens nach der Maßstrecke neben genannter Figur, dann wäre die Decke 34 mm lang entgegen 18,5 mm, wie der Text angibt.

### 2. Gattung: Rhabdoglyptus n. gen.

Diese Gattung ist nach dem Umriß und der Art ihrer Deckenaderung der Gattung *Chlorodema* sehr ähnlich, indes anders skulptiert. Die Adern sind durchweg breiter, die Costula scutellaris (A) ist kürzer und gestreckter. Die Längsfelder zwischen den Adern werden halbiert durch Reihen kurzer linearer Erhebungen, die — plastisch hervortretend — sekundäre Längsadern vortäuschen. Das Pronotum ist längs gestreift; die Streifen sind erhaben, entsprechen nach ihrer Breite den Adern der Decken, schließen an diese an und bilden gewissermaßen deren Fortsetzung auf dem Pronotum. In Abb. 37 versuche ich ein Idealbild der Gattung zu geben.

Mir liegen 3 Arten vor, von denen sich die beiden ersten nur durch ihre Färbung unterscheiden und vielleicht identisch sind.

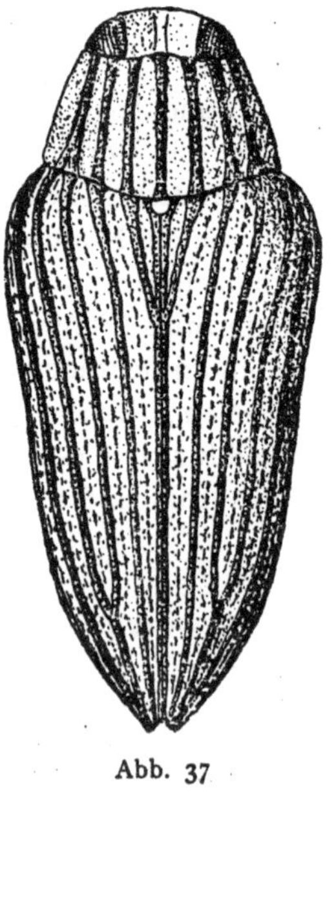
Abb. 37

Rhabdoglyptus viridistriatus n. sp.

Vermutliche Länge 25 mm. — Dem besterhaltenen Stück fehlt das hintere Drittel des Körpers, so daß von den Decken nur deren vordere Hälfte erhalten ist. Der Kopf ist zerdrückt. An dem ziemlich vollständig erhaltenen rechten Auge läßt sich z. T. noch die Fazettierung nachweisen (Abb. 38).

Pronotum mit nach vorn konvergenten Seiten; sein Vorderrand mitten leicht bogig vortretend, sein Hinterrand im ganzen flachbogig nach rückwärts gezogen. Deutlich ist ein (in diesem Falle grüngefärbter) mittlerer Längsstreif zu erkennen, beiderseits noch je 2 Reste von Seitenstreifen vor dem Hinterrand. Die Oberfläche scheint körnig-rauh skulptiert gewesen zu sein, wie das andere noch vorhandene Stück zeigt. — Scutellum klein, von der Form eines $^2/_3$-Kreises.

Die geschlossenen Decken treten hinter ihren Schultern flachbogig nach außen. Längsadern deutlich, streifenartig breit. In den Lückenstreifen zwischen ihnen treten erhabene Strichpunkt-Reihen — je eine in der Mitte — hervor vom Charakter sekundärer Längsadern. Alle Adern sind deutlich plastisch herausmodelliert.

Abb. 38

Die Grundfärbung des Käfers erweist sich als ein dunkleres Grün (gelb-grün bis oliv), von dem sich die Längsstreifen des Pronotums und die Adern der Decken leuchtend malachitgrün bis golden prächtig abheben.

An der Type (Obj. Nr. 3536) ist noch ein Rest vom rechten Mittelbein erhalten. An dem zweiten noch vorhandenen Exemplar fehlen die linke Vorderecke des Pronotums und der Kopf; von den Decken ist etwa ebenso viel erhalten wie an der Type.

Rhabdoglyptus auratostriatus n. sp.

Vermutliche Länge des vollständigen Käfers 23 mm. — Mir liegen nur in 2 Fällen die ± gut erhaltenen geschlossenen Decken vor. Type Obj. Nr. 2202 (Abb. 39).

Nach dem Befund an der Deckenskulptur und dem Aderverlauf ist die Zugehörigkeit zur Gattung und die nahe Verwandtschaft mit der vorigen Art erwiesen.

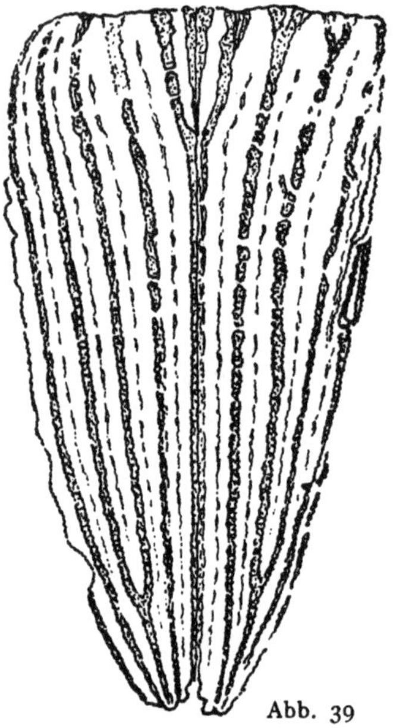

Abb. 39

Länge der Decken 17 mm. — Längsadern breit, streifenartig, in den Räumen zwischen den Adern deutlich hervortretende sekundäre Längsadern vorhanden, die in Strichpunkte aufgelöst sind; M und R laufen vor ihrem Ende in der Deckenspitze zu einem gemeinsamen Aderstiel zusammen.

Die Grundfärbung ist dunkel malachitfarben, die Adern treten grün-golden hervor. Das außerdem noch vorhandene zweite Stück, das deutliche Spuren stärkerer Abtragung zeigt (Obj. Nr. 1633), besitzt einen nach Blau umgefärbten Untergrund, von dem sich die ziemlich abgeschliffenen Adern ± golden bis silbern abheben.

## Rhabdoglyptus seorsus n. sp.

Länge der einzelnen Decke 16 mm, Breite 4 mm (Abb. 40). Die nach Obj. 1984 angefertigte Zeichnung bietet das vollständige Deckenpaar (abgesehen von einigen wenigen Verletzungen). Längs der Rückenmitte sind die Decken leicht überschoben. Die abseitige Stellung der Art kommt durch 2 verschiedene Eigentümlichkeiten zum Ausdruck: Als Erstes fällt auf, daß von den Längsadern sich R und M sehr nahe der Deckenspitze vereinigen, viel näher als bei *auratostriatus*. Als Zweites fällt auf, daß innerhalb der Plagae auffallende sekundäre Längsadern liegen, die sich am deutlichsten auf der Innenseite (gegen den Schlußrand hin) bemerkbar machen, nach außenhin aber an Deutlichkeit abnehmen. Diese sekundären Adern treten trotz aller Deutlichkeit aber doch soweit zurück, daß sie das Bild der primären

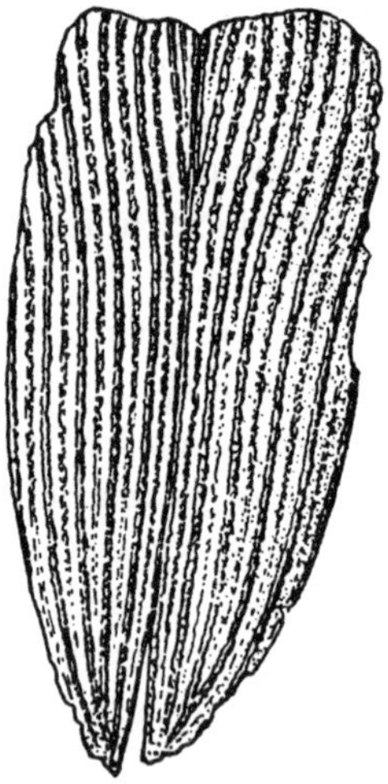

Abb. 40

Aderung noch gut erkennbar hervortreten lassen. — Die Färbung des Fossils ist ein trübes Malachitgrün.

3. Gattung: Stizonotus n. gen.

*Psiloptera* PONGR., Nova Acta LEOP. N. F. Bd. 2 Nr. 6, 1935 p. 554.
*Ancylocheira* PONGR. ibid. p. 556.
*Perotis* PONGR. ibid. p. 563.

Diese Gattung steht der rezenten Gattung *Buprestis* L. (= *Ancylochira* ESCHSCH.) außerordentlich nahe und kann vielleicht als deren Vorläufer angesehen werden. Was mich veranlaßte, die mir vorliegenden Arten als einer besonderen Gattung angehörig zu betrachten, ist der Zuschnitt ihrer Decken, deren Costalrand stärker geschweift ist und die sich gegen ihr Ende auffällig verschmälern, so daß ein solcher Käfer, rekonstruiert, nicht den gestreckt-ovalen Umriß zeigt wie eine *Buprestis*. Den Namen *Stizonotus* wählte ich, weil die Punktierung des Pronotums Figuren bildet, die an Tätowierungen erinnern. Die meisten der Pronoten sind aber infolge der Fossilisation nur ± gleichmäßig rauh, dicht mit Punktnarben besetzt, ohne daß man auf Grund dieser Skulptur eine besondere Art aufstellen könnte.

Pronotum im Umriß trapezisch, hinten etwa $1\,^1/_2$ mal so breit wie vorn, vordere Breite etwas mehr betragend als die mittlere Länge; Vorder- und Hinterrand kaum merklich geschwungen und fast gerade; die nach vorn konvergenten Seitenränder gerade bis leicht gebogen. Kopf breit, Scheitel $1\,^1/_4$—$1\,^1/_2$ mal so breit wie ein Auge. Scutellum klein, fast kreisrund.

Einzelne Flügeldecken etwa $3\,^1/_2$ mal so lang wie an der Schulterwölbung breit. Der Käfer ist kurz hinter dem Pronotum am breitesten, Decken mit bogig nach außen gewölbten Schultern; hinteres Ende wegen der sich distal verschmälernden Decken einigermaßen spitz auslaufend. Eine einzige Decke nur zeigte die unverletzte Spitze, deren Zuschnitt bei allen weiteren Rekonstruktionen von mir benutzt wurde. Längsadern und Plagae von ± gleicher Breite; es läßt sich an ihnen aber nicht erkennen, ob sie emporgewölbt waren, wie man aber vielleicht annehmen kann. Der Verlauf der Aderung ist derselbe wie bei *Buprestis* L. Begrenzt werden die Aderstreifen durch ± tief eingeprägte Längsreihen von Punkten, die in der Mehrzahl der Fälle strichartig ausgezogen erscheinen in der Längsrichtung. Je besser und schöner die Strukturfärbungen sich darstellen, umsomehr erscheinen die Einprägungen strichartig. Bei stärkerer Abtragung der Decken-Oberfläche und gleichzeitigem Zurücktreten der funkelnden Strukturfarben treten die Punkte als runde und spiegelnde Näpfchen hervor. Die linearen Annäherungen der Punkte aneinander sind demnach nur flache Furchen. Als besonderes Charakteristikum der Gattung können mithin die Punktreihen nicht angesehen werden.

Besser geeignet zum Erkennen bzw. zur Bestimmung ist der Aderverlauf, vor allem der spitze Auslauf des R-Aderstreifens (Abb. 41) am Beginn des distalen Viertels der Decken. Ebenso ist bemerkenswert die Ausbildung des kurzen A-Streifens (Costula), der nicht unmittelbar in den Analrand übergeht, sondern gegen diesen durch eine Punktreihe abgegrenzt ist. Der Cu-Streifen läuft bis zur Deckenspitze durch; M- und Sc-Streifen münden dort mit gemeinsamem Stiel, und zwischen ihnen liegt der blind endende R-Streifen. Den Außenrand der Decken säumt ein schmaler C-Streifen.

Abb. 41

Als entscheidendes Erkennungs-Merkmal konnten mit verschwindenden Ausnahmen die Zeichnungs-Einzelheiten der Decken benutzt werden, vor allem die sich ± dunkel abhebenden „Fensterflecken", wie sie bei den rezenten Gattungen *Perotis*, *Capnodis*, *Dicerca* und *Poecilonota* auftreten. In keinem Falle wollte es aber gelingen, irgendeins der fossilen Stücke (soweit es vollständiger vorlag) hier einzureihen, weil der Umriß des Pronotums zusammen mit dem Zuschnitt der Decken dem entgegen waren.

Die an vielen Objekten noch nachweisbaren Reste von Fühlern und Beinen bieten nichts Charakteristisches. Nur soviel, als von ihnen gelegentlich vorhanden war, benutzte ich zu meinen Rekonstruktionen.

### Stizonotus acropterus Pongr.

*Ancylocheira acroptera* Pongr., Nova Acta Leop. N. F. Bd. 2 Nr. 6, 1935 p. 556 (72), Abb. 19A; Taf. II Fig. 1—2, Taf. VII Fig. 5.

Länge etwa 16 mm. — Kennzeichnend für die Art ist die Skulptur des Pronotums, und wo diese versagt, auf jeden Fall das Fleckenmuster der Decken. Letzteres ist derart charakteristisch, daß nach jedem Bruchstück einer Decke die Art bestimmt werden kann (Abb. 42).

Pronotum mit eingeprägten runden Punkten, die mindestens zu wellig geschwungenen Querreihen angeordnet sind. Das ziemlich gut erhaltene Stück Obj. Nr. 2026, dessen Rekonstruktion ich gebe (Abb. 43), zeigt auf der rechten Hälfte des Pronotums die figürliche Anordnung der Punktnarben, wie ich sie dargestellt habe. Auf der linken Seite des Pronotums ist das Punktmuster durch Einbruch und etwas Verzerrung gestört, so daß ich mich veranlaßt sah, die Zeichnung symmetrisch zu gestalten. Vielleicht ist das „Tätowierungs-Muster" in Wirklichkeit nicht ganz genau spiegelbildlich gewesen. Als Merkmal kann noch dienen, daß weder bei dieser noch bei einer der nächsten Arten das Pronotum irgendwie besonders geteilt ist, weder durch eine Längsfurche noch durch einen sonstwie gearteten Längseindruck.

Decken mit ungleich verteilten ± viereckig-länglichen Flecken auf den Aderstreifen, die eine unregelmäßige Musterung der Gesamtfläche ergeben, wie sie ähnlich z. B. die rezente *Poecilonota* (*Lampra*) *rutilans* F. zeigt.

Die Färbung der mir vorliegenden ± vollständigen Käfer und der zahlreichen Bruchstücke von Decken schwankt zwischen brillanter Buntheit bis zu stumpfem Blau oder gar Braun.

Das Zeichnungs-Schema, wie es Abb. 42 darstellt, wiederholt sich immer wieder bei allen Stücken mit nur geringen Abweichungen. — Die Färbung der Type (Obj. Nr. 2026) ist zu einem großen Teil nach Blau umgeschlagen, muß aber, wie sich gegen das Ende der Decken noch erkennen läßt, mindestens grüngolden gewesen sein, und von diesem Untergrund hoben sich die Flecken rotgolden ab, die am Fossil noch leuchtend gelb- bis grüngoldene Umrandungen besitzen. Auf dem jetzt völlig blauen Pronotum und der Stirnseite spiegeln die eingeprägten Punkte golden.

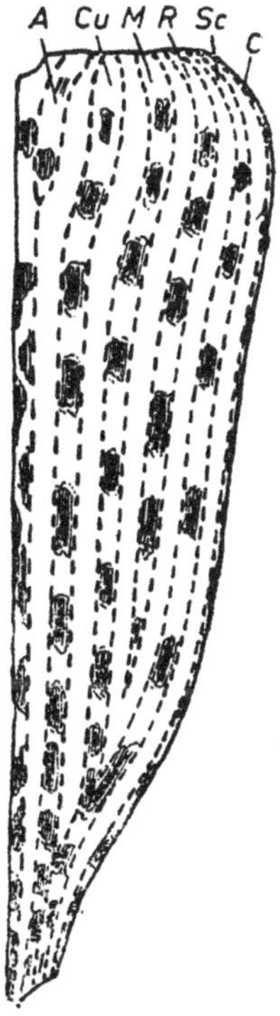

Abb. 42

Abb. 43

Das fast vollständig erhaltene Exemplar Obj. Nr. 3506 zeigt den Käfer durchgehends rauh-grüngolden, Pronotum und Kopf leicht angeblaut. Während die Decken an sich gekörnelt-rauh skulptiert sind, sind die Flecken, die das Muster auf ihnen bilden, flach eingeprägt, mit glattem Grund und von schwarzer Färbung. Die vorerwähnte Goldfärbung der Flecken scheint eine Folge der Fossilisation zu sein. Mithin ist das bunt-goldene Farbenspiel vieler der vorhandenen Reste nicht als ursprünglich anzusprechen; es verdankt seine Entstehung teils dem ausgestandenen Druck, teils der

Abtragung oberflächlicher chitinöser Schichten. Es läßt sich an Obj. Nr. 3506 erkennen, daß außer den Decken auch Pronotum und Stirn körnig-rauh skulptiert waren. In einer derart gestalteten Oberfläche gehen eingeprägte Punkte, selbst wenn sie spiegelnd funkeln, sozusagen unter. Es ist demnach erklärlich, daß bei zunehmender Glättung einer solchen Fläche ein darin verborgen gewesenes Punktmuster dann zum Vorschein kommen kann. Solches ist auch der Fall bei der Rekonstruktion nach Obj. Nr. 2026, die aus diesem Grunde für mich den Charakter einer Type hat.

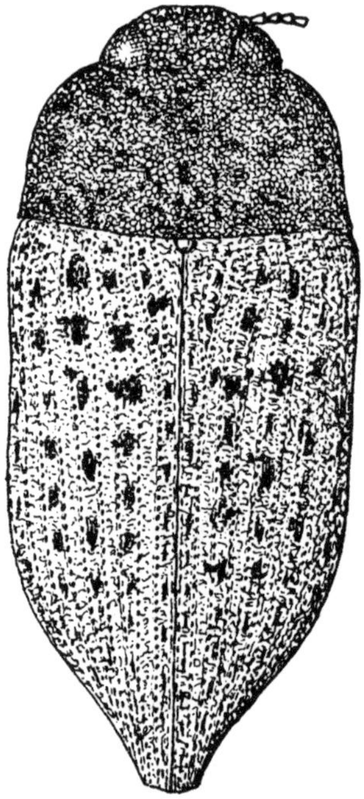

Abb. 44

Von jenen Exemplaren der hier behandelten Art, die vollkommen breit gedrückt und durch innere Bewegung der Kohle noch sozusagen ausgewalzt wurden, führe ich Obj. Nr. 1718 (Abb. 44) vor. Es scheint sich um einen ganz brauchbar erhaltenen Käfer zu handeln, an dem Form, Zeichnung und Färbung nichts zu wünschen übrig lassen; und doch ist er stark verunstaltet infolge einer allgemeinen Zerdehnung und Zerreißung seiner Oberfläche. Die dabei entstandenen Lücken habe ich nur auf dem Pronotum wiedergegeben, wo sie sich als schwarze verästelte Figuren innerhalb der sonstigen Skulptur abheben. Die Decken zeigen auf ihrer hinteren Hälfte ähnliche, noch größere Defekte, die ich aber bei der Rekonstruktion unterschlug, um das Zeichnungs-Muster ungestört bringen zu können. Der Umriß des Fossils erinnert jetzt ungefähr an eine *Capnodis*. PONGRÁCZ, dem solche Stücke auch vorlagen, war der Meinung, *Psiloptera*-Arten vor sich zu haben und benennt deren 2, die er aber sehr ungenügend beschreibt. Auch die Abbildungen nach Photographien (Taf. IV Fig. 11 und 12) helfen nicht, die von ihm gemeinte Art zu erkennen, und das wäre erstens seine *Ps. zeuneri*. Die Diagnose der anderen Art, *Ps. chrysochlora* PONGR. (p. 555) ist noch mangelhafter, dafür aber reichlich mit Abbildungen ausgestattet (Taf. III Fig 1 und 2, Taf. IV Fig. 13, Taf. V Fig. 3), die indes wegen ihrer Undeutlichkeit nichts nützen. Letztgenannte Abbildung ist sogar farbig und bestärkt mich in der Annahme, daß es sich bei dem von mir gebrachten deformierten Objekt (Abb. 44) um *Ps. chrysochlora* PONGR. handelt, die aber als synonym mit *St. acropterus* (*Ancylocheira acroptera*) PONGR. einzuziehen ist. Die Färbung und das Fleckenmuster der Decken zeigen, wohin die Art gehört. PONGRÁCZ erwähnt nichts davon; sein buntes Bild ist auf gelbem Grund nur verworren dunkelgrün getüpfelt. — Irgendwelche Abdrücke, die sich mit *Ps. zeuneri* PONGR. identifizieren ließen, konnte ich nicht auffinden. Die ehemaligen Originale bzw. Typen sind infolge Austrocknung verdorben. Es ist aber mit Sicherheit anzunehmen, daß *Ps. zeuneri* PONGR. nichts weiter ist als ein breitgedrückter *Stizonotus*.

### Stizonotus marmoratus n. sp.

Von dieser Art liegt mir eine rechte Decke (Abb. 45) von 16 mm Länge vor (Obj. Nr. 1653), die sehr gut erhalten und deren Spitze nur beschädigt ist. Der vollständige Käfer dürfte 22—23 mm gemessen haben.

Abb. 45

Nach dem Aderverlauf der Decken kann er als Art nur bei dieser Gattung untergebracht werden, ebenso nach dem System der Fleckung. Betreffs der Flecken zeigt sich aber ein fundamentaler Unterschied gegenüber *St. acropterus*, indem die das Grundmuster bildenden Flecken nicht auf den Aderstreifen, sondern auf den Plagae liegen bei fast gleicher Anordnung. Man braucht nur den blind endenden R-Streifen aufzusuchen, um meine Angaben bestätigt zu finden. Ein weiteres unterschiedliches Merkmal bilden die helleren, meist verzweigten Flecken, die zwischen den „Fensterflecken" liegen und die Lücken erfüllen. Die Punktreihen der Tälchen sind kräftig entwickelt, die einzelnen Punkte verhältnismäßig groß, ± rund, z. T. golden spiegelnd. Die Grundfärbung der Decke ist grüngolden, gegen den Costalrand zunehmend nach Blau umgeschlagen. Die Flecken, die leichte Abtragungserscheinungen zeigen, sind dunkel golden bis kupfern. Die „Marmor-Fleckung" ist ± heller, im übrigen von derselben Farbe (Obj. Nr. 3972).

### Stizonotus signatus n. sp.

Länge der Type (Obj. Nr. 3757) etwa 17 mm (Abb. 46). Dieses fast vollständig erhaltene Exemplar spreizt die Decken etwas, wodurch die 4 letzten Segmente des Abdomens sichtbar werden. Was man davon sieht, halte ich für die Sternite; die dünnhäutigen Tergite werden auch hier, wie in den allermeisten Fällen, verschwunden sein. Zudem verrät die erkennbare feine Skulptur, daß es sich tatsächlich um Sternite handeln könnte. Außer dem guterhaltenen Kopf ist auch das Scutellum und sind auch die Kniee der Beine erhalten. Die linke Flügeldecke zeigt als Seltenheit eine unverletzte Spitze. Der Aderverlauf der Decken ist der für die Gattung charakteristische.

Abb. 46

Stirn (bzw. Scheitel) dicht punktiert, gegen die feine Mittellinie leicht abfallend, hinten zwischen den Augen bogig begrenzt. — Pronotum mit reihenweise angeordneten, mäßig großen Punktnarben. An der Type ist die Fläche des Pronotums durch mittleren Längseindruck geteilt und wird außerdem von Schräg- und Querfurchen durchsetzt; diese gröbere Skulptur verhindert das Erkennen eines etwaigen Musters, das die Anordnung der Punkte ergibt. Auf jeden Fall ist die vorwiegende Richtung der Punktreihen im Bilde eine ± senkrechte, ihr Verlauf liegt zwischen Vorder- und Hinterrand des Pronotums. Als zur Art gehörig betrachte ich ein einzelnes Pronotum (Abb. 47), das an den Rändern zwar beschädigt ist, das aber außer der mittleren Teilung (weil völlig plattgedrückt) keine weitere Furchung zeigt und infolgedessen das Punktmuster gut erkennen läßt. Nahe der Mitte läßt das Muster beiderseits der Teilung deutliche Symmetrie erkennen, die weiter gegen die Seitenränder mehr und mehr gestört ist.

Die Fleckung der Decken liegt auf den Aderstreifen, tritt aber deutlich über deren Grenzen. Die Flecken zeigen zwar eine ganz ähnliche Anordnung wie bei den vorigen Arten, sind aber nicht viereckig, sondern ziemlich unregelmäßig begrenzt. Außerdem treten sie nicht deutlich hervor, und bei genauerem Hinsehen entdeckt man, daß auf den Aderstreifen mittlere Längsteilungen verlaufen, die sich vor allem innerhalb der Flecken bemerkbar machen. Diese Erscheinung erinnert etwas an ähnliche Verhältnisse bei *Rhabdoglyptus*, ist hier aber weniger auffällig.

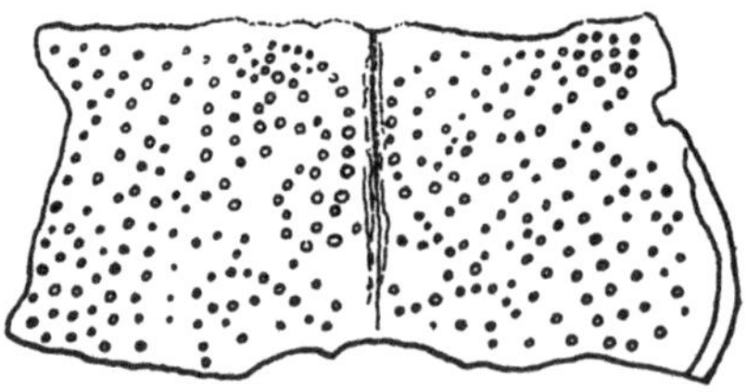

Abb. 47

Über die Färbung des Käfers wäre folgendes zu sagen: Das einzelne Pronotum (Abb. 47), leider ohne Fundnummer, ist beiderseits seiner Mitte rotgolden gefärbt; längs des mittleren Eindrucks tritt grüngoldene Färbung auf, und die Seiten zeigen nach außen zu eine sich steigernde Blaufärbung, die vielleicht als Umfärbung infolge der Fossilisation zu betrachten ist. Die eingeprägten Punkte spiegeln golden, sind aber auf den Seiten blau und matt. Vielleicht war die Allgemeinfärbung des Käfers rotgolden. Die Type selbst zeigt nur noch matten Glanz, ist nach einem trüben Blaugrau umgefärbt, und nur die Flecken sind noch blaßgolden.

Eine Bezettelung seitens PONGRÁCZ lautet: „*Perotis* sp., vielleicht identisch mit *Perotis minnae*". Die Nummern der 2. Ausbeute (23, 24, 25, 27), auf die sich PONGRÁCZ beruft, sind leider nicht mehr vorhanden und durch Austrocknung der Objekte, die ihm seinerzeit vorlagen, verdorben und verloren gegangen. Seine farbige Darstellung einer rechten Decke (Taf. VII Fig. 4) entspricht ungefähr nach Grundierung und Färbung der Flecken dem, was die Type zeigt, kann aber zu einer etwaigen Bestimmung nicht benutzt werden, da sie keinerlei Feinskulptur bringt und viel zu wenig von dem charakteristischen Fleckenmuster bietet. Mit *Perotis minnae* GIEB. kann die Art nicht identifiziert werden. Das von mir zur Rekonstruktion benutzte typische Stück wurde von PONGRÁCZ nach der Veröffentlichung seiner eozänen Insektenfauna des Geiseltales bestimmt.

### Buprestites minnae GIEB.

*Buprestites minnae* GIEB., Fauna der Vorwelt Bd. II: Insekten 1856 p. 79.

*Buprestites minnae* GIEB., Zschr. ges. Naturw. Halle (Insektenreste aus den Braunkohlenschichten bei Eisleben) Bd. 7, 1856 p. 384 Taf. V Fig. 1.

*Perotis minnae* PONGR., Nova Acta LEOP. N. F. Bd. 2 Nr. 6, 1935 p. 563 Abb. 6 B, Taf. VII Fig 4.

Die einzelne Flügeldecke, auf der die Original-Diagnose fußt, wurde 1841 oder 1844 in einem hellen Ton der Braunkohlen-Formation von Bornstedt bei Eisleben (Grube „Schwarze Minna") gefunden und mit anderen Insektenresten zusammen schon von GERMAR (Jahrb. f. Mineral. 1846 p. 212) ohne nähere Angaben erwähnt. Die Beschreibung lieferte GIEBEL, am ausführlichsten und mit Abbildung 1856.

Ob es sich bei dem Abdruck um die Decke einer *Buprestide* handelt, ist mit auch nur annähernder Sicherheit nicht zu sagen. Leider ist das Fundstück nicht mehr vorhanden. Wenn an ihm aber die „Schildchenecke schief abgeschnitten" war, wie GIEBEL vermerkt, dann scheidet der Käfer für die *Buprestidae* aus. Die „dicht gedrängten Reihen grober Punkte" als Grenzen der gehobenen Aderstreifen sowohl als auch der Plagae beweisen nichts. Ebensowenig überzeugend sind „auf dem letzten Drittel der Länge deutliche Querrunzeln". Eine derartige Skulptur kann auch anderwärts vorkommen. Wohl ist die gefundene Decke lang (14 mm) und schmal (3 mm). Diese Form kann aber durch seitlichen Zusammenschub erzielt worden sein. Mir liegt eine derart deformierte Decke von geringerer Größe (8 bis 9 mm) vor, die ich dem *Eodromus helopoides* m. zuspreche, auf welche die Beschreibung GIEBELS gut passen würde.

### Stizonotus eximius n. sp.

Nur eine einzelne (rechte) Decke vorhanden (Obj. Nr. 1213) mit fehlender äußerster Spitze und Beschädigungen vom Costalrande her vor der Spitze Die Länge der unverletzten Decke dürfte 19 mm betragen haben, so daß eine ursprüngliche Länge des Käfers von etwa 24 mm angenommen werden kann.

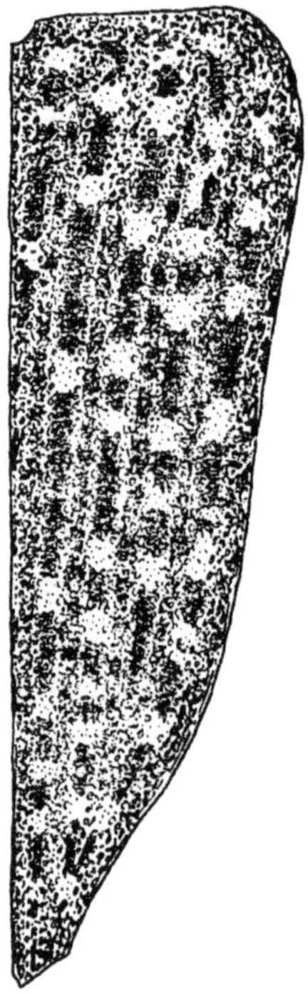

Abb. 48

Die Grundfärbung der Decke (Abb. 48) mag grüngolden gewesen sein wie bei den übrigen Arten. Von dem ehedem vorhanden gewesenen Goldglanz verraten nur die eingeprägten Punkte der Tälchen etwas durch ihren noch erkennbaren Glanz. Die außerordentlich langen dunkeln Fensterflecken auf den Aderstreifen lassen zwischen sich nur annähernd gerundete kurze Lücken frei, die bei dem vorliegenden Exemplar von blasser grünblauer Färbung sind. Die Fensterflecken selbst sind schwarzbraun, und ebenso gefärbt sind die Fleckchen auf den Plagae, von denen sich nicht genau sagen läßt, ob sie ursprünglich oder sekundär sind.

Auf jeden Fall bilden die ausnahmsweise sehr gestreckten Fensterflecken ein untrügliches Merkmal.

### 4. Gattung: Taenionotus n. gen.

Der Name der Gattung gründet sich auf die Skulptur des Pronotums, deren dichte Punktierung zum Unterschied von *Stizonotus* keine ornamentalen Figuren, sondern quergerichtete Reihen bildet, so daß der Untergrund in zwar unregelmäßig begrenzte, aber immerhin deutliche Querbänderung aufgelöst wird; bisher aber nur für eine Art erwiesen. Die Decken beider gefundenen Arten zeichnen sich dadurch aus, daß die dort vorhandene Fleckenzeichnung sich sowohl auf den Aderstreifen als auch auf den Plagae findet und daß diese Flecken unregelmäßig gegeneinander versetzt sind und verschiedene Längen haben.

## Taenionotus fasciatus n. sp.

Länge des vollständigen Käfers vielleicht 18 mm. Mir liegen nur 3 Reste vor, von denen ich die 2 besten benutzte (Abb. 49). Das am schönsten erhaltene Exemplar (Type Obj. Nr. 2197) zeigt ein großes Bruchstück des Scheitels, fast vollständig das Pronotum, und von den Decken die proximalen Zweidrittel; an der rechten Decke ist die Schulterpartie bei der Bergung des Fundes abgebrochen. Das zweite Exemplar (Paratype), leider ohne Fundnummer, zeigt nur die Decken, und zwar die linke Decke fast vollständig, die rechte ohne Schulter, Außenrand und Spitze. Letztere ist in keinem der beiden Fälle erhalten. Die Längsaderung der Decken stimmt mit jener von *Stizonotus* überein.

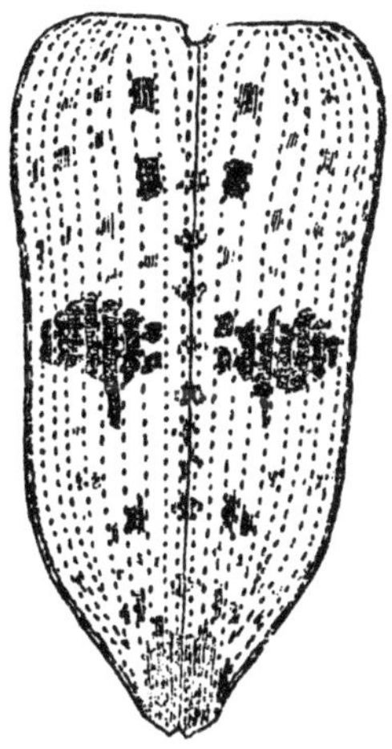

Abb. 49

Scheitel und Pronotum dicht punktiert; auf dem Pronotum bilden die Punkte Querreihen, die fast parallel zueinander liegen.

Betreffs der Zeichnung der Decken hat die Art eine gewisse Ähnlichkeit mit der rezenten paläarktischen *Poecilonota festiva* L. Während die Verteilung der dunkeln viereckigen Flecken bei dieser aber sehr veränderlich ist, scheint sie bei *T. fasciatus* konstant zu sein. Das fällt schon auf bei dem 2. Fleck auf dem Cu-Streifen, der in beiden mir vorliegenden Fällen, links sowohl wie auch rechts, bemerkenswert dunkler und auch kräftiger ist als der 1. Fleck. Das zweite beständige Merkmal ist die auffallende Binde quer über die Mitte der Decken. Diese wird aus nebeneinander liegenden dunkeln sog. Fensterflecken der Aderstreifen und Plagae gebildet, die auf der Mitte der Decken länger, seitlich kürzer sind. Dunkler gefärbt ist noch die Spitze der Decken. Die übrigen Flecken, die sich locker auf die Aderstreifen verteilen, sind kleiner und heller, mindestens nicht mehr länglich-viereckig. Das Hauptmerkmal der Deckenmusterung sehe ich darin, daß die Flecken sich nicht nur auf den Aderstreifen, sondern auch auf den Plagae befinden.

Die Grundfärbung der Decken ist bei beiden Typen grüngolden, die der Flecken dunkler rotgolden bis schwarzbraun mit goldener Umrandung. Die Schwärzung der Flecken ist vermutlich eine Folge stärkerer Abtragung, und ich nehme an, daß die dunkleren Flecken auf gehobenen Stellen lagen. Letztere Annahme kann damit begründet werden, daß die helleren Flecken ihren ursprünglichen Goldglanz behielten, weil sie auf flacherem

Untergrund lagen; vertieft lagen die Flecken auf keinen Fall; nur die Punktreihen in den Tälchen waren eingeprägt, und die einzelnen Punkte spiegeln bei der Type mit deutlichem Goldglanz. — Scheitel und Pronotum sind dunkelblau gefärbt; ihre Punkte spiegeln in derselben Farbe, die mithin nicht durch Umfärbung infolge der Fossilisation hervorgerufen wurde. Derartige Umfärbung liegt indes bei der linken Decke der Paratype vor, wo zugleich die Skulptur gegen den Costalrand abgetragen ist.

Die Färbung des lebenden Käfers war demnach dunkelblau auf Kopf und Pronotum, grüngolden auf den Decken. Schon deswegen kann der Käfer nicht zu den rezenten Gattungen *Buprestis* oder *Poecilonota* gestellt werden.

Abb. 50

Die Paratype hat schon PONGRÁCZ vorgelegen und wurde von ihm ebenso wie schon ein Exemplar von *Stizonotus decoratus* m. als *Buprestites minnae* bezettelt.

### Taenionotus maculatus n. sp.

Etwas kleiner als die vorhergehende Art. Die einzige fast vollständige Decke (Obj. Nr. 3563) mißt 11 mm (Abb. 50). Der vollständige Käfer dürfte 14 mm lang gewesen sein. Die Type zeigt außer der rechten auch die linke Decke in guter Erhaltung; beide liegen gespreizt zueinander, und zwischen ihnen liegt ein größerer verschobener Rest der Körper-Unterseite. Herausgedrückt neben der rechten Decke liegt noch ein Oberschenkel mit ansitzender Schiene. Das Objekt ist als Druck mit Gegendruck vorhanden.

Die Grundfärbung des Käfers war grüngolden, wie der Druck ausweist. Die Musterung wird von ungleich langen, meist aber kurzen Fensterflecken gebildet. Diese Flecken stehen z. T. recht weit voneinander entfernt. Sie liegen meist auf den Aderstreifen, z. T. aber auch, jedoch in geringerer Anzahl, auf den Plagae, in ± breiter Berührung miteinander. Auf diese Weise werden unregelmäßig gestaltete Gruppen gebildet, ohne daß eine Symmetrie der Zeichnung für beide Decken zustande kommt.

### 5. Gattung: Eolampetis PONGR.

*E. weigelti* PONGR., Nova Acta LEOP. N. F. Bd. 2, Heft 3—4 Nr. 6, 1935 pp. 561 (77) — 563 (79), Abb. 21 A, 22; Taf. VI Fig. 4.

Eine Gattungs-Diagnose wird von PONGRÁCZ nicht gegeben. Gattungs- und Artmerkmale werden von ihm vermischt behandelt. Die Gattung stellt er gegenüber den rezenten Gattungen *Ancylochira* (=*Buprestis!*), *Lampetis* und *Dicerca*, ohne wirkliche Vergleiche anzustellen. Betreffs ersterer kommt er zu dem Schluß, daß *Eolampetis* primitiver gewesen sei auf Grund einer einfacheren Runzelung ihrer Decken. Betreffs *Lampetis* stellt er „gewisse Beziehungen zu den rezenten Arten" fest, ohne weder das Eine noch das Andere zu nennen. Dagegen weist er auf bedeutende Unterschiede hin, die bezüglich der Decken-Skulptur bestehen, wobei er die Adern mit den sie begrenzenden Furchen (den Tälchen!) gleichsetzt oder verwechselt. Wegen genannter Furchen möchte er noch mit *Dicerca* vergleichen, unterläßt dies dann aber wegen der abweichenden Form des Halsschildes (Pronotum!). Wenn er dann „auf Grund all dieser Erwägungen" zu dem Schluß kommt, daß *Eolampetis* eine längst ausgestorbene Form ist, von der die „afrikanische" Gattung *Lampetis* und „wahrscheinlich" auch *Dicerca* sich abgezweigt haben, so liest man schnell den vorhergehenden Abschnitt auf Seite 562 (78) nochmals durch, weil man denkt, man habe etwas übersehen. Nicht einmal nach der Färbung, auf die Pongrácz doch sonst so sehr viel Wert legt, konnte er mit einer Ähnlichkeit zwischen *Eolampetis* und *Lampetis* aufwarten. Von letzterer scheinen ihm nur äthiopische Vertreter vorgelegen zu haben, deren Grundfärbung er als „dunkler kupferbraun" bezeichnet. Hätte er die orientalische *Lampetis fastuosa* F. als Vergleichstier benutzt, dann wäre ihm eine bemerkenswerte Übereinstimmung aufgefallen. — Wegen der Zahl der „Furchen" auf den Decken herrscht einige Unsicherheit bei ihm; auf Seite 561 (77) sind es deren 10, auf der nächsten Seite deren 11. Daß bei allen *Buprestiden* das Scutellum, sofern es bei geschlossenen Decken überhaupt sichtbar wird, mit einem knopfartigen Gipfel auftritt, ist ihm unbekannt. *Eolampetis* soll nach ihm ein dreieckiges Scutellum besitzen, was ein unerhörter Ausnahmefall sein würde. Wenn ihm ein vollkommen erhaltenes Exemplar vorlag, wie er schreibt, dann muß das Scutellum besser zu sehen gewesen sein, als er es in seiner Abb. 22 wiedergibt, wo gleich 3 Vorderkörper des Käfers beieinander liegen. Jedes der 3 Stücke hat hier ein anders geformtes Scutellum, ± verzerrt-dreiseitig mit abgerundeten Ecken, was in Wirklichkeit gar nicht das ist, was man i. d. R. einzig und allein als Scutellum bezeichnet, sondern zu seinem ± zerstörten Unterbau gehört.

Leider ist von den Käfern, die Pongrácz seinerzeit vorlagen, nichts mehr vorhanden. Mir liegen aber 3 gut erhaltene Exemplare vor (Ausstellungsstücke des Geiseltalmuseums), die von ihm nachträglich autorisiert und als *E. weigelti* Pongr. bezeichnet wurden. Davon können aber nur 2 Stücke als zur Art gehörig anerkannt werden; das 3. Stück gehört zu einer anderen Art, die ich *E. micans* nenne.

## Diagnose der Gattung *Eolampetis* Pongr.

Mittelgroße bis große Käfer (18—30 mm). — Kopf breit, Scheitel etwa 3 mal so breit wie ein Auge; Stirn (Clypeus) vorn flachbogig ausgerandet. Pronotum trapezisch, vorn etwa $^2/_3$ so breit wie hinten, mitten fast so lang wie vorn breit, Seitenränder fast gerade; Vorderrand auf seiner Mittelstrecke leicht nach vorn, Hinterrand leicht nach rückwärts durchgebogen. Scutellum quer-oval abgerundet, deutlich, verhältnismäßig groß. Flügeldecken gegen ihre Spitze fast allmählich verschmälert, am Ende mit oder ohne Steigedorn; Adern und Plagae flach und von gleicher Breite, durch ± dicht punktierte Tälchen oder bloße dichte Punktreihen gegeneinander abgegrenzt; mindesten R- und M-Aderstreifen blind endend, indem sich die begrenzenden Tälchen oder Punktreihen etwa an der Grenze des distalen Viertels der Decken miteinander vereinigen und als einfache Furche oder Reihe nach deren Spitze ziehen; Cu-Aderstreifen immer durchlaufend.

Kopf und Pronotum ± glatt; Pronotum mit unregelmäßig verteilter Punktierung. Scutellum spiegelnd glatt. Decken fein gerunzelt bis körnigrauh. Knie der Hinterbeine den Seitenrand des Körpers deutlich überragend. Tarsen offenbar 5-gliedrig (vgl. Abb. 51 B).

Die Zeichnung auf dem Pronotum, die Pongrácz bei einem der 3 Stücke in seiner Abb. 22 vorführt, konnte ich bei keinem der mir vorliegenden Exemplare finden. Er beschreibt sie folgendermaßen: „Halsschild — — — in der Mitte mit vier hell kupferroten Schwielen, die als Streifen erscheinen, ziemlich verschwommen sind und hinten zusammenfließen. Dadurch entsteht eine kronenförmige Zeichnung". Wahrscheinlich handelt es sich hier, wie ich annehme, um eine Zufallsbildung, indem sich unterseits liegende Skeletteile durchdrückten.

## Vergleich mit der rezenten Gattung *Lampetis* Spin.

Welche Gründe Pongrácz veranlaßten, die fossile Gattung in Anlehnung an den Namen der rezenten Gattung *Lampetis* zu benennen, verschweigt er. Was er an Vergleichsmomenten anführt, ist belanglos. An Ähnlichkeiten findet er sozusagen nichts; aber eine scheinbar bedeutende Abweichung ist ihm aufgefallen. Er schreibt (Seite 562 [78]): „Betreffs der Skulptur weichen die rezenten *Lampetis*-Arten sehr ab. Während nämlich erstere eine sehr stark differenziertes Rippen-Furchennetz an den Elytren entwickelt haben, finden wir an unserem Fossil keine Spur von solchen Rippen, dafür aber feine Furchen, wie dies für die Gattung *Dicerca* bezeichnend ist."

Hierzu sei folgendes ausgeführt: Wie die von mir gegebenen Abbildungen erweisen, besitzen die Decken flache, bandartige Längsadern, ebenso breit wie die Zwischenstreifen, die Plagae, und ebenso skulptiert. Daß die Adern, als solche kaum noch erkennbar (weil nicht mehr plastisch hervortretend), aus ehedem rippenartigen Adern hervorgegangen sein müssen, habe ich schon im allgemeinen Teil dargelegt. Im vorliegenden Falle beherrschen nur noch die begrenzenden Tälchen mit ihren Punktreihen, oder Punktreihen für sich allein, die Oberfläche der Decken. Interpretieren wir nun die Deckenskulptur der rezenten *Lampetis* in der Weise, wie es durch PONGRÁCZ geschieht, so ist es ausgeschlossen, an eine mögliche Abstammung der rezenten *Lampetis* von den fossilen *Eolampetis* zu denken, wie sie ihm vorschwebt. Es würde sich sonst hier um die Umkehrung eines Entwicklungsvorganges handeln und damit um einen Verstoß gegen das DOLLOsche Gesetz. Wird aber die Deckenskulptur anders aufgefaßt und dementsprechend erläutert, so ist es gut denkbar, daß die rezenten Formen ihren Ursprung in den eozänen Formen haben und ihrer heutigen Gestaltung nach gar nicht so weit abstehen, wie es den Anschein hat.

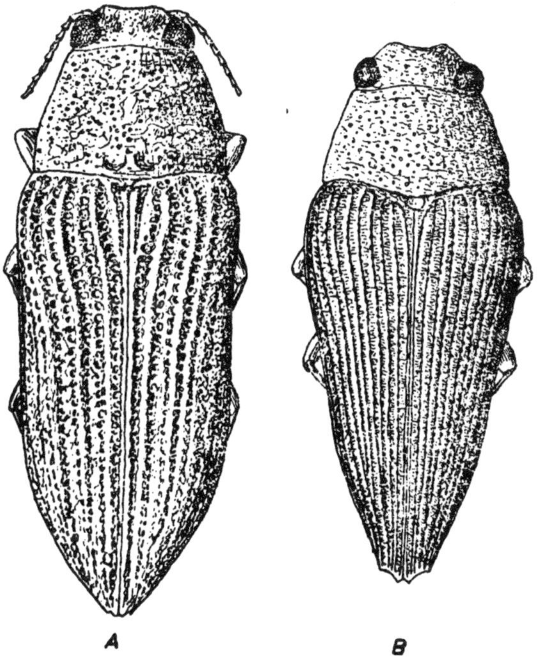

Abb. 51

An den Decken von *Lampetis* hat sich seit dem Eozän nichts weiter verändert als die Punktskulptur, die sich auffallend vergröberte; die Punkte sind jetzt viel größer und dabei tiefer eingeprägt, vor allem gegen die Basis der Decken. Infolge dieser vergröberten Skulptur wurde der Raum zwischen den Punktreihen, soweit er das Innere eines Aderstreifens bildet, rippenartig gehoben, so daß er sich — wenn auch nur äußerst gering — dem Auge als kräftiger entwickelt darbietet als jene Räume, die als Plagae zu gelten haben. Besonders deutlich zeigt sich dies bei *L. derosa* GORY aus Brasilien (Abb. 51 A). Die in solcher Weise auftretenden Rippen oder

Längsadern sind somit sekundären Ursprungs. — Nicht in gleicher Weise auffallend sind sie bei *L. fastuosa* F. aus Ostindien vorhanden. Dafür zeigt aber diese Art eine bemerkenswerte Übereinstimmung in der Skulptur von Kopf und Pronotum mit *E. weigelti* PONGR. (Abb. 51 B), sowie in der Färbung (nicht in der Feinskulptur!) der Decken. Kopf und Pronotum sind mit einer unregelmäßig verteilten Punktierung versehen, die nirgends glatte schwielige Stellen (die annähernd symmetrisch auftreten müßten!) freiläßt. Kopf und Pronotum sind blau gefärbt, müssen allerdings beim lebenden Tier golden gewesen sein. Die geschlossenen Decken sind innenseits rotgolden, auf ihrer äußeren Hälfte blau- bis gelb- oder grüngolden; auch die Größe ist die gleiche. Ebensowenig haben sich Form und Punktierung des Pronotums geändert. Weitgehende Ähnlichkeit besteht auch betreffs des Abschlusses der Aderstreifen vor der Deckenspitze, und der Steigedorn ist auch vorhanden. Nur das Scutellum hat sich bedeutend verkleinert.

## Zur Systematik

Welch schwerwiegende Gründe für die *Buprestiden*-Systematiker vorlagen, *Lampetis* SPIN. als Untergattung von *Psiloptera* SOLIER zu behandeln, ist mir unbekannt. Wenn aber die beiden Exemplare, die ich in meiner bescheidenen Sammlung als *Psiloptera*-Arten besitze, der anderen Untergattung *Polybothris* SPIN. angehören sollen, dann besteht nach meinem Dafürhalten ein himmelweiter Unterschied zwischen beiden Untergattungen.

*Lampetis* erscheint als eine sehr fortschrittlich entwickelte Form. Die Einebnung des Deckengeäders ist sozusagen dicht an der Grenze des Möglichen angelangt. An der Deckenspitze findet sich nur noch bei einigen Arten der Steigedorn, und eine Zähnelung am Ende (vor der Spitze, unterseits) fehlt völlig. Der Körper selbst ist auf dem Wege, dick (kompakt) zu werden, was die stärkere Wölbung oberseits wie unterseits beweist. *Lampetis* nähert sich nach dieser Seite hin der Gattung *Capnodis* ESCHSCH., die mit zur Gruppe der *Psilopterites* LAC. gehört. Betreffs dieser Gattung bestehen auch weitgehende Ähnlichkeiten in der Ausgestaltung der Decken. *Capnodis* sowohl als auch *Lampetis* scheinen ohne größere Schwierigkeiten ihrer Puppenwiege entsteigen zu könnnn. Für *Eolampetis* kann dasselbe angenommen werden. Jedenfalls lebte die fossile Gattung nicht tief in hartem Holz, vielleicht auch nur unter dünner Rinde oder in Mürbholz. — Ein brauchbares Merkmal, das bisher von allen Systematikern vernachlässigt oder gar übersehen wurde, bildet die relative Länge der Beine, gut zu beurteilen nach der Länge der Hinterschenkel. Diese erreichen mit ihrem Knie entweder genau den Außenrand des Körpers, oder sie überragen ihn ± weit. Der erstgenannte Fall trifft zu z. B. bei *Steraspis* SOL. (vgl. Abb. 34), bei *Iritotaenia* DEYR. und *Julodis* ESCHSCH., der zweitgenannte Fall bei der Mehrzahl der übrigen Arten auf ± lange Strecke. — Auf die Bedeutung der ± starken Reduktion des Scutellum-Knöpfchens bis zu dessen völliger Unterdrückung wurde schon weiter vorn hingewiesen.

## Bestimmungs-Tabelle für die Arten

1. Decken in ihrer ganzen Länge von Tälchen durchzogen, in denen tief eingeprägte Punkte liegen wie Perlen, auf eine Schnur gereiht. Nur R- und M-Aderstreifen (± der Deckenspitze nahe) blind endend, indem sie spitz auslaufen und ihre beiderseitigen Tälchen vereint als einfaches Tälchen zur Spitze weiterziehen . . . . . . . . . . . . . . 2

— Decken nur mit durchlaufenden Punktreihen, die mindestens auf der längeren vorderen Strecke nicht in Tälchen liegen. Sc-, R- und M-Aderstreifen spitz geschlossen . . . . . . . . . . . . . 3

2. Große Art, gegen 30 mm lang. Die Punkte der trennenden Tälchen sind auffallend groß, zudem von gleicher Größe. Die Skulptur der Oberfläche kann als lederig bezeichnet werden. Ende der Decken ohne Steigedorn.

1. schulzi n. sp.

— Kleinere Art, gegen 18 mm lang. Die Punkte in den Tälchen sind in der Nähe des Costalrandes am größten und werden nach dem Analrand zu allmählich kleiner. Die Oberflächen-Skulptur wird von feinen Querrunzeln gebildet. Steigedorn deutlich entwickelt. Abdominal-Sternite seitlich mit je einem Paar Flecken.

2. weigelti PONGR.

3. Länge des vollständigen Käfers 18 mm. Decken mit Punkt-Skulptur ihrer Oberfläche (körnig-rauh), am Ende mit deutlichem Steigedorn; gegen ihre Spitze liegen die Punktreihen in feinen Tälchen.

3. micans n. sp.

— Etwas problematische Art, deren Länge auf ungefähr 24 mm geschätzt werden kann. Punktierung der Längsreihen auf den Decken kräftig und dichtgeschlossen. Sternalseite des Abdomens ohne Fleckenzeichnung.

4. griseomicans n. sp.

### 1. Eolampetis schulzi n. sp.

Diese stattliche, auf gegen 30 mm Länge zu schätzende Art, wurde nur in Form von Bruchstücken gefunden. Das besterhaltene Teilstück ist Objekt Nr. 2266: eine rechte Decke (Abb. 52); die Form der ihr fehlenden Spitze wurde dem Umriß nach ergänzt mit Hilfe eines kleineren anderen Bruckstückes. — Objekt Nr. 3887 zeigt fast einen halben vorderen Körper des Käfers mit zerdrücktem Prothorax, fast unkenntlichem Kopf und den an der Basis etwas übereinander geschobenen Decken. — Die $^2/_8$ Unterseite des Käfers von Obj. 5820 (Abb. 53) werden als zur Art gehörig legitimiert durch die charakteristische lederige Skulptur der Decken, allerdings von der Rückseite her. — Den Decken fehlt der Steigedorn.

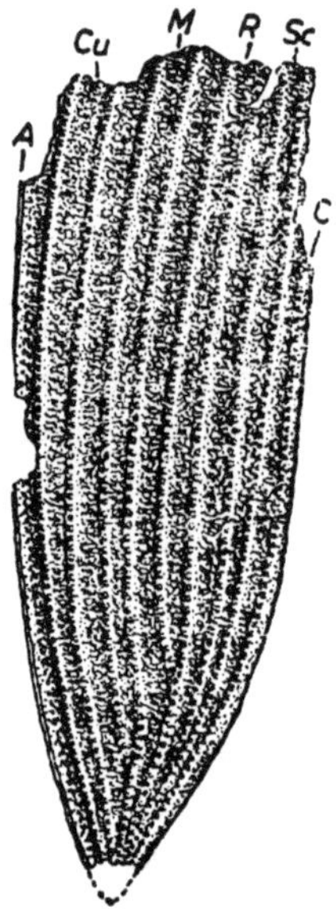

Abb. 52

An den verschiedenen Fundstücken kann die Färbung der Decken nach jenen Resten, die augenscheinlich am wenigsten durch die Fossilisation litten, als bronzefarben bis kupfern angegeben werden, überhaucht von einem violetten Schimmer; die punktierten Tälchen sind matt-golden. Bei stärker abgetragenen Decken neigt die Färbung von deren Fläche mehr nach blau; die Tälchen sind in diesem Falle dunkelblau gefärbt (Obj. Nr. 3887). — Das Pronotum ist ± dicht unregelmäßig punktiert, auf seinem mittleren Teil etwas lockerer.

Ich benenne die Art nach Herrn Obersteiger Edmund Schulz in Mücheln bei Merseburg, der die ersten Käferreste fand und dessen Aufmerksamkeit es zu verdanken ist, daß die reiche Fundstätte ausgebeutet werden konnte.

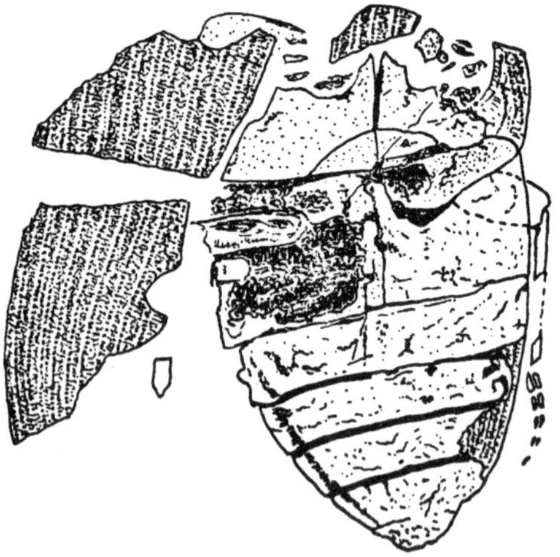
Abb. 53

2. Eolampetis weigelti PONGR. (vgl. Abb. 51 B!)

Die i. d. R. blau bis grünlich gefärbt erscheinenden Pronoten haben am lebenden Tier vermutlich dieselbe Goldfärbung besessen wie die Decken. Objekt Nr. 3184 zeigt den Goldglanz noch in bester Erhaltung, und bei den übrigen Objekten, so z. B. bei Nr. 3819 oder 5827 läßt er sich als stellenweiser Anflug auf dem blauen Untergrund noch nachweisen, wenn man die Stücke bei Sonnenbeleuchtung betrachtet, wo dann auch die unregelmäßig verteilte Punktierung deutlich golden funkelt. Die Grundskulptur des Pronotums scheint mäßig rauh gewesen zu sein. Die Skulptur der Decken auf den Aderstreifen und den Plagae wird von einer feinen und ziemlich dichten Querrunzelung gebildet. Alle bisher gefundenen Decken sind vom Analrand an bis ± über die Mitte ihrer Fläche hinaus rotgolden gefärbt, gegen den Costalrand dann gelb-, grün- bis blaugolden. Vor ihrer Spitze ist ein deutlicher Steigedorn vorhanden. Besonders charakteristisch ist das Vorhandensein von Tälchen (im Gegensatz zu *E. micans*), in denen die perlschnurartige Punktierung liegt (Abb. 54).

Abb. 54

Die Abdominal-Sternite von Obj. Nr. 1763 tragen seitlich — ausgenommen das Endsternit — je ein kupferfarbenes Fleckenpaar (Abb. 55). — Das hier nicht dargestellte Obj. Nr. 3184 zeigt noch die Mittel- und Hinterbeine, aber ohne Tarsen. Die Beine sind glänzend grün- bis gelbgolden gefärbt, das guterhaltene Abdomen dunkelblau; die vorerwähnten Fleckenpaare sind aber nicht vorhanden. Da es sich um einen Käfer mit Ansicht von oben handelt und die Beine trotzdem sichtbar sind, so konnten diese nur in Erscheinung treten als Durchdrücke durch die Sternalseite, und was man vom Abdomen sieht, das ist die Innenseite seiner Sternite.

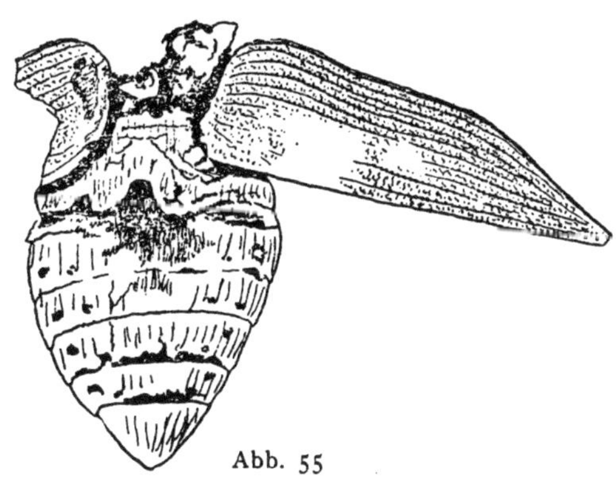
Abb. 55

3. Eolampetis micans n. sp.

Mit *E. weigelti* leicht zu verwechseln. Mir liegt ein fast vollständig erhaltener Käfer vor (Obj. Nr. 1746). — Länge 18 mm. Auf den Decken

(Abb. 56) laufen ± weit vor deren Ende die Sc-, R- und M-Aderstreifen spitz aus. Die Abgrenzung der Aderstreifen gegen die Plagae erfolgt nicht durch Tälchen, sondern nur durch Längsreihen dicht aufeinander folgender eingeprägter Punkte; zur Bildung feiner Tälchen kommt es nur im distalen Viertel der Decken. Letztere am Ende mit deutlichem Steigedorn. Die Oberflächen-Skulptur der Decken ist eine feinkörnige Punktierung; Querrunzeln fehlen. — Pronotum unregelmäßig fein punktiert. Vom Abdomen ist die blaugefärbte Innenseite der Sternite zu sehen. Wie i. d. R., so fehlen auch diesem Objekt Beine und Fühler.

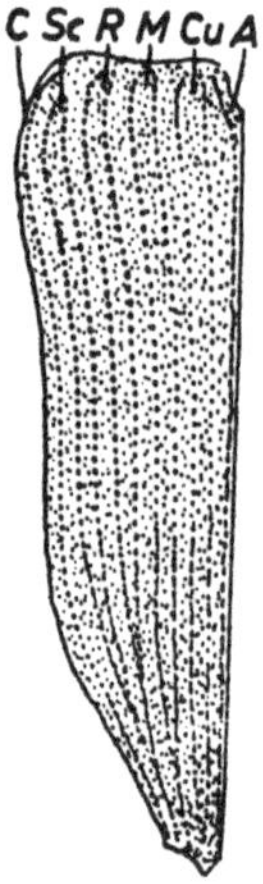

Abb. 56

Färbung ganz ähnlich wie bei *E. weigelti*: Innenraum der geschlossenen Decken rot- bis gelbgolden, nach außen in grün- bis blaugoldene Färbung übergehend. Pronotum und Kopf waren jedenfalls ehedem golden, wie noch in Spuren nachweisbar; am fossilen Objekt sind sie dunkelblau gefärbt.

### 4. Eolampetis griseomicans n. sp.

Von dieser Art liegen mir 2 ± gut erhaltene Reste vor (Obj. Nr. 5820 und 2005), die den Käfer von der Unterseite zeigen (Abb. 57 nach Obj. Nr. 5820). Über den Abschluß der Aderstreifen auf den Decken kann nichts gesagt werden, doch handelt es sich bei dem Käfer ganz sicher 1. um eine *Buprestide*, und 2. um eine *Eolampetis*-Art. Als solche nimmt sie wegen ihrer schätzungsweisen Länge von 22 bis 24 mm innerhalb der Artenreihe eine Mittelstellung ein. Auf den Decken sind keine Tälchen vorhanden; die Abgrenzung der Aderstreifen gegen die Plagae geschieht durch dicht perlschnurartig angeordnete Punktierung, deren einzelne Punkte ziemlich groß sind und außerdem tief eingeprägt.

Der Käfer, so wie er fossil vorliegt, zeigt graumetallischen Glanz, der nicht auf Umfärbung zu beruhen scheint.

Abb. 57

## 6. Gattung: Eochalcophora n. gen.

Daß die mir vorliegende fossile Gattung in die Nähe von *Chalcophora* Sol. gehört, ergibt sich ohne weiteres aus der Skulptur der Decken. Die ein charakteristisches Merkmal bildenden, auf den Seiten des Pronotums (bei rezenten Formen) vorhandenen Eindrücke, sind am fossilen Material nicht nachweisbar und vermutlich infolge des Druckes während der Fossilisation eingeebnet worden. Aus demselben Grunde dürfte eine etwa vorhanden gewesene Längsfurche auf Pronotum und Scheitel (Stirn) verschwunden sein. — Die Längsadern der Decken sind als deutliche Streifen kenntlich und sind ebenso breit wie die Plagae; ihre Grenzen werden durch Reihen verschieden großer und tief eingeprägter näpfchenartiger Punkte gebildet, die sich am Schulterrande paarweis vereinigen (in der Abbildung nicht zu erkennen!); M- und R-Streifen vereinigen sich vor der Spitze der Decken. Auf den Plagae liegen unregelmäßig begrenzte skulpturfreie Flecken, die flach inselartig gehoben sind; sie sind länglich geformt und haben meist die Breite der Streifen; die ganze übrige Fläche der Decken ist punktiert. Die Skulptur von Pronotum und Kopf besteht aus dichtgestellten näpfchenartigen Punkten von kleinerem Durchmesser als jenen Punkten in den Tälchen auf den Decken; vorhanden sind bei der typischen Art auf dem Pronotum ebenfalls inselartige glatte Flecken, die sich zu 7 (bzw. 5) unregelmäßigen Längsreihen ordnen, und auf ihnen liegen eingestreut einzelne Punkte von derselben Ausbildung, wie sie die Grundskulptur besitzt.

Die Form des Pronotums ist trapezisch, vorn nur wenig schmäler als hinten; seine Seiten sind sehr flach nach außen gewölbt. Stirn vorn flach abgerundet; Fühler gesägt. Scutellum klein, schmal elliptisch abgerundet. Die Spitze jeder Decke endet mit 2 Zähnen; Schultern der Decken nur wenig nach außen gewölbt, der Käfer hier nur wenig breiter als am Hinterrande des Pronotums.

### Eochalcophora abbreviata n. sp.

Länge 25—30 mm (Abb. 58). — Färbung dunkel blaugrün-erzglänzend, kupfern überhaucht. Braunrot-kupfern sind vor allem die inselartigen Flecken auf den Decken, ebenso jene auf Kopf und Pronotum. Die eingeprägten großen Punkte auf den Decken spiegeln; bei den kleineren Punkten des Vorderkörpers ist der Glanz geringer.

Der Gegendruck eines solchen Käfers ist stets völlig kupfern, und die Punktierung erscheint schwarz. Außerdem sind in einem solchen Falle die Punkte der Tälchen auf den Decken ± unregelmäßig begrenzt, warzenförmig und nicht völlig kreisrund. — Nach der Abbildung erscheint der Käfer ziemlich breit, und ich bin davon überzeugt, daß seine Körperform ursprünglich eine gestrecktere gewesen ist. Immerhin würde das Verhältnis zwischen Länge des Pronotums und Länge der Decken dasselbe bleiben = etwa 1:3 (genauer 11:31). Bei *Chalcophora mariana* ist das Verhältnis beinahe dasselbe, = 3 : 11. Bei Angleichung der beiden Verhältnisse aneinander ergibt sich aber bei *E. abbreviata* 33 : 93 und bei *Ch. mariana* 33 : 110. Der fossile Käfer war auf jeden Fall kürzer, gedrungener gebaut, als die rezente Art.

Zur Rekonstruktion des Käfers standen mir folgende Objekte zur Verfügung:

Nr. 1912: Vordere $^2/_8$ der rechten Decke fast vollständig, linke $^2/_8$ zerdrückt; Pronotum nur die hintere Hälfte erhalten. Gegendruck.

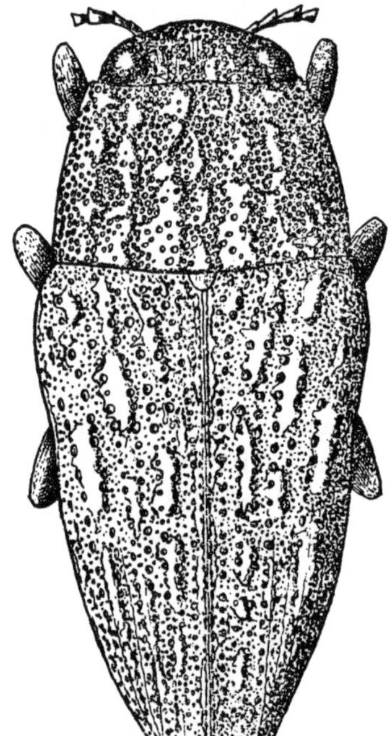

Abb. 58

Nr. 2063: Vordere Hälfte der Decken erhalten, Scutellum überschoben; vom Pronotum fehlt die rechte vordere Ecke, desgl. vom Kopf. Linker Mittelschenkel vorhanden. Druck.

Nr. 3127: Linke Decke zur Hälfte, rechte Decke weniger lang erhalten: Ausschnitt für das Scutellum deutlich. Pronotum fast vollständig, aber zerdrückt. Druck und Gegendruck.

Nr. 3384: Fast vollständig, Kopf aber undeutlich. Von den Beinen sind vorhanden die hervorstehenden Knie der 3 Schenkel auf der linken Seite und das Knie des rechten Hinterschenkels. Druck.

Nr. 3731: Fast vollständig, aber ohne Kopf und ohne Beinreste. Pronotum längs gespalten. Druck und Gegendruck. Beim Druck fehlt ein länglich-ovales Stück, das von der linken Decke mehr herausschneidet als von der rechten Decke; durch die entstandene Lücke wird die Segmentierung des Abdomens sichtbar.

Nr. 3970: Kopf mit den Augen und dem Basalstück des rechten Fühlers erhalten; Pronotum vollständig. Die hintere Hälfte der Decken fehlt. Gegendruck.

Nr. 5861: Kopf mit den Augen und das Pronotum fast vollständig erhalten. Vordere $^2/_8$ der linken Decke gut erhalten, nur mit einigen Löchern; rechts ist nur die Schulter der Decke noch vorhanden, und Teile des Körpers liegen frei. Knie des linken Mittelbeines sichtbar. Druck.

Nr. 5875: Kopf fehlt, Pronotum ziemlich zerstört, Durchdruck der Unterseite des Körpers einigermaßen deutlich. Linke Decke undeutlich erhalten; durchgedrückt auf dem Rest der linken Körperseite liegen das Ende einer Tibia und 4 Tarsenglieder. Druck.

Nr. 3334 (Inv. Nr. 5085) lag mir nur als Photographie vor. Sie zeigt einen fast vollständigen Käfer, dessen Seiten (links besonders stark) ± ausgebrochen sind. Kopf erhalten.

Außerdem lagen mir noch 2 kleinere Bruchstücke von Decken vor, die infolge der Fossilisation eine prachtvolle kobaltblaue Färbung angenommen hatten.

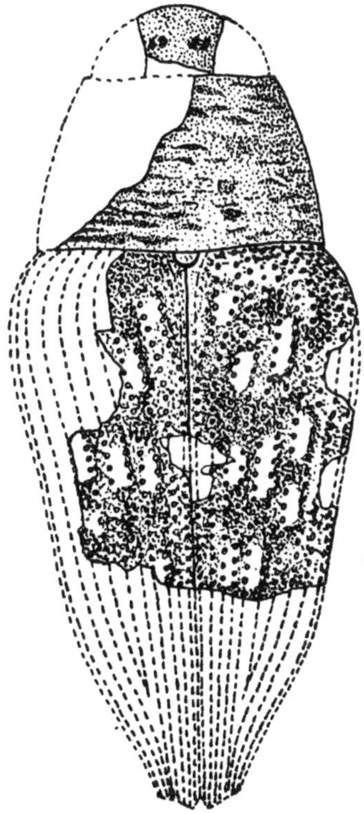

Abb. 59

## Eochalcophora transversovittata n. sp.

Der mir vorliegende Rest (Obj. Nr. 1615), linksseitig und am Ende der Decken stark ausgebrochen, bietet noch soviel vom ganzen Käfer, daß ich auf eine ausgeführte Rekonstruktion verzichten konnte. Ich habe in der Zeichnung (Abb. 59) nur den etwas herausgedrückten Kopf in seine natürliche Lage gebracht. Die Länge des Restes beträgt 14 mm, und der ganze Käfer mag etwa 20 mm lang gewesen sein.

Die Färbung ist intensiv grün- bis gelb- und rotgolden und scheint der ursprünglichen zu entsprechen. Von der Unterseite her wird von der Chitinmasse viel abgetragen oder aufgelöst sein, da die eingeprägten Punkte der Tälchen auf den Decken nur noch als Löcher vorhanden sind und aus diesem Grunde schwarz erscheinen. Die Grenzen der vorwiegend rotgoldenen inselartigen Flecken sind unscharf, wogegen die Lücken zwischen ihnen mit grüngoldener Färbung sich gut abgegrenzt darstellen. Sie liegen ausschließlich auf den Aderstreifen. Durch die auffällig großen Punkte der Tälchen zeigt die Art eine gewisse Ähnlichkeit mit der vorigen, ist aber durch das Fleckenmuster und die Größe der Zwischenflecken stark abweichend.

Besonders kennzeichnend ist die Querstreifung des Pronotums, die nicht den Eindruck erweckt, als wäre sie sekundär infolge der Fossilisation entstanden. Die Querstreifen sind rotgolden, liegen auf grüngoldenem Untergrund, und zwischen ihnen läßt sich noch eine feinere Punktskulptur erkennen, deren einzelne Punkte mit Goldglanz spiegeln. Die Querstreifen an sich sind etwas erhaben.

Der Kopf ist dicht punktiert; auf dem Scheitel liegt in Augennähe jederseits ein gelbgoldener Doppelfleck.

### Beziehungen zu den von O. Heer beschriebenen und abgebildeten Lias-Buprestiden

Die ältesten Reste von Käfern, die mit gutem Gewissen *Buprestiden* zugesprochen werden können, wurden im Lias der Schweiz (Aargau) gefunden. Ihre erste Publikation erfolgte durch einen gedruckten Vortrag, den O. Heer im März 1852 zu Zürich hielt, und eine stark gekürzte Wiederholung von dessen Inhalt findet sich dann später in dem von Heer herausgegebenen Subskriptionsband „Die Urwelt der Schweiz" (1. Auflage 1865). Beiden Veröffentlichungen sind lithographierte Tafeln mit sehr klar und sauber gezeichneten Abbildungen beigegeben, die wohl nach der Ausführung, nicht aber nach ihrer Zahl übereinstimmen. Betreffs der Vergleichs-Abbildungen in Gestalt rezenter *Buprestiden* möchte ich mir aber den Hinweis erlauben, daß Heer stets ein dreieckiges Scutellum zeichnet anstatt eines rundbegrenzten (knopfförmigen). Derselbe Seh- oder Zeichenfehler findet sich auch bei den Abbildungen, die vollständig gefundene Oberseiten zur Darstellung bringen. So gering das hier erwähnte Merkmal erscheint, so wichtig ist es als durchgehend vorhandenes Charakteristikum der Familie. Bei rezenten Gattungen und Arten bricht das Scutellum zuweilen gar nicht mehr durch und bleibt mit seinem Gipfel verborgen. Noch kein Systematiker hat auf diese Erscheinung geachtet. Ich muß annehmen, daß alle fossilen *Buprestiden* ein wohlentwickeltes knopfartiges Scutellum besaßen.

Heer unterscheidet 5 Gattungen: 1. *Euchroma*, 2. *Glaphyroptera*, 3. *Buprestites*, 4. *Melanophila*, 5. *Micranthaxia*, wobei er 2 rezente Gattungen (1. und 4.) zur Unterbringung von Lias-Formen in Anspruch nimmt. — Da ist zunächst die Decke eines Käfers von 36 mm Länge (wenn man die fehlende Spitze ergänzt), den er als *Euchroma liasina* bezeichnet (1852, Fig. 18; 1865, Taf VII Fig. 10). Das gleiche Objekt wird von Handlirsch (1906—1908, Taf. XLI Fig. 60) spiegelbildlich wiedergegeben in sehr roher Ausführung. Auf Seite 452 schreibt er dazu: „Für mich scheint es noch nicht erwiesen, daß es sich wirklich um eine *Buprestide* handelt". — Vergleicht man diese Decke mit der Decke von *Chlorodema* m., so ist nach Größe, Umriß und Aderung eine überraschende Übereinstimmung festzustellen, desgleichen nach der Punktskulptur, die ich bei der Rekonstruktion des Käfers angedeutet habe. HANDLIRSCH sieht an der Decke nur die 8 Punktreihen, welche die lang durchziehenden Adern begrenzen; die Adern übersieht er, infolgedessen auch die deutliche A im Analwinkel, durch welche sich die Zahl seiner Punktreihen auf 10 erhöhen würde. Es liegt für mich unzweifelhaft eine *Buprestide* vor, wenn auch gerade keine *Euchroma*, die aber — wie mir z. B. die riesenhafte *E. goliath* CAST. et GORY aus Mittel-Amerika beweist — das gleiche Aderungsbild zeigt. Weiter vorn wies ich schon betreffs der Aderung darauf hin, daß auch andere (orientalische) Gattungen nach dieser Seite hin einen Vergleich aushalten und herangezogen werden können. Jedenfalls möchte ich dafür eintreten, die Gattung *Euchroma* HEER für identisch zu erklären mit *Chlorodema* m., wobei als unterscheidendes Artmerkmal die Punktreihen längs der Adern dienen mögen.

Auf derselben Tafel VII (1865) bildet HEER eine Decke von 8 mm Länge ab, die ganz ähnlich geadert und skulptiert ist wie bei *E. liasina*; der Größenunterschied ist aber bedeutend. Wegen der deutlichen 4 Längsadern könnte die Art (*Melanophila costata* HEER) für nahe verwandt mit *E. liasina* gehalten werden, ebenso vielleicht auch *M. sculptilis* HEER in Fig. 18, deren Decke aber etwas größer ist (10 mm) und nur 2 Längsadern erkennen läßt. HANDLIRSCH wendet sich mit Recht gegen die Annahme, daß es sich bei beiden Arten um Vertreter der rezenten Gattung *Melanophila* ESCHSCH. handeln könnte und gibt als Ersatz den Namen *Melanophilopsis*. Er reiht aber diese seine Gattung nirgends ein und bezweifelt, daß sie zu den *Buprestiden* gehören könnte. Meiner Ansicht nach ist aber die Zugehörigkeit zu dieser Familie nicht anzufechten. Leider sind zu den hier genannten Käfern keine Pronoten vorhanden, so daß die von HEER vorgenommenen Rekonstruktionen fragwürdig bleiben.

Nach dieser Seite hin steht die Gattung *Glaphyroptera* vollkommener da, wenigstens scheinbar. HEER sagt nicht, ob die Pronoten mit jenen Decken, die er als zusammengehörig betrachtet, auch beisammen gefunden wurden, und was bei *Gl. gehreti* (Fig. 27) für einen Prothorax angesehen werden könnte, muß ich für ein Mesosternum halten. Über die Gattung selbst, die er nach den glatten Decken benennt (sie zeigen keine deutliche Aderung) sagt er, daß sie „mit der Zeit wahrscheinlich in mehrere aufgelöst werden muß" wegen der „beträchtlichen Verschiedenheit" im Umriß der Decken. PONGRÁCZ hat sich durch diesen Hinweis nicht stören lassen, betrachtet sie als einheitlich und errichtet die Familie *Glaphyropteridae*, in die er 8 mehr oder weniger problematische Gattungen zusammenfaßt einschließlich *Glaphyroptera*. Ich kann hier unmöglich auf den Irrgarten seiner

Gedankengänge eingehen, und wenn ein witziger Zoologe einmal die Paläontologie eine phantasievolle Wissenschaft nannte, so könnte man ihm an dieser Stelle beistimmen. Nach PONGRÁCZ sollen die „primitiven" *Glaphyroptera* vom Lias bis zum Eozän durchgehalten haben, und aus ihnen seien dann die *Buprestiden* und *Elateriden* hervorgegangen. Gedenkt man hierbei der offenkundigen *Buprestiden* des Lias sowie der dort ebenfalls schon vorhandenen *Elateriden*, so wird das Irrige einer solchen Ansicht klar. Letztgenannte Familie ist für die Lias-Formation belegt durch *Megacentrus tristis* HEER (1865, Taf. VII Fig. 22). Vorfahren und Nachfahren haben wohl niemals nebeneinander bestanden. Hierin ändert sich auch nichts, wenn die letztgenannte liasische Art den *Eucnemiden* näherstehen sollte.

Was betreffs der Decken jener Arten bei HEER stören könnte, die dieser seinen *Glaphyroptera* zuspricht, das ist die Form ihrer distalen Zuspitzung. Nur bei *Gl. gracilis* HEER (Taf. VII Fig. 30) verläuft sie deutlich zipfelig, ähnlich wie bei *Anthaxia* (z. B. *candens*), und dazu könnte das Pronotum Fig. 31 passen. Die *Anthaxia*-Ähnlichen zeichnen sich alle durch das ± parallelseitige Pronotum aus. Deshalb könnte auch das Pronotum Fig. 26 hergehören (*Gl. gehreti* HEER). Ich vermag in den *Glaphyroptera*, soweit sie sicher als *Buprestiden* zu deuten sind, nur Vorläufer von *Anthaxien* zu erkennen, wenn ich einmal so sagen darf. Auch die nur 3 mm messende *Micranthaxia rediviva* HEER (Fig. 36), von der eine vollständige Oberseite vorliegt, weist in die gleiche Richtung, wenn es sich wirklich um eine *Buprestide* handelt, wie ich aber gern annehme. Um nun nochmals auf die Spitzen der Decken zurückzukommen, sei darauf hingewiesen, daß diese bei den Arten der rezenten Gattung keinen „Steigedorn" haben und sie ± breit abgerundet sind. Zu bedauern ist, daß zu *Eoanthaxites* aus dem Geiseltal keine Decke vorliegt, die einwandfrei den Zuschnitt der Decke zeigt, weshalb ich zur Begründung der Gattung nur auf die Form des Pronotums angewiesen bin. Auf den Decken sind Adern und Plagae von gleicher Breite, weshalb die Decken nur gleichmäßig längsstreifig skulptiert erscheinen. Insofern stimmen sie mit den in Frage kommenden Decken bei HEER überein, von denen man aber gern wissen möchte, in welcher Weise etwa sich die Längsstreifen vor der Spitze vereinigen.

Nachdem ich im Vorhergehenden meine Ansichten über die Beziehungen der *Buprestidae* des Geiseltales zu jenen des unteren Jura (oder umgekehrt) dargelegt habe, wird man zugeben können, daß diese Käfer recht zähe die einmal begonnene Entwicklungsrichtung eingehalten haben. Dabei änderte sich ihre Gestalt in kaum merklicher Weise, und es sind vor allem vielleicht nur die Proportionen, die allmähliche Abwandlungen erfuhren, wie auch HEER aufgefallen ist. Ob es die Norm ist, daß sich die alten Formen im Laufe der Jahrmillionen allmählich streckten, wäre allerdings noch zu erweisen. Auf jeden Fall machen sich nur geringe Veränderungen bemerkbar, dieweil Lebensgrundlage und Lebensverhältnisse sich nicht änderten. Nur die offenbar Jüngsten, die *Anthaxien* (und Nahestehende) gingen zum Besuch von Blüten über. Die großen Formen vor allem, die dem zurückweichenden warmen Klima folgten oder sich dort erst entwickeln konnten, scheinen als Imago keine Nahrung aufzunehmen, und sie leben, z. T. gesellig, an sonnenbeschienenem Holz, oder sitzen gern auf warmem Gestein in der Sonne, wie es auch zu jenen Zeiten gewesen sein mag, als es noch keine Blütenpflanzen gab.

Nun wäre noch der Gattung *Buprestites* HEER zu gedenken, die ich bisher übergangen habe. Als Typus hat zu gelten *B. lyelli* HEER (1865, Seite 88, Taf. VII Fig. 11), von dem eine Decke abgebildet ist. In der Diagnose ist nichts weiter gesagt, als daß die Gattung durch scharf gestreifte Flügeldecken ausgezeichnet ist. Weder Umriß noch Verlauf der Streifung machen es mir aber möglich, in der 17 mm langen Decke die Merkmale einer *Buprestide* zu erkennen. Für das Oligozän beschreibt HEER noch 2 weitere Arten und vergleicht sie mit der rezenten Gattung *Julodis*. PONGRÁCZ berücksichtigt die liasische Type nicht, verlegt das Auftreten der Gattung ausschließlich in das Eozän und leitet von ihr die Gattung *Buprestis* ab. Für die Fauna des Geiseltales stellt er 6 Arten fest, von denen er 4 benennt. Seinen Beschreibungen und Abbildungen, sowohl solchen nach photographischen Aufnahmen wie auch 2 farbigen Bildern, stehe ich völlig ratlos gegenüber. Typen sind nicht mehr vorhanden, und Ähnliches ist mir unter dem Material der späteren Ausbeuten nicht begegnet. Es handelt sich um durchweg große Tiere von 15—38 mm Länge.

## Familie. **Elateridae**

### Gattung: Eopyrophorus n. gen.

Eine leuchtende Elateride?

Diese Gattung könnte *Archelater* PONGR. heißen, wenn deren Autor eine Diagnose gegeben hätte. Er hat aber nicht einmal erkannt, daß es sich um eine echte *Elateride* handelt. Er sagt von dem Käfer (1935, p. 550 [66]): „Auch *Archelater* soll keine isolierte Form bedeuten, vielmehr eine solche, die die Kluft zwischen den *Glaphyropteroiden* und *Elateriden* überbrückt." Er sagt dies, weil er *Archelater* für einen „Vorposten" der Schnellkäfer hält. Aus den *Glaphyroptera* (*Pseudobuprestites*) läßt er die beiden Gattungen *Archelater* PONGR. und *Buprestites* (HEER) PONGR. hervorgehen, die dann, im Eozän noch vorhanden, sich schon während dieser Epoche in echte

*Elateriden* und *Buprestiden* verwandeln. Er sagt dann weiter: „— — -- daß die *Archelater*-Arten sich mit ihrem stark ausgeprägten Farbenkleid, deren (dessen?) Entfaltung wohl unermeßliche Zeiträume in Anspruch nahm, als hochspezialisiert erweisen, was uns zu der Annahme drängt, daß es einst noch primitivere Formen von *Elateriden* gegeben haben muß, mit keiner (bunten?) Streifenbildung und mit einer wenig (= er) verschwenderischen Farbenpracht." Dieser Satz — der einzige, der Genaueres über die Gattung enthält — besitzt keinerlei diagnostischen Wert und stellt nur die Behauptung auf, daß eine höhere Spezialisierung durch Entfaltung einer besonderen Farbenpracht zum Ausdruck kommt. Was weiterhin über die Körperform verlautet, stellt sich als belanglose Annahme dar. — Zu entgegnen wäre, daß es schon im Purbeck (Brodie 1845, Taf. VII Fig. 1, 2 und 3) zwar kleine, aber echte und gut kenntliche *Elateriden* gab (*E. vetustus, socius, neptuni* Gieb.). Weiterhin sei bemerkt, daß die an den fossilen Flügeldecken wahrzunehmenden Färbungen sekundär sind und daß die betreffenden Käfer während ihres Lebens bescheiden braun gefärbt waren. Die Beschreibungen der geradezu phantastischen Farbenpracht seitens Pongrácz zuzüglich der von ihm gelieferten bunten Abbildungen hätten glatt unterbleiben können und wären besser zu ersetzen gewesen durch Darstellungen der Flügeldecken-Skulptur und des Aderungs-Systems. So aber läßt sich der Autor verleiten, auf Grund verschiedener Färbungen 4 Arten aufzustellen, die sich allerdings auch etwas durch ihre Größe unterscheiden. Hätte er (1935, Taf. IV Fig. 14—19) nicht Abbildungen nach photographischen Aufnahmen gegeben, auf denen wenigstens die Umrisse einen Anhalt geben, so wäre niemals zu ermitteln gewesen, was für einen Käfer er mit seinem *Archelater* meint. Die Reihe der genannten Abbildungen stellt 3 verschiedene Arten dar, die aber weder hierdurch noch nach dem Text seiner Ausführungen zu bestimmen sind, weil als maßgebliches Merkmal nur die Färbung gilt. Die Typen, die seinerzeit Pongrácz vorlagen, sind längst infolge Austrocknung zerfallen und nicht mehr vorhanden.

Es liegen mir aber 2 Exemplare (Decken) vor, die später gefunden wurden, Pongrácz vor 1935 nicht vorlagen, von ihm aber nachträglich autorisiert wurden. Die beiden Fundstücke wurden von ihm bezeichnet als 1. *Archelater aeneoviridis* Pongr. und als 2. *Archelater rutilogrammus* Pongr. — Hierzu folgendes: Die ursprüngliche braune Cuticula ist bei beiden Stücken so weit abgetragen, daß fast nur noch die metallisch schimmernde dunkelgrüne Mittelschicht (die zermürbte Grundmasse oder Matrix der Decken!) vorhanden ist, ± von einem braunen Anflug überlagert. Mit dem Schwund der Cuticula ist auch die Punktskulptur zum größten

Teil verloren gegangen. In den flachen Furchen, den Grenztälchen zwischen Adern und Plagae, sieht man bei Nr. 1 kaum noch etwas von den Punkten, während diese bei Nr. 2 noch deutlich sichtbar sind. Außerdem sind bei letzterer noch viele von jenen Punkten zu sehen, die ursprünglich gleichmäßig über die Gesamtfläche der Decke verteilt waren. Alle Punkte erscheinen eingestochen, sowohl die gröberen in den Furchen, wo sie in Reihe stehen, als auch die unregelmäßig verteilten feineren auf Adern und Plagae. In allen Punkten aber, ob grob oder fein, scheinen Haare gestanden zu haben.

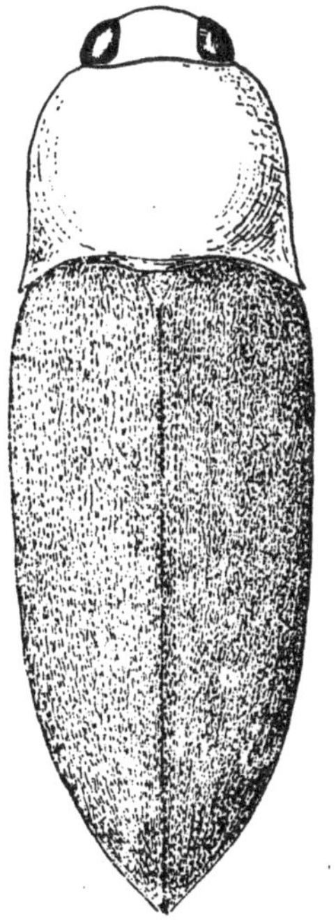

Abb. 60

Den Decken beider Arten, die geschlossen nebeneinander liegen und ziemlich vollständig sind, fehlen die Spitzen. Nr. 1 ist einzuschätzen auf ursprünglich 23 mm Länge, Nr. 2 auf 25 mm. Irgend ein anderer Unterschied als jener der sekundären Färbung ist zwischen beiden Deckenpaaren nicht festzustellen, weder nach dem Umriß noch nach dem Grade der Punktskulptur; sie haben gleichen Artcharakter.

**Diagnose**

Ein vollständiger Käfer, wie ich ihn hier biete (Abb. 60), wurde nicht gefunden. Mit Hilfe der überaus zahlreichen Reste war es aber möglich, dieses Idealbild zu entwerfen, das einigen Anspruch auf Genauigkeit erheben kann. Bei der Rekonstruktion konnten ein unverletzter Prothorax mit Teilen des Kopfes verwendet werden. Beine und Fühler wurden nicht gefunden, auch niemals eine Unterseite des Körpers oder etwa soviel davon, daß wenigstens die Form der Hinterhüften zu erkennen gewesen wäre.

Die charakteristische Form des Prothorax einer *Elateride* mit dem fast glockenförmigen Umriß des Pronotums ist vorhanden und zeigt deutlich die beiden spitzen hinteren Seitenecken. Scutellum gestreckt-halbelliptisch. Die Flügeldecken laufen in eine schlanke Spitze aus; ihr Seitenrand ist $\pm$ gestreckt, dem Analrande bis zur Mitte oder noch etwas darüber hinaus annähernd parallel; Costalrand saumartig flachgelegt. Die Aderung der Decken erscheint als eine fortgeschrittene, da sich Adern und Plagae ihrer Breite nach einander ziemlich angeglichen haben. Als deren gegenseitige Abgrenzung treten annähernd gleichweit voneinander entfernte Längsreihen von Punkten auf, in flachen Tälchen liegend, die in der Spitze zusammenlaufen. Von den in der Aufsicht wahrnehmbaren Aderstreifen ist der Analstreifen der schmalste (Abb. 61 und 62). Beide Decken sind 25 mm lang bzw. auf diese Länge zu schätzen. Die verschieden starke Punktierung ist abhängig von dem Grade der Abtragung der Cuticula.

Betreffs der Flügeldecken sei bemerkt, daß infolge der weiter vorn erörterten Fossilisationsvorgänge deren Cuticula in den meisten Fällen zerstört oder teilweise abgetragen wurde. Dadurch wurde in ± großer Ausdehnung die Mittelschicht (Matrix) bloßgelegt. Diese ist es nun, die infolge des ausgestandenen Druckes innerhalb der Kohle am fossilen Objekt in den schönsten Interferenzfarben erstrahlt. Daß es sich einzig und allein um diese Schicht handelt, die farbig wurde, ergibt eine einfache Beobachtung. Dort, wo noch bräunlich bis bronzeartig schimmernde Reste der Cuticula vorhanden sind, leuchtet der farbig gewordene Untergrund der Matrix hindurch, und zwar matt, um jenseit der deckenden Cuticula-Scholle in erhöhter Brillanz aufzuleuchten bei gleichem Ton der Färbung. Als auf meine Anregung hin Herr Dr. E. Voigt (damals noch in Halle) Lackabzüge von derartigen Stellen anfertigte, bestätigte der mikroskopische Befund alle vorausgegangenen Vermutungen von meiner Seite. Die Cuticula erwies sich als fein behaart (pubeszent), und der Käfer muß im Leben bescheiden braun gefärbt gewesen sein.

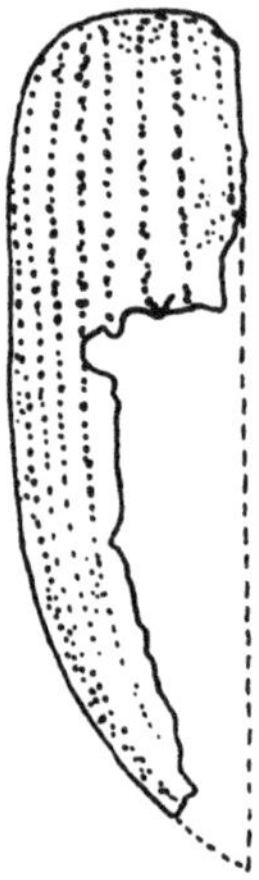
Abb. 61

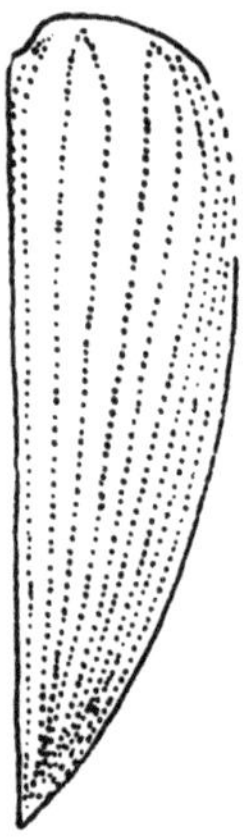
Abb. 62

## Das vermutliche Leuchtvermögen

Schon von allem Anfang an kam mir der Verdacht, daß es sich bei der vorliegenden großen *Elateride* um eine leuchtende Art handeln müsse aus der Tribus *Pyrophorini*, beheimatet im tropischen Amerika und nur noch mit der Gattung *Photophorus* Cand. auf den Fidji-Inseln vertreten. Bemerkt sei, daß nicht alle Arten der Tribus leuchten, daß aber sämtliche leuchtenden Arten mindestens ein großes Leuchtorgan im vorderen Abdomen tragen, das nur während des Fluges sichtbar wird, und daß die Arten von *Pyrophorus* (wie auch die kleineren *Photophorus*) zusätzlich noch je ein offen liegendes Leuchtorgan vor den seitlichen Hinterecken des Pronotums besitzen. Die zur Tribus gehörende Gattung *Meroplinthus* Cand.

(einzige Art: *M. ophthalmicus* PERTY) hat nur das Bauchorgan, wie es auch die eozäne Gattung *Eopyrophorus* besessen haben kann.

Hierzu wäre folgendes zu bemerken: Die *Elateriden* stellen während des Fluges das Abdomen ziemlich steil aufwärts, was ein sehr eigenartiges Flugbild ergibt (Abb. 63). Dieses Heben des Abdomens wird dadurch ermöglicht, daß es — im Gegensatz zu allen andern Käfern — nicht mit seinem vollen Querschnitt dem Thorax angeheftet ist. Die Verbindung mit diesem besteht nur aus einer Art Gelenk im Rücken, das sich fast über dessen ganze Breite erstreckt. Die hierdurch ermöglichte Körperhaltung beim Flug, jedenfalls im Dienste der Statik, wird nach der biologischen Seite hin noch weiter ausgenutzt; wie weit das jedoch geschieht

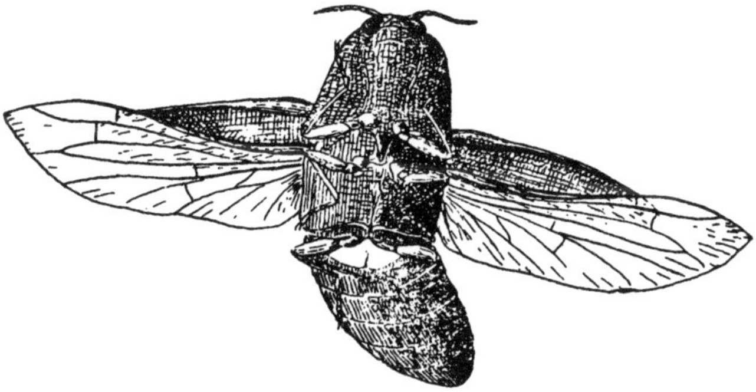

Abb. 63

und in welch mannigfaltiger Weise, das wäre für den Umfang der Familie noch zu ermitteln. So zeigt z. B. als Tagtier ein anfliegender *Brachylacon murinus* L. die mennigrote Rückenseite seines Abdomens (als Warnung?), gleichzeitig 2 Duftdrüsen an dessen Ende ausstülpend. Fliegt eine der nächtlichen (tropischen) leuchtenden Arten, so enthüllt sie die Stirnseite des Abdomens, die bei Ruhestellung der Rückwand des Thorax anliegt. Diese beim Heben des Abdomens freiwerdende Fläche bildet eine Art Fenster. In der Zeichnung, einen *Pyrophorus* darstellend (vgl. Abb. 63), ist diese Stelle hell ausgespart. Hinter ihr ist die Lichtquelle zu suchen.

Deren Bau zu ermitteln, bemühte ich mich um Untersuchungs-Material, da für meine Zwecke die an sich sehr schöne Dissertation von DUBOIS nicht ausreichte. In dieser wird nur die Anatomie der beiden Leuchtorgane in den Ecken des Prothorax behandelt, die bei *Eopyrophorus* aber nicht vorhanden sind. Weil das Zoologische Museum Berlin versagte, indem dort keinerlei Alkoholmaterial vorhanden war, wandte ich mich an den Coleopterologen FERD. NEVERMANN in San José (Costa Rica), der mir denn auch das erste Exemplar eines *Pyrophorus*, das er fing (♂), zusandte und weitere Exemplare versprach. Leider wurde er bald darauf (VII. 1938) auf einer Autofahrt von Banditen ermordet, und ich blieb auf das einzige ♂ als Studienobjekt angewiesen. Ein eigentliches körperlich greifbares Leuchtorgan etwa in Gestalt eines abgegrenzten Drüsenapparates konnte ich im vorderen Abdomen aber nicht finden. Was mir aber an dessen Stelle auffiel, das war die Aufteilung jenes Tracheen-Querbündels, das von dem ersten Stigmenpaar des Abdomens seinen Ausgang nimmt (Abb. 64). Zeichnet sich letzteres schon durch besonders große Öffnung vor den folgenden Stigmen aus, so ist die Verzweigung der daran anschließenden Tracheen, von denen ich nur ein Stück der linken Hälfte darstelle, geradezu abnorm zu nennen. Diese Tracheen, auch durch besondere Weite bemerkenswert, liegen dicht gedrängt und sozusagen parallel zueinander hinter der Fensterplatte an der Stirnseite des Abdomens. Ich verglich die Art ihrer Lagerung mit einem Rost und vermutete, daß sich solch ein Tracheenrost auch bei *Eopyrophorus* würde nachweisen lassen. Daraufhin machte Dr. E. Voigt, der Erfinder und Beherrscher der Lackmethode, von der entsprechenden Stelle fossiler Belegstücke Lackabzüge (1938, Taf. I Fig. 2 und 3), die meine Annahme bestätigten.

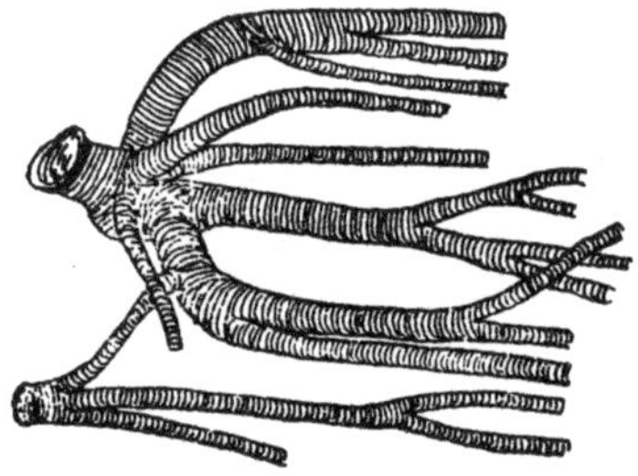

Abb. 64

Diese besondere Tracheen-Anhäufung und Anordnung, die jedoch Dubois nicht aufgefallen ist, muß in irgendwelcher Beziehung zum Leuchtvorgang stehen; es werden auch die beiden thorakalen Leuchtorgane sehr ausgiebig mit Tracheen versorgt. Immerhin fehlt im Abdomen ein Leuchtorgan. Sollten etwa die von Voigt gefundenen „Bakterien“ (1938, Taf. I Fig. 6 und 7) mit dem Leuchtvorgang etwas zu tun haben? Ich besitze heute (1949) noch konservierte Reste des vor 11 Jahren untersuchten Käfers. Ein Präparat von einem Teil des Tracheenrostes (Abb. 64) brachte aber keine Bestätigung für das Vorhandensein von Bakterien in Verbindung mit der Tracheenwandung, trotzdem ich mit aller Vorsicht verfuhr und mit Carbolfuchsin färbte. Wenn es sich bei den Bakterien oder bakterienähnlichen Symbionten des eozänen Käfers tatsächlich um lichterzeugende Lebewesen gehandelt haben sollte, so werden diese zu ihrer Zeit in der Umgebung des Tracheenrostes gelebt haben. Sie fanden dann mit dem Wirtstier ihren Untergang und hinterließen nur ihre Abdrücke auf den Wandungen der Tracheen, wie es der Lackabzug darbietet.

Leider ist bei den völlig plattgedrückten fossilen Exemplaren die lichtdurchlässige, annähernd dreieckige Platte an der Stirnseite des Abdomens nicht mehr nachzuweisen. Wie schon erwähnt, liegt hinter ihr der Tracheenrost, und ihre Mitte dient als Fenster. HEINEMANN hält die Platte für das Leuchtorgan, mindestens für dessen vordere Wandung. Ich gebe die Darstellung ihrer Vorderansicht für *Pyrophorus pellucens* ESCHSCH. (Abbildung 65). HEINEMANN schreibt darüber (p. 464): „Beim ♂ füllt das Organ den Abdominal-Querschnitt, d. h. den freigelassenen größeren unteren Teil desselben vollständig aus; beim ♀ ist das Organ kleiner. Seine Gestalt ist die einer dreieckigen Platte, an welcher durch eine zarte Längsfurche und oben und unten seichte Einschnitte eine Entwicklung aus symmetrischen Seitenhälften angedeutet ist. Rechtwinklig zu der Längsfurche verläuft eine Horizontale, wodurch die Vorderfläche des Organs in 2 kleinere obere und 2 größere untere Falten geteilt ist." — Weiterhin heißt es bei ihm (p. 470): „Entfernt man bei einem lebenden Käfer die Flügeldecken und schlägt den Unterleib in die Höhe, so erscheint bei noch kräftigen Tieren die feine Chitin-Decke des Bauch-Leuchtorgans von Flüssigkeit prall hervorgewölbt; schneidet man ohne Verletzung (des Organs selbst) diese Haut an, so quellen einige Tropfen einer klaren graugelblichen, nicht leuchtenden Flüssigkeit hervor, welche zunächst weder auf Lackmus noch auf Curcumapapier reagiert." Irgendwelche Drüsen fand also HEINEMANN nicht, und es hat den Anschein, als wenn die von ihm erwähnte hervorquellende Flüssigkeit, welche die Tracheen umspült, das Substrat für mikroskopische, stark sauerstoffbedürftige leuchtende Lebewesen ist, die als Symbionten zu gelten hätten. Die von VOIGT entdeckten Stäbchenwesen fanden sich ausschließlich bei *Eopyrophorus*.

Abb. 65

E. mixtus n. sp.

Von den Namen, die PONGRÁCZ seinen 4 *Archelater*-Arten gab, kann aus naheliegenden Gründen keiner benutzt werden. Auch den neutralen Namen „*major*", den er der ersten Art beilegte, kann ich nicht verwenden, da ich nicht nach Größen-Unterschieden einteile. Zudem ist der *A. major* PONGR. nicht einmal der größte Vertreter der Gattung mit seiner auf 29 bis 31 mm geschätzten Länge; 2 andere Arten: *A. rutilogrammus* PONGR. (32—33 mm) und *A. megaloprepus* PONGR. (37—39 mm), übertreffen ihn. Ich muß annehmen, daß der Käfer sowohl in Kümmerformen als auch in

Riesenformen auftrat, wobei sich Längendifferenzen zwischen klein und groß von 15 (8) mm ergaben.

Länge 24—39 mm nach Maßen, die Pongrácz angibt. Ich konnte nur 22—30 mm feststellen. Körperform ziemlich gedrungen, knapp 3 mal so lang wie mitten breit. Kopf vorn abgerundet, Scheitel doppelt so breit wie ein Auge. Pronotum etwa um $^1/_4$ kürzer als mitten breit. Decken 3 mal so lang wie das Pronotum, die einzelne Decke etwa 4mal so lang wie mitten breit. Die trennenden Tälchen zwischen Aderstreifen und Plagae sind dicht punktiert, kräftiger als die übrige Oberfläche der Decken, deren Punktierung mittels Handlupe kaum zu erkennen ist. Den flachen Costalsaum der Decken habe ich (vgl. Abb. 60) nur gegen deren Spitze hin zur Darstellung gebracht, weil er infolge der seitlichen Umwölbung der Decken beim Anblick von oben nur an dieser Stelle sichtbar gewesen sein dürfte. In Wirklichkeit ist der ganze Außenrand gesäumt, mitten aber etwas schmaler als gegen die Schulter und gegen die Spitze, jedoch nicht immer gut sichtbar erhalten geblieben. Die pubeszente Behaarung der Decken war nur mittels Lackabzugs nachweisbar, wobei sich noch Paare kreisrunder Löcher in der Cuticula fanden, vermutlich Durchbruchstellen für Sinnesorgane. Auf das Vorhandensein von Sinnesorganen (Sinnesborsten und dgl.) sind die Decken rezenter Käfer noch nicht untersucht worden, so daß in diesem Falle Vergleichsmöglichkeiten fehlen.

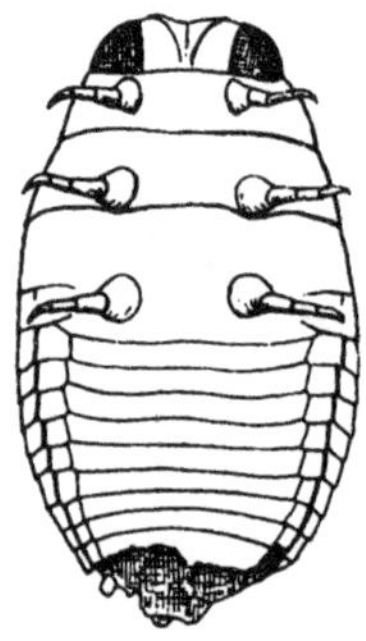

Abb. 66

Ein bemerkenswerter Nebenbefund sei noch erwähnt, durch den indirekt der Beweis geliefert wird, daß *Eopyrophorus* als Imago sich von Blättern ernährte. Auf einem Lackabzug vom Innern eines solchen Käfers fand Dr. Voigt im Darmkanal ein winziges Insekt von 0,12 mm Länge, das ich sofort als den 1. Jugendzustand einer *Coccide* (Schildlaus) erkannte. Der Entdecker gibt ein Photogramm des Objektes (1938, Taf. V Fig. 5) und erwähnt es auf Seite 19 als zu den *Psociden* (Blattläusen) gehörig, was ein doppelter Irrtum ist und auf einen Hörfehler hinausläuft. Die von ihm im Anschluß hieran noch erwähnten größeren Blattläuse aus der Braunkohle sind Puparien von *Aleurodiden*. Das im Photogramm nur undeutlich wiederzugebende kleine Insekt gebe ich als Zeichnung (Abb. 66). Der Stechrüssel ist abgebrochen; das Abdomenende ist verletzt, jedenfalls durch die nagenden Mandibeln des Käfers, der das Tierchen mit der zerkauten Blattmasse verschluckte. Dabei mag auch der tief in das Blattfleisch versenkte Rüssel verloren gegangen sein.

Die äußerst zahlreich gefundenen Decken und vor allem die davon nur erhalten gebliebenen Trümmer lassen vermuten, daß der Käfer von Fledermäusen gejagt wurde. Beim Zerkauen der Käfer fielen dann die Decken, stets ± verletzt, zu Boden.

Familie: Oedemeridae STEPH.

Gattung: Eumecoleus n. gen.

Wegen der äußerst schlanken Form, die der Käfer als Träger jener mir vorliegenden Decken besessen haben muß, wäre eine Vergleichsmöglichkeit mit Vertretern der *Cupedidae* gegeben, was aber der Mangel jeglicher Skulptur auf den Decken verbietet. Der Bauart nach wird es sich jedoch um eine *Oedemeride* handeln, und dafür spricht auch der Umstand, daß eine Deckenskulptur so gut wie fehlt und von den etwa vorhanden gewesenen Längsadern nur Spuren nachweisbar sind. Was an Skulptur vorhanden ist, beschränkt sich auf unregelmäßige flache Narbung, die ich für eine Folge der Fossilisation halte. Der schmale gestreckte Bau läßt annehmen, daß der Käfer in Holz lebte, vermutlich in vermorschtem Holz, wie z. B. die sehr schlanken Arten der Gattungen *Calopus* F., *Ischnomera* STEPH. oder *Oncomera* STEPH., von denen vor allem *Calopus* für einen Vergleich in Frage kommt.

Die einzelne Decke ist sechsmal so lang wie breit, parallelseitig, querüber leicht gewölbt und am Ende etwa kreisbogenförmig abgerundet.

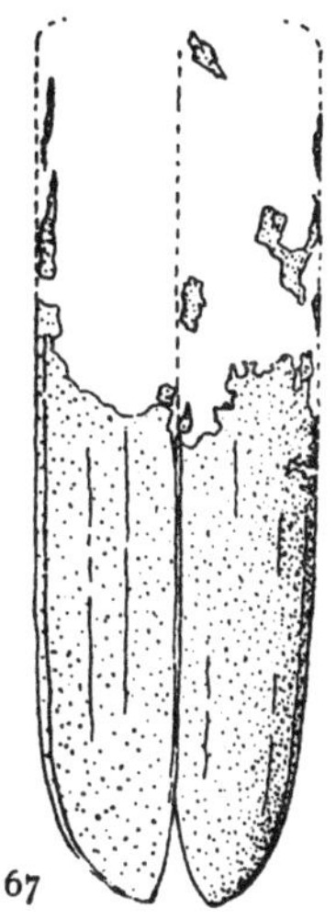
Abb. 67

E. tenuis n. sp.

Einzelne Decke ungefähr 12 mm lang und 2 mm breit; schmaler Costalsaum deutlich abgesetzt (Abb. 67 nach Obj. Nr. 2365). — Einzelne ± vollständige Decken liegen mir vor als Obj. Nr. 1203, 1216, 1217, 1294, 1698, 2163, 2178 und 3174. — Alle Decken zeigen stahlblaue Färbung, die sekundär durch Druck verursacht sein wird.

Familie: Tenebrionidae LEACH

Die *Tenebrioniden* gehören zu den *Polyphaga*, bei denen im Gegensatz zu den *Adephaga* (vorwiegend Raubkäfer) niemals die vorderen (3) Sternite des Abdomens miteinander verwachsen sind. Die Gruben für die Hinterhüften, die zum Metasternum gehören, sind bei dieser Familie hinten noch deutlich gerandet und dringen nicht in das 1. Sternit des Abdomens ein.

Die Bauchseite des Abdomens zeigt deutlich 5 gut voneinander abgrenzte Sternite (Bauchspangen), von denen bei den rezenten Vertretern dieser Familie nur die beiden letzten beweglich sind. Der Scheitelteil des Kopfes (auch als Stirn zu bezeichnen) ist vor den Augen dachartig zur Seite verbreitert, so daß von den Fühlern, die darunter ansetzen, die basale Einlenkung verdeckt wird.

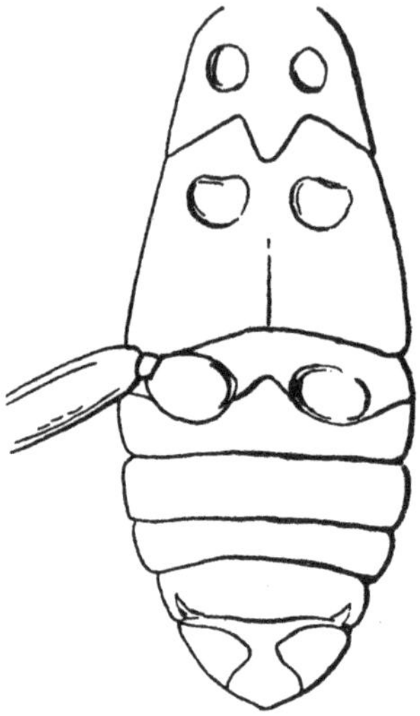
Abb. 68

Diese Angaben, die wichtige Leitmale nennen für die Bestimmung einer rezenten *Tenebrionide*, habe ich den mir zugänglichen Diagnosen entnommen. Mit ihrer Hilfe prüfte ich das eozäne Material, soweit die entsprechenden Körperteile vorhanden waren. Da liegt zunächst die ziemlich gut erhaltene Unterseite von Obj. Nr. 2227 (Abb. 68) vor, einem *Eodromus agilis* angehörig. Die Abbildung ist leicht schematisiert. Die rechte Hinterhüfte ist aus ihrer Gelenkpfanne herausgedrückt und nach außen umgelegt; im übrigen sind nur leere Hüftgruben vorhanden. Die linke Hüftgrube zeigt deutlich ihre hintere Abgrenzung gegen das 1. Abdominal-Sternit. Es muß angenommen werden, daß die Gruben der Hinterhüften geschlossen waren, ebenso jene der Mittelhüften, daß also Rollgelenke vorhanden waren. Auch der sichtlich übergreifende Vorderrand der Gruben deutet darauf hin, desgleichen ihr ± ovaler Umriß. Die Gruben für die Vorderhüften aber, annähernd kreisrund begrenzt (abgesehen von einiger Verzerrung), waren jedenfalls gegen den Körper hin offen; die ansitzenden Hüften werden gependelt haben. Ich verweise auf das Prosternum von *Pyrochalcaspis* (Abb. 69). Die Basis des rechten Vorderbeines ist erhalten und zeigt eine leicht kegelförmige, fast zylindrische Hüfte, die hängend und damit pendelnd eingelenkt ist. Wie es sich vergleichsweise damit bei den Vertretern anderer Gattungen verhält, konnte bisher noch nicht ermittelt werden. — Nochmals zurückgreifend auf Abb. 68 sei auf das 4. Abdominal-Segment verwiesen, das — wie bei den rezenten Formen — offenkundig schmäler ist als das vorhergehende. Es werden also bei *Eodromus* ebenso wie heutigentags nur die beiden Endsegmente beweglich gewesen sein, während die 3 vorderen Segmente starr miteinander verbunden waren.

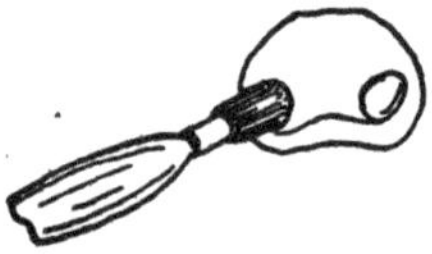
Abb. 69

Daß die Fühler unter den dachartigen Seitenrändern des Scheitels eingefügt sind und damit ihre äußerste Basis verdeckt wird, konnte für *Eodromus* nachgewiesen werden (vgl. Abb. 71).

Da die Tarsen ausnahmslos auch bei den am vollständigsten überlieferten Belegstücken fehlen, kann nichts über etwa vorhanden gewesene Heteronomie ausgesagt werden. Ich fand aber ein anderes Merkmal an den Beinresten, das auch viele rezente *Tenebrioniden* zeigen, und das sind ± tief und deutlich eingeprägte Längslinien auf den Schenkeln, parallel zu deren Außenrändern und diesen genähert. Dieses bisher betreffs der rezenten Familien-Vertreter vernachlässigte oder übersehene Merkmal erwies sich für meine Zwecke als sehr wichtig.

Im übrigen hielt ich mich an den Verlauf der Längsstreifen (Aderstreifen und Plagae) auf den Decken bzw. der Tälchen oder Furchen zwischen diesen. Die Figuren, die durch die Vereinigung genannter Skulptur-Elemente vor der Deckenspitze gebildet werden, konnte ich bei der Einteilung in Gattungen verwenden. Selbst ganz abseitig erscheinende Aderverbindungen, wie bei *Mimohelops*, finden heute noch ihre Parallelen, so z. B. bei *Camaria gibbosa* PALL. von Brasilien. Ebenso ähnelt der Ader-(Tälchen-) Verlauf von *Parakeleusticus* jenem von *Hegemona resplendens* CAST. von Zentral-Amerika (vgl. Abb. 72 und 78).

Die Figurationen der Deckenskulptur bilden jedoch kein absolut bestimmendes Charakteristikum. Verknüpfungen, wie sie z. B. *Eodromus* besitzt, finden sich auch bei *Curculioniden*, und das Aderungsbild, wie es bei der orientalischen *Camaria* vorhanden ist (vgl. Abb. 74), trifft man in fast haargenauer Wiederholung auch bei rezenten *Donacien*, nur mit dem Unterschied, daß bei letzteren die Tälchen durch eine verhältnismäßig grobe Reihenpunktierung markiert sind. Man vergleiche bei GOECKE (1945) mit der Abb. 38 auf Seite 369 (33)! Ich wage kaum daran zu denken, daß eine Verwandtschaft besteht zwischen den erdgeschichtlich gewiß recht alten *Tenebrioniden* und den jungen *Curculioniden* und *Chrysomeliden*, zu welch letzteren die *Donacien* gehören; möglich aber ist alles.

Die Familie der *Tenebrioniden*, die heute durch die ungeheuere Mannigfaltigkeit in der Gestaltung ihrer Gattungen unser Erstaunen herausfordert, wobei auch die Konvergenzen zu Formen anderer Familien auffallen, war schon im Eozän des Geiseltales sehr reich entwickelt. Ich glaube keinen Fehler begangen zu haben, wenn ich Flügeldecken, die durch einen flachgelegten Randsaum ausgezeichnet sind, auch *Tenebrioniden* zuspreche. Ich wüßte nicht, wo derart gestaltete Decken anderweit unterzubringen wären. Wie schon gesagt, halte ich die Familie für sehr alt, und ich vermute, daß viel mehr Käfer z. B. aus dem Jura zu ihr gehören, als man bisher anzunehmen wagte. Auf jeden Fall liegt mir ein derart reiches Material vor, daß ich für die Reihe der nachgewiesenen Gattungen eine Tabelle geben kann, um den Bestimmungs-Versuchen einen neuen Weg zu weisen. Die Insektenpaläontologie muß doch allmählich dahin kommen, sich nicht einzig auf Vergleiche mit Abbildungen zu verlassen.

## Die eozänen Tenebrioniden aus der Braunkohle des Geiseltales

### Übersicht

1. Pyrochalcaspis n. gen.
   giseltalensis n. sp.
2. Eodromus Pongr.
   agilis Meun.
   punctatostriatus n. sp.
   helopoides n. sp.
3. Caryosoma n. gen.
   rugosus n. sp.
4. Parakeleusticus n. gen.
   postumus n. sp.
5. Anthracohelops n. gen.
   gigas n. sp.
   minutus n. sp.
6. Mimohelops n. gen.
   venosus n. sp.
7. Paropiophorus n. gen.
   nitidus n. sp.
8. Eohelaeus n. gen.
   sublaevis n. sp.
   perpunctatus n. sp.
9. Eoallognosis n. gen.
   undulatus n. sp.
   punctulatus n. sp.
   limbellus n. sp.
10. Rhinohelaeites n. gen.
    longipes n. sp.

### Bestimmungstabelle für die Gattungen

1. Flügeldecken weder am Außen-(Costal-)rande noch an der abgerundeten hinteren Außenecke mit auffälligerem Saum, auch das Pronotum

ohne breiteren Saum und höchstens schmal gerandet. Decken i. d. R. stärker skulptiert, mit deutlich voneinander abgesetzten, einander gleichbreiten Längsstreifen (Aderstreifen und Plagae), die begleitenden vertieften Grenzlinien (Tälchen) mit oder ohne Punkte. Wegen der sehr starken Biegung des Analrandes der (stark flachgedrückten) Decken läßt sich vorstellen, daß sie das Abdomen hoch überwölbten. Die Innen-(Anal-)ränder bilden dann in mehreren Fällen einen ± geschärften mittleren Längsgrat, der im Profil hoch geschwungen war (*Helops*-ähnliche) . . . . . . . . . . . . . . . . . . . . 2

— Flügeldecken mindestens gegen ihr Ende mit deutlich flachgelegtem Randsaum oder auch (bzw. zugleich) das Pronotum mit deutlichem Saum, der den Vorderrand ± weit überragt. Auf jeden Fall sind die hierher gehörenden Arten extrem flach, oder sie sind halbkugelig gebaut. Die Aderung der Decken tritt oft wenig hervor und ist meist nur durch Punktreihen abgegrenzt . . . . . . . . . . . . 7

2. Tälchen der Decken mit dichtgereihten, großen und tief eingeprägten Punkten; die Tälchen laufen in der Spitze der Decken zusammen. Pronotum im Umriß annähernd kreisförmig, seine Fläche allseitig flach gewölbt.

1. Gattung: Pyrochalcaspis n. gen.
T. g. *P. giseltalensis* n. sp.

— Tälchen der Decken nur undeutlich punktiert oder auch ohne Punkte 3

3. Längsstreifen der Decken auffallend rauh skulptiert, mindestens längs ihrer Mitte ± deutlich gehoben; die entsprechenden innern und äußern Streifen vereinigen sich vor der Spitze in der Weise, daß von den als Adern anzusprechenden aufeinander treffen A und C, Cu und Sc, M und R; der zwischen den beiden letzteren gelegene (übrigbleibende) Mittelstreifen ist spitz geschlossen . . . . . . . . . . . . 4

— Längsstreifen der Decken (Adern wie Plagae) flach, völlig eben, fast glatt . . . . . . . . . . . . . . . . . . . . . . . . 5

4. Längsstreifen der Decken gleichmäßig rauh skulptiert; die den mittleren Adern (Sc, meist aber R und M) entsprechenden Streifen gelegentlich mit unregelmäßig gestalteten und verteilten, oval umrandeten Eindrücken, die als Verbildungen (Anomalien) anzusehen sind. Pronotum trapezisch.

2. Gattung: Eodromus PONGR.
T. g. *E. agilis* MEUN.

— Längsstreifen der Decken mit breiten und flachen, ± stark gebogenen, z. T. längsgerichteten Runzeln, die Figuren bilden; diese Skulptur erinnert an jene der Muskatnuß. Pronotum trapezisch.

3. Gattung: Caryosoma n. gen.
T. g. *C. rugosus* n. sp.

5. Verlauf der Längsstreifen auf den Decken ganz ähnlich wie bei den beiden vorgenannten Gattungen (vgl. Punkt 3 a der Tabelle); von dem spitzen Abschluß des Mittelstreifens zieht eine Furche (Tälchen) durch die Scheitelpunkte der übrigen Vereinigungs-Winkel der Tälchen gegen die Spitze der Decke

4. Gattung: Parakeleusticus n. gen.
T. g. *P. postumus* n. sp.

— Längsstreifen der Decken in anderer Weise miteinander verbunden, mindestens 2 Streifen für sich geschlossen . . . . . . . . . 6

6. M- und R-Streifen (jeder für sich) weit vor der Deckenspitze geschlossen, der Zwischenstreifen dann auf halbem Wege zur Spitze; die übrigen Längsstreifen verlaufen in die Deckenspitze. Pronotum nach vorn rundlich verschmälert, vorn nur halb so breit wie hinten, gerandet.

5. Gattung: Anthracohelops n. gen.
T. g. *A. gigas* n. sp.

— Nur der M-Streifen weit vor der Deckenspitze geschlossen; an das von seinem Abschluß weiterziehende unpaare Tälchen grenzt mit seinem Ende der R-Streifen; die übrigen Streifen vereinigen sich in der Deckenspitze. Pronotum trapezisch, vorn nur wenig schmäler als hinten.

6. Gattung: Mimohelops n. gen.
T. g. *M. venosus* n. sp.

7. Körper mit Pronotum und Decken halbkugelig gewölbt. Pronotum (in flachgedrückter Lage) zu $^3/_4$ seiner Umrandung kreisförmig zugeschnitten, vorn mit tiefer Ausrandung für den Kopf, die von den vorspringenden Enden des breiten Randsaumes gebildet wird. Die flachgedrückten Decken haben fast den Zuschnitt von Kugeldreiecken mit einer kurzen geraden (vorderen) Seite und zwei längeren gebogenen Seiten, der äußere Rand (Costalrand) in Form eines Kreisbogens verlaufend. Oberfläche der Decken glatt und mit Punktreihen, die gegen die abgerundete Spitze verlaufen (*Artactes*-ähnliche).

7. Gattung: Paropiophorus n. gen.
T. g. *P. nitidus* n. sp.

— Extrem flachgebaute Formen. Decken mit ± breitem Randsaum, der mindestens gegen die Spitze deutlicher hervortritt. Soweit eine kleinere zerdrückte Art erkennen läßt, war das i. d. R. fehlende Pronotum vorn mit einem trapezischen Ausschnitt für den Kopf versehen (*Helaeus*-ähnliche) . . . . . . . . . . . . . . . . . . . . 8

8. Decken mit flachen Schultern, fast glatt, längs des Costalrandes mit breitem, scharf abgesetzten Saum. Das den Saum abgrenzende Tälchen ist dicht mit eingestochenen groben Punkten besetzt, die vor allem gegen die Deckenspitze deutlich werden. Die Tälchen zwischen den übrigen Längsstreifen der Decken sind kaum eingeritzt, dicht punktiert, und ziehen sämtlich nach der Deckenspitze.

8. Gattung: Eohelaeus n. gen.
T. g. *E. sublaevis* n. sp.

— Decken mit gewölbten Schultern, ihr Außensaum erst hinter der Mitte deutlicher und gegen die Deckenspitze an Breite zunehmend . . 9

9. Decken undeutlich bis stark skulptiert, in letzterem Falle mit erhabenen Längsleisten und mit kräftigen Punktreihen auf den dazwischenliegenden Längsstreifen. Der Randsaum beginnt schmal an der Schulter und verbreitert sich auffallend an der Spitze. Die Längsstreifen vereinigen sich ± deutlich in der Deckenspitze, ähnlich wie bei *Eodromus*, indem immer ein äußerer und ein innerer Streifen sich miteinander verbinden. Das Pronotum ist vorn trapezisch ausgeschnitten für den Kopf.

9. Gattung: Eoallognosis n. gen.
T. g. *E. undulatus* n. sp.

— Decken ziemlich glatt, Längsstreifen undeutlich, die Tälchen zwischen ihnen durch Reihen feiner Punkte angedeutet. Costalsaum der Decken erst am hinteren Drittel des Randes deutlicher hervortretend. Pronotum verhältnismäßig kurz, seitlich stark gerundet, vorn etwa halb so breit wie hinten. Clypeus schmal, lang vorgezogen, die Augen fast rüsselartig überragend.

10. Gattung: Rhinohelaeites n. gen.
T. g. *Rh. longipes* n. sp.

### 1. Gattung: Pyrochalcaspis n. gen.

Nach der bisher einzig bekannten Art handelt es sich um große und langbeinige Käfer mit bis 27 mm langem Körper. Kopf kurz und breit, Scheitel wenig vorgezogen. Pronotum etwa kreisrund begrenzt, nur vorn und hinten annähernd gerade gestutzt. Abdomen mit den Decken etwa spindelförmig, Decken in Längs- und Querrichtung gleichmäßig gewölbt, Aderung der Decken wie bei *Eodromus* (vgl. Abb. 73). Schenkel mit (den wohl für die ganze Familie kennzeichnenden) Längseindrücken neben den Außenrändern. Seiten der Abdominal-Segmente nach außen gewölbt. Hüften der Vorderbeine noch pendelnd.

Pongrácz hat bei einer zweiten Sendung die typische Art gesehen, sie zwar nicht mehr beschrieben, ihr aber den Namen gegeben, den ich beibehalte. Reste dieses Käfers wurden nur wenige gefunden.

### Pyrochalcaspis giseltalensis n. sp.

| | | | | | |
|---|---|---|---|---|---|
| Inventarnummer | 5050, | Grabungsnummer | | 3192, | schwarze Kohle. |
| „ „ | 3591, | — | — | — | schwarze Kohle. |
| „ „ | 5086, | Grabungsnummer | | 3153, | Leichenfeld II. |
| „ „ | 5066, | „ | „ | 3135, | schwarze Kohle. |
| „ „ | 1790, | — | — | — | |
| „ „ | 1786, | — | — | — | obere Sohle. |

Ferner noch folgende Objekte mit den Grabungsnummern: 2582, 2011, 2634, 1777, 2669, 1991.

Körperlänge 23—27 mm. — Gestreckter gebaut als die folgende Gattung *Eodromus*, Rücken gleichmäßiger gewölbt (Abb. 70). Nach dem einzig erhaltenen Rest des Kopfes (Inv. Nr. 1790) scheint dieser kurz gewesen zu sein; er überragt nur mit der Mitte seines flachbogigen Vorderrandes die Augen; Scheitel so breit wie beide Augen zusammen, mitten durch Längslinie geteilt.

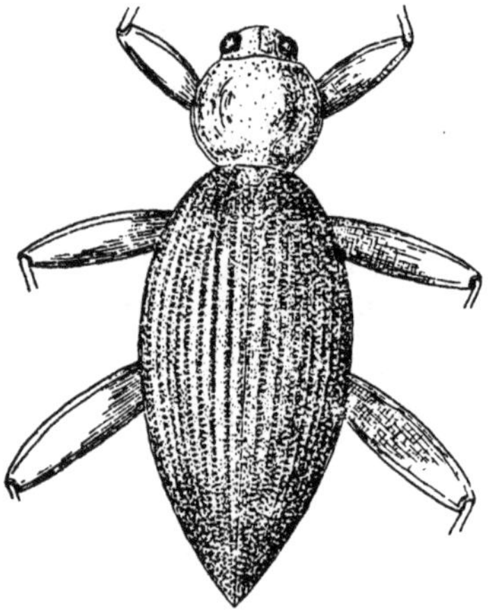

Abb. 70

Pronotum mitten doppelt so breit wie der Kopf, vorn und hinten mit gleicher Breite fast geradlinig gestutzt und nur in der Mitte seines Vorderrandes leicht vorgezogen. Im ganzen ist das Pronotum ziemlich gleichmäßig gewölbt, mitten etwas stärker gehoben. Kopf und Pronotum sind deutlich punktiert.

Scutellum so lang wie breit, hinten abgerundet.

Flügeldecken gleichmäßig flach gewölbt, $2^{1}/_{2}$—3 mal so lang wie breit, hinten spitz geschlossen. Aderung wie bei *Eodromus* (vgl. Abb. 73). Tälchen zwischen den Längsstreifen scharf und tief eingeprägt, in Reihen dicht und grob punktiert, die einzelnen Punkte quer-elliptisch; Adern und Plagae flach gewölbt; in beide schneiden die schmal auslaufenden Seiten der quergestellten Punkte deutlich ein.

Von den Beinen zeigen die mir vorliegenden Abdrücke nur die Schenkel mit kurzen basalen Bruchstücken der vielleicht sehr langen Schienen. Die Schenkel zeigen deutlich lineare Längseindrücke parallel zu den Außenrändern.

Inv. Nr. 1786 zeigt das Prosternum (vgl. Abb. 69). Die rechte Hüfte ist ausgebrochen; die linke Hüfte erscheint zylindrisch, mit feinen Längsfurchen; der Trochanter erscheint ebenfalls zylindrisch. Dieses Objekt befindet sich in Rückenlage; die Schenkel sind erhalten; leider ist von der übrigen Unterseite nur noch zu sehen, daß die Abdominalsegmente seitlich abgerundet sind.

### 2. Gattung: Eodromus Pongr.

Die zahlreichen Reste der typischen Art ermöglichten eine Rekonstruktion mit der Ansicht von oben (Abb. 71) und der Wiedergabe einer Unterseite (vgl. Abb. 68).

Diese Gattung wurde (wobei jedesmal die typische Art vorlag) schon zweimal beschrieben und zweimal verkannt. Meunier (1921) stellte sie zu den *Buprestidae*, ohne etwa vorhanden gewesenen Glanz zu erwähnen und sagt nur, daß ihm die charakteristische Streifung der Flügeldecken als unterscheidendes Merkmal gegenüber anderen *Buprestidae* aufgefallen sei. Eine Beschreibung der Streifung gibt er aber nicht. Von den 19 Objekten, die ihm vorlagen, bildet er deren 4 ab: 3 einigermaßen vollständige Käfer und eine Decke. Tafel I Fig. 8 zeigt davon einen Käfer, der von vorn nach hinten zusammengedrückt ist, in ähnlicher Lage, wie auch einer im Geiseltal gefunden wurde. Die langen Beine sind deutlich zu erkennen, werden aber in der Beschreibung nicht erwähnt. Vielleicht waren sie für ihn die Veranlassung, die Art „*agilis*“ zu benennen. Daß langbeinige *Buprestidae* unmöglich sind, ist ihm nicht aufgefallen. — Die zweite Beschreibung stammt von Pongrácz (1935), der die Gattung zu den Laufkäfern stellte (*Carabidae* subf. *Pterostichinae*). Er gibt der Gattung den Namen *Eodromus* und beschreibt 2 dazugehörige Arten als weitere Laufkäfer, gibt aber keine Gattungsdiagnose. Er sagt nicht einmal, auf Grund welcher Merkmale er die Gattung in die Unterfamilie der *Pterostichinae* einreiht. Dafür gibt er aber eine farbige Rekonstruktion des typischen *E. aeneocupreus* Pongr., die mehr als gewagt ist. Daß ich hier nicht zuviel sage, geht aus den ersten beiden Sätzen seiner langen Beschreibung des Typus hervor, in der mit vielen Worten recht wenig Brauchbares geäußert wird. Da heißt es am Anfang: „Aus den vorliegenden Resten ist das Bild dieses Insektes nur teilweise zu entwerfen, da weder die Füße noch der Kopf- und Halsschild erhalten blieben. Es wäre also die Carabidennatur dieses Insektes nur dann ganz einwandfrei nachgewiesen, wenn auch Reste der Laufbeine und der starken Mandibeln bekannt wären, die für die Carabiden charakteristisch sind und auf Grund derselben die Laufkäfer von den *Tenebrioniden* unschwer zu trennen wären." Die erwähnte Abbildung (1935, Taf. VI Fig. 2) zeigt nun einen vollständigen Käfer mit breitem Kopf, gerade gestutzter Stirn, gewölbt vortretenden Augen und sehr großen Mandibeln; Fühler und Taster sind weggelassen. Das Pronotum ist wenig breiter als der Kopf, vorn so breit wie hinten, deutlich breiter als lang, und seine Seiten sind nach außen gebogen. Die Decken sind flach (sollen aber gewölbt sein), und in der Höhe ihrer Schultern ist der Körper 1 1/2 mal so breit wie das Pronotum. Der Hinterkörper mit den Decken ist genau doppelt so lang wie der Vorderkörper vom Hinterrande des Pronotums an bis zur Spitze der Mandibeln. Am Grunde des Rückenschlusses der Decken sieht man ein großes dreieckiges Scutellum. Die Skulptur der Decken wird von 8 oder 9 gleichbreiten, kräftig punktierten Längsstreifen gebildet, die in der Spitze zusammentreffen. Auf der linken Seite sind 3 lange Beine mit je 5 Tarsengliedern zur Darstellung gebracht, deren Vordertarsen einschließlich der starken Krallen deutlich länger sind als die Hintertarsen, was für einen Käfer entschieden bemerkenswert ist. Betreffs dieses phantasievollen Bildes ist zu bedenken, daß es sein Autor als reale Wirklichkeit auffaßt und davon sagt: „Aus den vorspringenden Augen kann man auf die Carabidennatur dieses Stückes folgern." Gewiß erwähnt er vorher, daß ihm aus der 2. Ausbeute noch ein Exemplar mit gespreizten Decken vorliegt, an dem auch die Umrisse des Abdomens zu verfolgen sind. Daß aber an diesem Exemplar außerdem noch Prothorax und Kopf vorhanden gewesen wären, davon verlautet nichts. Daß die Decken seiner *Eodromus*-Rekonstruktion nach ihrer Skulptur nicht mit den reproduzierten Originaldecken (Taf. II Fig. 7—12) übereinstimmen, ist leicht festzustellen. Übrigens zeigen sich hier bei Fig. 9 und 10 Geäder-Anomalien (vgl. Abb. 75 und 76), die wohl die Veranlassung dazu waren, daß er die vorerwähnten kräftig punktierten Längsstreifen malte. Trotzdem er nun aber im beschreibenden Text sich dreimal genötigt sieht, Vergleiche mit den *Tenebrioniden* anzustellen, kommt er nicht los von der Vorstellung, eine *Carabide* vor sich zu haben. Er gibt zu, daß die Decken „auffallende Wölbungen" haben und daß „die 3. und 7. Furche sich im Apex vereinigt" und sagt ferner: „An afrikanische *Tenebrioniden* erinnert diese Art in ihrem Gesamthabitus, hingegen weist der Farbglanz — — etc." — Die Färbungen spielen in seiner Betrachtungsweise eine große Rolle, sogar eine verhängnisvolle. Von weiterem Eingehen hierauf sei an dieser Stelle abgesehen. Aber um hier zu einem Schluß zu kommen, sei noch etwas ganz Unverständliches erwähnt, und das ist das „Fehlen des Scutellums", was ihn in Verbindung mit dem „Verlauf der Furchen" zwingt, seinen Phantasiekäfer

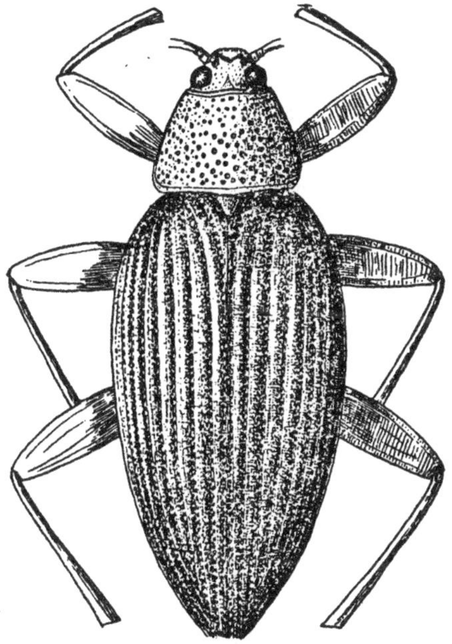

Abb. 71

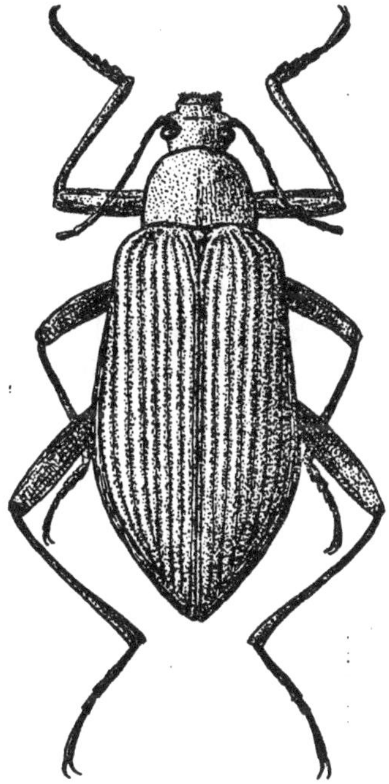

Abb. 72

bei den *Pterostichinae* unterzubringen. Diesen hat er aber mit einem recht großen Scutellum ausgestattet.

Beim Betrachten des soeben charakterisierten Idealbildes hatte ich zunächst den Eindruck, daß die Flügeldecken vertauscht waren, da ich mir anders das Zustandekommen des flachen Käfers nicht zu erklären vermochte. Um nun zu einer Rekonstruktion auf gesicherter Basis zu kommen, ging ich in der Weise vor, daß ich ein Modell baute. Ich nahm eine starke Vergrößerung vor von der Unterseite des fossilen Käfers mitsamt den zugehörigen Decken, übertrug die gewonnenen Formen auf Kartonpapier, schnitt sie aus und nähte sie zusammen. Wenn auch dem Modell Längs- und Querwölbung der Decken fehlten, so ergab sich doch, daß der Käfer durchaus nicht flach gewesen ist. Der gemeinsame Rücken der Decken stieg gegen das proximale Drittel an, um von da ab allmählich wieder abzufallen. Da außerdem sehr deutlich durch Furchen voneinander getrennte Längsstreifen sich vor der Deckenspitze vereinigen, so konnte es sich auf keinen Falle um irgendeinen Laufkäfer handeln. Das Gleiche kommt nur noch bei *Curculioniden* und *Donacien* vor. Es ergab sich denn auch im Hinblick auf noch andere Merkmale, daß nur eine *Tenebrionide* aus der Unterfamilie *Helopinae* in Frage kommen konnte. Abgesehen von den äthiopischen *Aspidosternum*-Arten mit ihren grubig genarbten Decken, aber annähernd nach ihrer Form ähnlich, ergab sich die beste Übereinstimmung betreffs der Deckenstreifung mit *Amarygmus cupripennis* von Australien, um nur einige Beispiele zu nennen. Als weiteres beweiskräftiges Merkmal fand ich, daß die Schenkel meist feine lineare Eindrücke aufweisen, die parallel zu den Außenrändern liegen. Was die Langbeinigkeit der fossilen Art anlangt, so ist schönste Übereinstimmung mit Arten der Gattung *Camaria* SERV. vorhanden (Abb. 72). Die Tarsenglieder habe ich nicht ergänzt, weil nichts davon gefunden wurde; was von den Fühlern nachweisbar war, ist dargestellt.

### Eodromus agilis MEUN.

*Ancylochira agilis* MEUN., Abh. Geol. Landesanst. Darmstadt VII 1915, Heft 3 p. 8, Taf. I Fig. 6—9.

*Edromus aeneocupreus* PONGR., Nova Acta LEOP. N. F. 2 Nr. 6, 1935, p. 538 Taf. II Fig. 7—12, Taf. VI Fig. 2.

Körperlänge 22—24 mm. — Decken etwa viermal so lang wie das Pronotum. Pronotum gewölbt, vorn und hinten schmal gerandet, mitten leicht bogig vortretend, im ganzen kurz-trapezisch, nach vorn deutlich verschmälert, seine Oberfläche dicht (gemischt) punktiert. Kopf kürzer als $^1/_2$ Pronotum, vor den Augen quer-trapezisch verschmälert, vor seinem Vorderrand mit einem (nur zuweilen sichtbaren) winkeligen Quereindruck. Der durch diesen Eindruck abgegrenzte vordere Abschnitt kann wohl nicht als Clypeus angesehen werden. Mandibeln nicht sichtbar. Augen etwas vorgewölbt. Die Fühler scheinen langgliederig zu sein; mehr, als Abb. 71 zeigt, ist an keinem der Exemplare vorhanden. Es ist nur soviel festzustellen, daß das 3. Glied länger ist als die beiden Basalglieder; das 3. Glied war niemals bis zum Ende vollständig erhalten. Die Beine besitzen lange Schenkel und Schienen; Tarsenglieder waren nicht nachweisbar. Die Schenkel zeigen $\pm$ deutlich feine Längseindrücke parallel zu ihren Außenrändern.

Das Scutellum wird von Objekt Nr. 1867 deutlich als dreieckige Platte gezeigt mit abgerundeter Spitze. Infolge starker Pressung kann es halbkreisförmigen Umriß erhalten (Obj. Nr. 1812).

Die Decken sind etwa $2—2^1/_2$ mal so lang wie breit je nach dem Grade des Druckes, der sie flachlegte, wobei sie von den Rändern her in vielen Fällen einrissen. Das Ende der Decken läuft spitz zu. Ihre Längsstreifung bzw. streifige Querwellung ist stets deutlich ausgeprägt, und an vollständig erhaltenen Decken lassen sich 11 flachgewölbte Längsstreifen erkennen, die durch scharf einschneidende Tälchen oder Furchen voneinander getrennt sind; vor der Deckenspitze vereinigen sie sich. Abb. 73 gibt ihre Anordnung schematisch wieder. Beim Abzählen der Längsstreifen vom Rande her ergibt sich, daß jene mit ungeraden Ordnungszahlen den zuständigen Längsadern entsprechen. Demzufolge vereinigen sich in der Spitze C mit A (1. und 11.), vor der Spitze Sc und Cu (3. und 9), R und M (5. und 7.). Bei der abgebildeten *Camaria*-Art von Tonkin ist es ganz ähnlich, nur mit dem Unterschied (Abb. 74), daß die A zweiteilig beginnt und daß R und M sich nicht unmittelbar vereinigen, sich vorzeitig zuspitzen und nur die Zusammenschlüsse der sie begrenzenden Tälchen sich treffen.

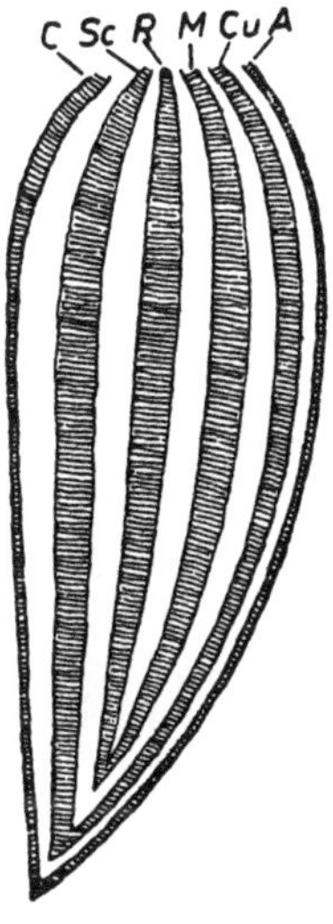

Abb. 73

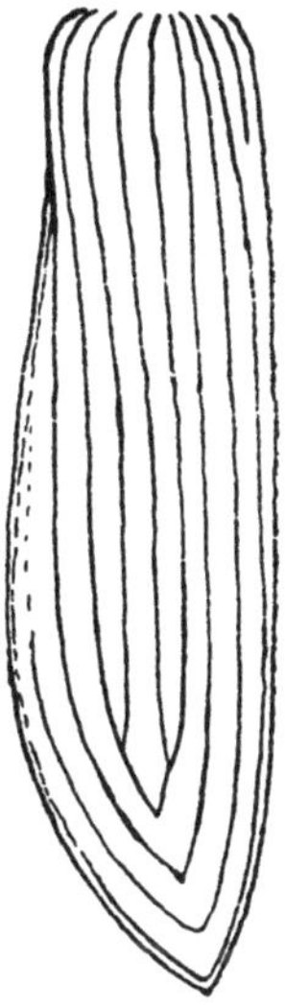
Abb. 74

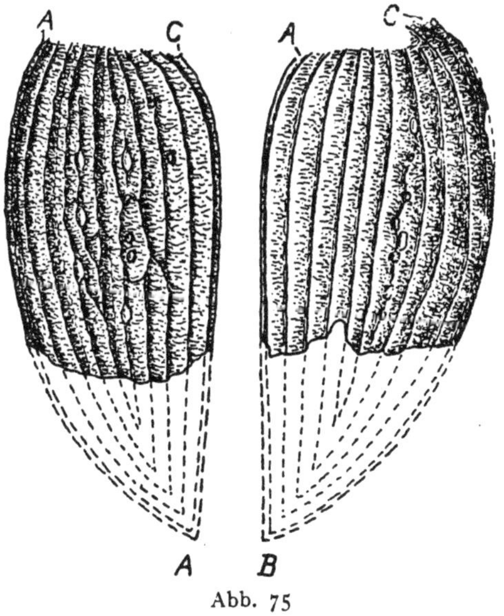

Abb. 75

Sehr bemerkenswert sind gelegentliche Geäder-Anomalien (Abb. 75 A, B und 76). Diese bestehen in Augenbildungen im Verlauf einer der Längsadern, die sich zu ± deutlichen Reihen anordnen. Untereinander sind diese meist unregelmäßig begrenzten und verschieden großen Augen durch sekundäre Tälchen verbunden. Wo sie auftreten, ist der betreffende Längsstreifen verbreitert. Seltener kommt es vor, daß derartige Augen im Verlauf primärer Tälchen auftreten, wie z. B. bei Obj. Nr. 2102 (Abb. 75 A). Vermutlich tritt die Augenbildung insofern und sozusagen symmetrisch auf, als sie auf beiden Decken den gleichen Aderstreifen stört oder verunziert, wie an dem Deckenpaar Obj. Nr. 3507 (Abb. 76) ersichtlich, wo sie mit dem Verlauf des R zusammenfällt. Bei Obj. Nr. 2192 (Abbildung 75 A) werden die Aderzüge R, M und Cu betroffen, bei Obj. Nr. 2458 (Abb. 75 B) nur der R. Es scheint sich um krankhafte Bildungen zu handeln.

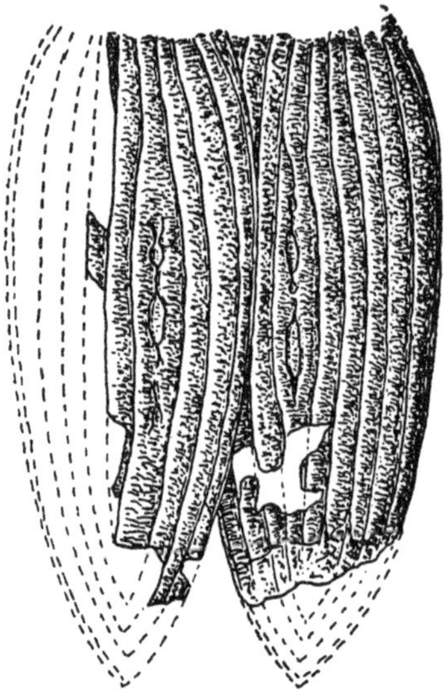
Abb. 76

Die Längsstreifen sind rauh skulptiert. Die Tälchen besitzen Punktskulptur, die für gewöhnlich kaum oder gar nicht zu sehen ist; das schon erwähnte Obj. Nr. 1812 zeigt sie jedoch deutlich. Mit diesem Objekt liegt die durch Druck völlig eingeebnete vordere Hälfte des Käfers vor, und da erkennt man denn, daß in den Tälchen, die i. d. R. skulpturfrei erscheinen, kurze Strich-Punkte in dichtgeschlossener Reihe eingeprägt sind.

Eine fast vollständig erhaltene Unterseite eines *E. agilis* zeigt deutlich die Form, die der Käfer einst besaß (vgl. Abb. 68). Im Vergleich zu einer rezenten *Camaria* liegen die Mittelhüften weiter vom Hinterrande des Prosternums entfernt. Die abdominalen Sternite sind jedes für sich an ihren Außenseiten rundlich begrenzt, was sich bei allen übrigen außerdem noch vorhandenen Abdomenresten wiederholt, was mithin als bestimmendes Merkmal zu betrachten ist, mit dessen Hilfe sich selbst kümmerliche Reste als hergehörig zu erweisen vermögen.

Die ursprüngliche F ä r b u n g von *E. agilis* scheint ein metallisch schimmerndes Olivgrün gewesen zu sein, das nicht nur den Decken zukam, sondern sich vermutlich auf alle Körperteile erstreckte. Die fossilen Decken zeigen entweder ein strahlendes Blau mit Neigung zu Violett, oder sie sind gelblich-oliv bis stumpf gelblich-eisengrau gefärbt. Beide Arten der Färbung finden sich an dem Obj. Nr. 1727, das in guter Erhaltung bei gespreizten Decken, mit Pronotum, Kopf und Resten der Schenkel vorliegt, und zwar als Druck und Gegendruck. Diesem Umstand ist es zu verdanken, daß die Lebendfärbung des Käfers zu ermitteln ist. Der Druck ist gelblich-oliv gefärbt, und von den Decken liegt ihm deren Mittelschicht (die Matrix) auf. Der hohle Gegendruck schimmert blau bis violett mit einem leichten Übergang nach Oliv gegen den Costalrand. Er enthält die Oberhaut der Decken, die bei der Spaltung des Fundstückes sich von der Matrix löste und abriß. Als trübes Medium bekommt sie auf der dunkeln Kohleunterlage tiefblauen Glanz. Am lebenden Objekt muß sie auf der gelblich-grauen Unterlage der Matrix olivgrüne Färbung hervorgebracht haben. Damit dürfte der Käfer auch nach dieser Seite hin ähnlich ausgesehen haben wie die von mir abgebildete *Camaria* (Abb. 72), die stumpf malachitfarbene Decken mit kupferglänzenden Rändern besitzt.

Eodromus punctatostriatus n. sp.

Körperlänge vermutlich 12—15 mm; Flügeldecken 9—11 mm lang. — Mir liegen vor 12 Reste dieses Käfers; nur 4 von diesen sind soweit erhalten, daß man sich ein Bild von seiner ehemaligen Gestalt machen kann. An relativ gut erhaltenen Stücken fehlt stets der Kopf; das Pronotum ist unvollständig oder zerdrückt; wo die Decken gespreizt liegen, ist das Abdomen ± gut kenntlich freigelegt; von den Beinen sind bloß Teile vorhanden (Obj. Nr. 1623, 1884, 2116, 2119). — Die übrigen 8 Reste bestehen aus einzelnen Decken von meist guter Erhaltung (Obj. Nr. 1673, 1954, 2174, 2304, 2585, 2637 nebst 2 Stücken ohne Nummer).

Dieser Käfer stellt gewissermaßen die Miniatur-Ausgabe von *E. agilis* MEUN. dar, unterscheidet sich aber von dieser Art skulpturell durch die reihenweise Rund-Punktierung der Tälchen zwischen den gehobenen Längsstreifen der Decken. Die Skulptur dieser Längsstreifen mag feinkörnig-rauh gewesen sein, so daß die anzunehmende metallisch-olivgrüne Färbung nur matten Glanz besessen haben kann. Es herrschte also auch nach der Färbung Übereinstimmung mit der vorigen Art. Ebenso wie dort sind Druck und Gegendruck der Decken verschieden gefärbt: vorwiegend ± graugrün bei mindestens teilweise entfernter Oberhaut-Schicht, oder dunkelblau bei völliger Erhaltung der letzteren. In diesem Falle ist auch die Punktierung der Tälchen am besten zu erkennen. Nach dem Schnitt der Decken müssen diese mit emporgewölbtem gemeinsamen Schluß-(Anal-)rand aneinander gestoßen sein.

Pronotum nach vorn verschmälert, kürzer als breit, im Umriß kurztrapezisch, seine Oberfläche grob unregelmäßig punktiert. Scutellum hinten halbkreisförmig abgerundet. Die Beine waren, nach den vorhandenen Resten zu urteilen, lang. Nur Obj. Nr. 2119 zeigt vom rechten Hinterbein Schenkel und Schiene. Obj. Nr. 1884 zeigt die Knieabschnitte von Mittel-

und Hinterbein der rechten Seite; das sichtbare Stück Hinterschenkel läßt die Randfurchen erkennen.

Soweit Reste des Abdomens vorhanden sind (Obj. Nr. 1623 und 2119), zeigen die Seiten der Segmente deutliche Wölbung nach außen. Die Unterseite des Käfers zeigt dieselbe Färbung wie die Oberseite, gleich jener der Decken.

Man verwechsele diese Art nicht mit der nächsten, deren Decken-Tälchen viel auffallender punktiert sind.

### Eodromus helopoides n. sp.

Neben 20 ± gut erhaltener einzelner Decken ohne Nummerierung liegt mir mit Obj. Nr. 2298 ein vollständiger erhaltener Rest vor. Sämtliche Funde stammen aus der Grube Cecilie. Die Länge der Decken schwankt zwischen 8—11 mm. Das Fossil kann ohne Bedenken für übereinstimmend gehalten werden mit jenem, das Giebel (1856 p. 358) beschreibt und auf Taf. V Fig. 2 abbildet. Dieses Fundstück stammt aus der Braunkohle von Bornstedt bei Eisleben und zwar aus einem dunkeln, sehr bituminösen Ton. Erwähnt wurde es zusammen mit einem anderen Käferrest sowie einigen Pflanzenresten bereits von Germar (Jahrb. f. Mineral. 1846, p. 212) jedoch ohne nähere Angaben. Nach der Beschreibung durch Giebel ist die gefundene Flügeldecke 11 mm lang, und was er weiter über den deutlich sichtbaren Aderverlauf und die Skulptur sagt, trifft für die mir vorliegenden Stücke zu. Giebel wagt nicht, den Rest einer bestimmten Käfergattung zuzusprechen und meint, es dürfte sich um einen „Helops aus der Familie der Carabodeen" handeln und sagt weiter, daß *H. lanipes* derartige Decken habe. Letztere Annahme kann aber nur betreffs der Aderung Gültigkeit haben, weil die für *H. lanipes* charakteristische schlanke Zuspitzung der Decken nicht vorhanden ist.

Obj. Nr. 2298 zeigt beide Decken in ziemlich guter Erhaltung; die äußerste Spitze fehlt, und von der linken Decke ist noch ein Stück vor der Spitze neben dem Schlußrand ausgebrochen. Vorhanden sind ferner ein großer Teil des Pronotums, das Scutellum, vom linken Hinterbein Schenkel und Schiene sowie zusammengeschobene Trümmer der übrigen Beine.

Die Decken zeigen denselben Aderverlauf wie bei *E. agilis* Meun. Die Tälchen zwischen den Adern sind kräftig punktiert, die Punkt-Eindrücke etwa soweit voneinander entfernt, wie ihr Durchmesser beträgt. Die Punkte erscheinen z. T. seitlich ausgezogen, so daß man, um mit Giebel zu reden, die mit solchen Eindrücken besetzten Tälchen als „gekerbt" bezeichnen könnte. Länge der Decke 8 mm.

Das Pronotum ist dicht und ziemlich grob punktiert. Über seine Form kann gesagt werden, daß sie (Obj. Nr. 2188) ganz ähnlich ist wie bei *E. agilis* MEUN. Abgesehen von der geringeren Größe besteht aber noch darin ein Unterschied, daß die Punkte seiner Oberfläche von gleicher Größe sind; bei *E. agilis* sind die Punkte nach ihren Durchmessern verschieden. Das Scutellum ist mäßig groß, dreieckig, hinten abgerundet. Das erhaltene Hinterbein entspricht nach seiner Länge einem solchen, wie es *E. agilis* besitzt.

Die Färbung des Käfers scheint ein metallisch schimmerndes Olivgrün gewesen zu sein; Beine mit blauem Schimmer. Die Gesamtfärbung war wohl dieselbe wie bei *E. agilis.* Die Gegendrucke, in denen die Cuticular-Schicht der Decken enthalten ist, haben stets blaue Färbung; der Druck, enthaltend die tieferen Schichten der Decken, ist ± gelblich-grau bis eisengrau gefärbt. Nach der Dicke der erhalten gebliebenen Lagen richtet sich die Deutlichkeit der Punktierung in den Tälchen. Die Längsstreifen (Aderstreifen und Plagae) sind gleichbreit und niemals völlig eben; meist lassen sie deutlich erkennen, daß sie ihrer Länge nach gegen die Mitte gehoben sind; die Decken waren also flach längsgerippt.

### 3. Gattung Caryosoma n. gen.

Diese Gattung ist im ganzen etwas gedrungener gebaut als die Gattung *Eodromus,* auch der Rücken scheint gleichmäßiger gewölbt gewesen zu sein. — Pronotum quer-trapezisch; seine Länge beträgt $^1/_5$ von der Länge der Decken; mitten ist es etwa so lang wie vorn breit, seine Seiten sind leicht nach außen gewölbt, und seine vordere Breite beträgt etwa $^2/_3$ der hinteren Breite; Vorder- und Hinterrand sind mit einem schmalen und glatten Saum versehen. Kopf vor den Augen trapezisch verschmälert, ebenfalls schmal gerandet.

Die Tälchen der Decken-Längsaderung treffen vor der Spitze der Decken zusammen und zeigen im ganzen einen leicht welligen Verlauf. Die Längsstreifen zwischen ihnen zeigen eine eigenartige Runzelung, die an die Skulptur einer Walnuß oder auch einer Muskatnuß erinnert.

Das Scutellum ist nicht erhalten; es muß klein gewesen sein und von spitz-dreieckiger Form, wie der Ausschnitt am Analwinkel der Decken vermuten läßt.

Beine lang, zu ersehen aus je einem ± deutlich erhaltenen Vorderschenkel und einem Hinterschenkel. Die Schenkel zeigen deutliche Längsfurchen parallel zum Außenrand.

Caryosoma rugosus n. sp.

Inventar-Nr. 3373.
„ Nr. 5010, Grabungs-Nr. 3739.

Länge 22 mm (Abb. 77). — Kopf fein punktiert. Pronotum ziemlich grob zerstreut punktiert und mit flachen, nach vorn konvergenten Längseindrücken. — Flügeldecken zwischen den Längstälchen mit ± längsgerichteten flachen Runzeln. Diese Runzelung verläuft neben dem Schlußrand ± deutlich bogig bis annähernd ringförmig um eine hin und wieder gutsichtbare punktförmige Erhebung. Etwa in der Mitte des am breitesten entwickelten Medialstreifens liegt eine schlank S-förmig geschwungene Längsrunzel. An sich sind die Runzeln sehr unregelmäßig und oft unterbrochen.

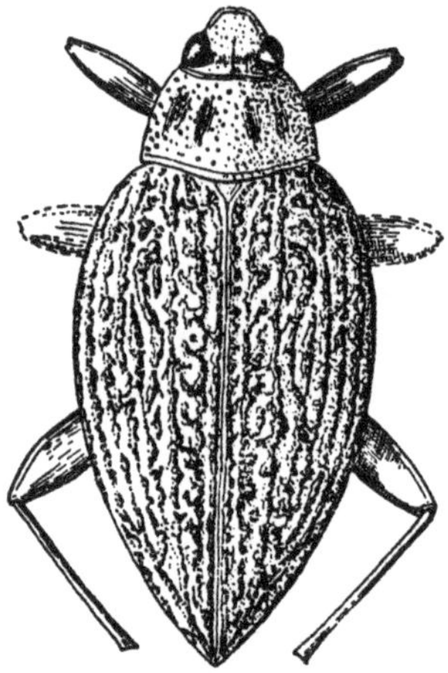

Abb. 77

Obj. Nr. 3739 zeigt noch ein herausgedrücktes Hinterbein mit deutlicher langer Schiene. — Färbung dunkel metallisch-olivgrün.

Beide mir vorliegende Stücke wurden in der schwarzen Kohle auf Grube Cecilie gefunden.

4. Gattung: Parakeleusticus n. gen.

Obj. Nr. 1842, eine Flügeldecke (Druck und Gegendruck).

Die Skulptur der mir vorliegenden einzigen Flügeldecke, bzw. deren Aderverlauf, erinnert sehr an die im oberen Lias von Dobbertin in Mecklenburg gefundene Decke, die von Handlirsch (1906—1908, p. 450 Taf. XLI Fig. 50) den Namen *Keleusticus* bekam. Mit dieser Decke hat sich Geinitz zweimal beschäftigt. Zuerst behandelte er sie (1880 p. 530 Taf. XXII Fig. 19); als *Elaterites vetustus* Gieb. Damit stützt er sich auf Heer (1865 p. 88 Taf. VII Fig 21), der sich wiederum auf Giebel (1856) beruft, der den bei Brodie abgebildeten Käfer (1845 Taf. VII Fig. 1) als *Elater vetustus* beschreibt. Geinitz beschrieb seine Decke dann nochmals als *Buprestites zirkeli* (1894, p. 78 Fig. 9). Handlirsch schreibt dazu: „Eine 14 mm lange, hinten zugespitzte Flügeldecke, $2^3/_4$ mal so lang wie breit, mit 12 Längsstreifen, welche vor dem Hinterrande zusammenfließen. Kann in allerlei Familien gehören, vermutlich aber weder zu den *Buprestiden* noch zu den *Elateriden*. Vielleicht mit *Hydrophilites* Heer zusammenfallend."

Ganz anders lautet, was sich 1938 in dem nachgelassenen Werk von HANDLIRSCH (1938, p. 67) findet. Hier tritt *Keleusticus zirkeli* (GEIN.) HANDL. unter den 16 Synonyma zu *Anomerus punctifer* HANDL. auf, die er als neuen Fund von Dobbertin beschreibt und abbildet (Taf. V Fig. 95, Taf. VI Fig. 99). Weder nach der Beschreibung der hier nur 4,5 mm langen Art noch nach deren Abbildung ergibt sich die geringste Ähnlichkeit mit unserem Käfer. Die Decken zeigen weder Aderung noch sonstige Skulptur, abgesehen von einem kümmerlichen Rest dichter Punktierung auf der Deckenspitze. *Anomerus* HANDL. hat mit *Parakeleusticus* m. nichts zu tun.

Nach der kurzen Beschreibung allein, die HANDLIRSCH ursprünglich gab, würde man auf eine Gattung kommen, die Ähnlichkeit mit *Eodromus* (mithin einer *Helopine*) besitzt. Diese Annahme wird bestätigt durch die Abbildung, die er gibt. Hier zeigt sich aber als besonderes Charakteristikum, daß von der Spitze des hinten geschlossenen Mittelstreifens ein Tälchen zur Spitze der Decke zieht durch sämtliche Scheitelpunkte der von den übrigen Tälchen gebildeten spitzen Vereinigungs-Winkel hindurch. Einen ganz ähnlichen Verlauf der Tälchen zeigt heute noch *Hegemona resplendens* CAST. aus Guatemala (Abb. 78). — Bei der mir vorliegenden eozänen Flügeldecke erreicht jenes zur Deckenspitze ziehende Tälchen die Spitze nicht, sondern schneidet nur 2 von den hinteren Tälchen-Winkeln.

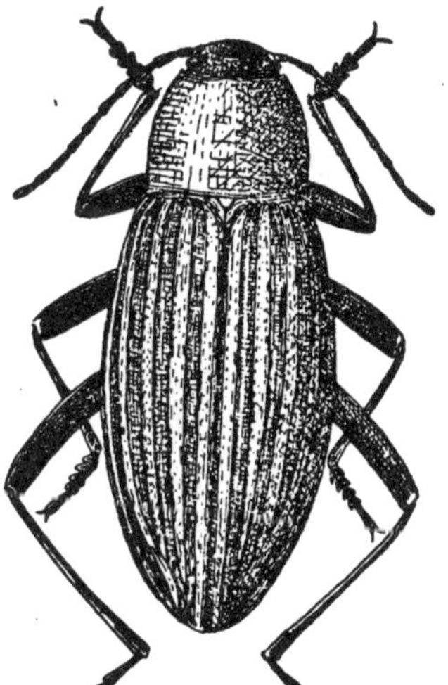

Abb. 78

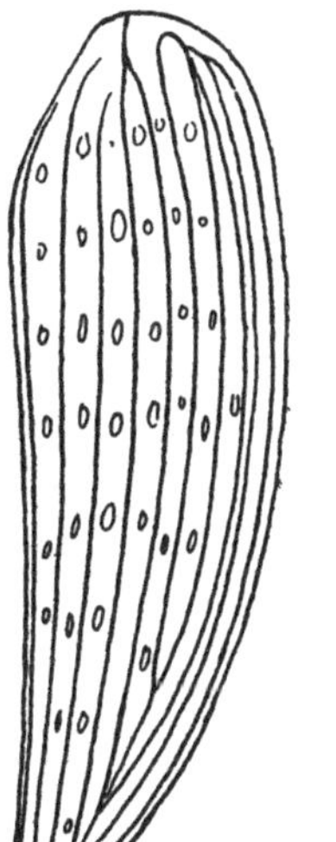

Abb. 79

Parakeleusticus postumus n. sp.

Flügeldecke (Abb. 79) 8 mm, ihre Breite etwa 3 mm. — Färbung schwarz-grün. Zwischen den flachen Längsstreifen sind die Tälchen scharf eingeschnitten, ohne Spur irgendwelcher Punktbildungen. Auf den Längsstreifen haben sich flache Erhabenheiten von länglichrunder Begrenzung befunden, die den Anschein erwecken, als hätten sie unregelmäßige Querreihen gebildet. Am Fossil sind die flachen Erhebungen auf den Längsstreifen nur bei besonderer Beleuchtung zu erkennen.

5. Gattung: Anthracohelops n. gen.

Diese Gattung, unter den Geiseltalfunden durch eine ausnehmend große Art (Einzelstück mit Druck und Gegendruck) und eine sehr kleine Art vertreten, zeigt einen Aderverlauf auf den Decken, der fast genau jenem der grünen *Camaria*-Art von Tonkin (vgl. Abb. 72) entspricht. Die Ähnlichkeit besteht darin, daß M und R schon am Beginn des Spitzenviertels der Decken sich zuspitzen und hier ihren Abschluß finden. Die begrenzenden Tälchen, die sich hier vereinigen, ziehen dann als einfache Tälchen weiter und bilden hinter dem Abschluß der genannten beiden Adern ein Joch (von der Deckenspitze her betrachtet eine Gabel!). Die Verschiedenheit kommt dadurch zum Ausdruck, daß von der Spitze des erwähnten Jochs (dem Vereinigungs-Winkel!) ein einfaches Tälchen sozusagen als Stiel zur Deckenspitze zieht, wo sich auch erst die übrigen Adern vereinigen.

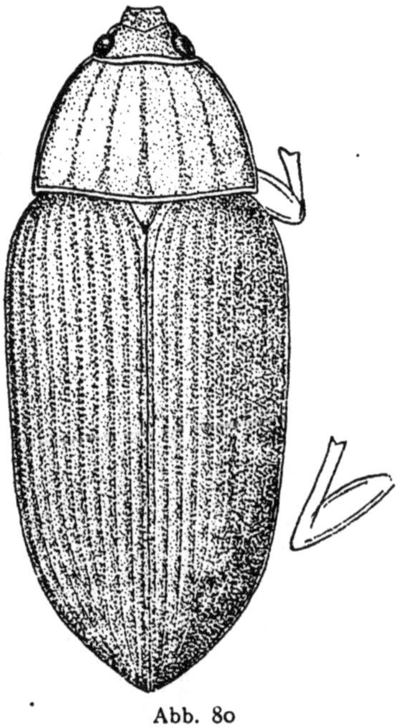

Abb. 80

Scutellum klein, hinten abgerundet (im vorliegenden Falle kaum zu erkennen). Pronotum etwas weniger als $^1/_3$ (genau $^2/_7$) so lang wie die Decken, nach vorn rundlich verschmälert, vorn etwa $^1/_2$ so breit wie hinten, ringsum gerandet, seine Seiten leicht nach außen gebogen, Mitte des Vorderrandes leicht bogig nach vorn gezogen, Mitte des Hinterrandes entsprechend bogig nach rückwärts.

Die Augen haben etwa $^1/_6$ der Gesamtbreite des Kopfes. Der Clypeus ist vorn flach ausgerandet.

Mir liegt vor Obj. Nr. 3186.

Anthracohelops gigas n. sp.

Länge des ganzen Käfers 35 mm (Abb. 80). Das Fossil ist derart vorzüglich erhalten, daß sich die Rekonstruktion nur mit dem Zusammenlegen der Deckenspitzen zu befassen brauchte, die ein wenig klaffen. Trotzdem die Form des Käfers sehr an jene eines Maikäfers (*Melolontha*) erinnert, so bleibt diese gewisse Ähnlichkeit doch nur auf den Umriß beschränkt. Der Käfer war entschieden flach gebaut. Die den Adern entsprechenden Längsstreifen der Decken waren flach gewölbt, der Costalrand war einigermaßen scharf abgesetzt, vermutlich etwas nach außen gerichtet. In den Tälchen zwischen den Längsstreifen befinden sich ziemlich dicht aufgereihte Punkte. Das Pronotum war ebenfalls flach gewölbt und ringsum gerandet. Es ist vorn etwa $^1/_2$ so breit wie hinten, hier fast zweimal so breit wie mitten lang und seitlich flachbogig begrenzt. Der Länge nach durchziehen es 5 (mit den Schatten an den Seitenrändern 7) Streifen in gleichem Abstand voneinander, die sich distal verbreitern. Der Scheitelteil des Kopfes ist ziemlich breit, vor den Augen rundlich erweitert. Der deutlich vorragende Clypeus ist vorn kaum merklich flach ausgerandet.

Die Färbung des Objektes ist dunkel kupfer- bis bronzefarben; auf der Kohle ist es nur bei schräger Beleuchtung gut zu erkennen. — Von den Beinen gebe ich, soweit sie erhalten sind, nur die Umrisse, und zwar in der Lage, wie sie das Fossil zeigt. Die charakteristischen Längslinien sind deutlich sichtbar. Ob es sich bei dem freiliegenden abgelösten Bein um ein Vorder- oder ein Mittelbein handelt, läßt sich nicht sagen. Aus diesem Grunde, und weil sich außerdem die Lage der Hüften nicht feststellen ließ, verzichtete ich darauf, die Rekonstruktion mit Beinen zu versehen.

Pongrácz, der bei einer zweiten Sendung den Käfer zu sehen bekam, bezeichnete ihn laut Etikett als *Buprestites*.

### Anthracohelops minutus n. sp.

Von dieser Art liegen mir nur 2 Flügeldecken vor (Nr. 1232 und 1749). Die eine der Decken (Nr. 1232) ist 6 mm lang, die andere (Nr. 1749) ist 4 mm lang. Beide zeigen dieselbe charakteristische Aderung wie *A. gigas*. Ihre Färbung ist ein schwärzliches Oliv mit metallischem Glanz. Die Tälchen zwischen den Längsstreifen sind punktiert, die Punkte sind groß, tief eingestochen, und stehen in dichter Reihe.

Noch eine dritte Decke ist vorhanden (Nr. 1709), die aber ungünstig liegt und deshalb schwer sichtbar ist, außerdem keinerlei Metallglanz zeigt. Ihre Länge beträgt 5 mm.

Eine ganz ähnliche Decke von 10 mm Länge wurde von Heer beschrieben und abgebildet als *Helops molassicus* Heer (1883, sub *H. wetteravicus* Taf. CIX Fig. 9), gefunden in der Molasse von Lausanne. Die Färbung wird als schwarz mit etwas metallischem Glanz angegeben. Die Abbildung zeigt den Verlauf der Aderung ganz ähnlich wie bei *H. wetteravicus* Heer nec. Heyd. und übereinstimmend mit *A. gigas*.

*Helops molassicus* Heer dürfte dem Oligozän angehören, vielleicht gar dem Miozän, kann außerdem wegen der feinen und verhältnismäßig weitläufigen Punktierung der Tälchen nicht mit *A. minutus* m. identifiziert werden. Dieser Käfer mag aber fortan registriert werden als *Anthracohelops molassicus* (Heer) m.

Die von Heer irrtümlich als *Helops molassicus* Heyd. angesprochene Art aus dem Eozän West-Grönlands (1883, p. 145 Taf. CIX Fig. 8) wurde bei Umivik auf der Haseninsel (Disko) gefunden. Die von dieser Art vorliegende einzige Flügeldecke (9 mm lang, 3 mm breit) zeigt schwarze Färbung mit etwas metallischem Glanz wie die vorerwähnte. Die Tälchen zwischen den Längsstreifen sind nicht punktiert. Da diese Art nun nichts zu tun hat mit *A. wetteravicus* Heyd., deren Decken einen Aderungs-Verlauf zeigen wie *Eodromus* (vgl. Heyden; Palaeontographica XIV. 1865, p. 33 Taf. IX Fig. 18), so muß sie einen anderen Namen erhalten und mag fortan registriert werden als *Pseudohelops groenlandicus* n. n.

### 6. Gattung: Mimohelops n. gen.

Von dieser Gattung liegen 8 unzweifelhafte Reste vor, die durch die Struktur der Decken sich als zur gleichen Art gehörig erweisen. Ein vollständiger Abdruck ist leider nicht vorhanden; doch genügen die 3 der besterhaltenen Reste (Nr. 2110, 2710 und 3383) zu einer brauchbaren Rekonstruktion, wobei allerdings auf die Darstellung des Kopfes verzichtet werden muß, von dem nur Nr. 2710 ein Bruchstück zeigt.

Maßgebend für die Aufstellung der Gattung war das sehr deutlich ausgeprägte System der Aderung auf den Decken, das etwas Ähnlichkeit zeigt mit jenem bei *Camaria gibbosa* Pall. von Brasilien. Der Verlauf der Tälchen und deren Vereinigung vor der Spitze der Decken ist deutlich und einwandfrei zu erkennen bei Nr. 3383, 1275 und einem Fundstück ohne Nummer. Von der Spitze der Decken aus betrachtet ergibt die Figur der Tälchen-Verzweigung ein fast ährenartiges Bild. Der Medialstreifen endet am letzten Viertel der Decken, und die sich dort vereinigenden beiden Grenztälchen ziehen als einfaches Tälchen gegen die Deckenspitze, und dieses wieder mündet kurz vor der Vereinigung von Cu und Sc in das innere Grenztälchen des Cu; vorher begrenzt es durch sein Mittelstück noch das Ende des R.

Fundstück Nr. 2110 zeigt die rechte Hälfte des Pronotums vollständig, dazu einen Rest des Scutellums sowie Teile eines Vorder- und eines Hinterbeines auf der rechten Seite; die rechte Decke ist an ihrer Schulter etwas ausgebrochen, von der Mitte an ist sie mehr zerstört; von der linken Decke ist nur der Schulterteil erhalten. Nach diesem Stück erweist sich das Pronotum als relativ kurz, und es muß die Form besessen haben, wie sie Abb. 81 in punktierter Umrandung zeigt.

Fundstück Nr. 3383 zeigt beide Decken in brauchbarer Erhaltung, in der Mitte des Rückens etwas übereinander geschoben. Vom Pronotum ist ein schmales Querstück seines hinteren Endes erhalten mit deutlich abgesetztem Saum des Hinterrandes. Das Scutellum fehlt; seine Form läßt sich hier aber nach dem Ausschnitt am Analwinkel der linken Decke erraten.

Nach diesen Befunden ergibt sich die Form des Pronotums als quertrapezisch; das Scutellum war hinten abgerundet. — Die Beine waren lang wie bei *Eodromus*. Daß sie ebenfalls auf den Schenkeln Randfurchen besaßen, zeigte Fundstück Nr. 2110.

Mimohelops venosus n. sp.

Flügeldecke: Länge 10 mm, Breite 3—4 mm; hintere Breite des Pronotums etwa 6 mm. Vermutliche Länge des ganzen Käfers 15—16 mm (Abb. 81).

Färbung metallisch olivgrün.

Pronotum mit eingeprägten Punkten, sein Hinterrand-Saum glatt. Längsstreifen der Decken von gleicher Breite, die Tälchen zwischen ihnen scharf eingedrückt, ohne Punktierung. Die Längsstreifen sind wenig gehoben, längs ihrer Mitte zum größten Teil eben und ohne besondere bzw. erkennbare Skulptur. Da die Längsstreifen neben den Tälchen mit abgeschrägten Längskanten versehen sind, so erscheinen diese auffallend breit, besonders dann, wenn sie sich durch blaue Färbung abheben. Die Blaufärbung ist sekundär, weil im Bereich der Tälchen die Oberhaut erhalten blieb. Bewiesen wird das durch Fundstück Nr. 1659, was als Druck und Gegendruck vorhanden ist. Welche Brillanz der Färbung aber auftreten kann, zeigt ein Deckenbruchstück ohne Nummer: Die Mitte der Tälchen ist tiefblau, nach den Rändern hin übergehend in hellblau bis grün, und die Mitte der Längsstreifen ist golden.

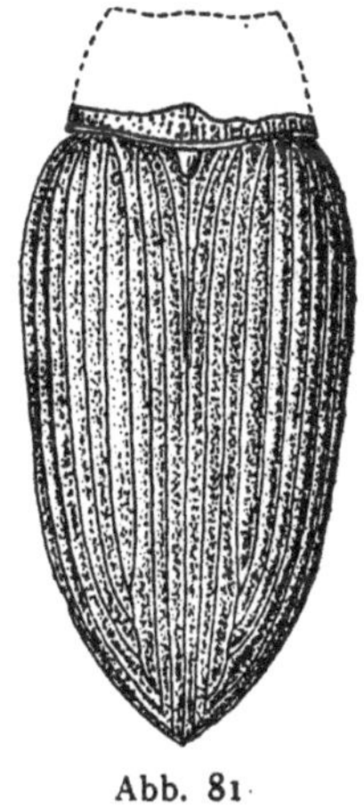

Abb. 81

Fundstück Nr. 3383 hat Pongrácz vorgelegen und ist von ihm als *Buprestites archimaculatus* n. sp. bezeichnet worden, trotzdem keine Spur von irgendwelcher Fleckung vorhanden ist.

## Bemerkung zu Mimohelops

Ob es sich bei dieser Gattung zweifelsfrei um eine *Tenebrionide* handelt, muß solange als fraglich gelten, bis durch einen glücklichen Fund die Art des Fühleransatzes bekannt wird. Mir war für die Unterbringung von

*Mimohelops* bestimmend, daß der distale Abschluß der Aderstreifen eine gewisse Ähnlichkeit bietet mit *Anthracohelops*. Will man aber irgend eine Gattung meiner *Tenebrioniden*-Reihe in Beziehung zu den Laufkäfern (*Carabidae*) bringen, so wäre bei vorliegender Gattung am ehesten Gelegenheit dazu. Ich zeige die linke Flügeldecke von *Pterostichus metallicus* F. (vgl. Abb. 20). Wenn man will, kann man hier eine Ähnlichkeit mit Abb. 81 herauslesen, die nach meinem Dafürhalten aber gar nicht vorhanden ist. Der Nachweis von *Carabiden* im Geiseltal ist noch nicht erbracht, und was Pongrácz auf *Carabus*?, *Pristonychus*? und *Poecilus* bezieht, ist mehr als fraglich. Die von ihm gebrachten Abbildungen sind nichts weniger als überzeugend; Typen sind nicht vorhanden. Die Entlarvung seines *Eodromus aeneocupreus* als *Tenebrionide* mit naher Verwandtschaft zur rezenten Gattung *Camaria* erfolgte schon weiter vorn.

### 7. Gattung: Paropiophorus n. gen.

Der ganze Körper allseitig stark gewölbt, etwa zweimal so lang wie breit. — Pronotum mit steiler Wölbung nach vorn abfallend, was sich leicht vorstellen läßt bei Betrachtung seiner kreisförmigen distalen Umrandung im flachgedrückten Zustand (vgl. Abb. 82). Es besteht aus einem Mittelteil und einem breiten Randsaum, der den Mittelteil mit stärkerer Verbreiterung proximal überragt. Vom Mittelteil (der für sich allein erhalten sein kann) ist das vordere Drittel distal durch eine wellige Querfurche vom größeren rückwärtigen Teil abgegrenzt, vorn schmal gerandet, durch 2 weitere wenig deutliche Querfurchen in 3 gleichbreite Querstreifen unterteilt, und vorn in der Mitte, hinter dem schmalen Vorderrand-Saum, mit einem rundlichen Eindruck versehen. Der glatte Außensaum, der den Mittelteil einfaßt, ist schon hinten ziemlich breit, verbreitert sich aber an den Seiten um mehr als das Doppelte und ragt hier beiderseits mit je einem abgerundeten freien Lappen weit hervor; im ganzen hat er ungefähr die Form eines nach vorn offenen Hufeisens.

Kopf breit, die Augen weit auseinander stehend; der zwischen diesen liegende Scheitelteil etwa 5 mal so breit wie ein Auge. Kopf-Oberseite mit 2 linearen Quereindrücken: der rückwärtige nach hinten durchgebogen, der vordere nach vorn; letzterer bildet vielleicht die Abgrenzung des Clypeus, der nicht bis an die Augen heranreicht. In den seitlichen Winkeln zwischen dem Clypeus und dem kurzen freien Rand des Scheitels (oder der Stirn) stehen die Fühler, deren Basis unter dem Randstück liegt. Nach dem vorhandenen Reststück der Fühler zu urteilen, waren diese kurzgliederig.

Flügeldecken stark gewölbt, kaum 1 1/2 mal so lang wie mitten breit, am Ende abgerundet. In den Tälchen längs der Adern stehen deutlich eingeprägte Punkte, die etwa ebenso weit voneinander entfernt sind wie der Durchmesser der Punkte beträgt. Die Punktreihen längs des Medialstreifens vereinigen sich vor der Spitze der Decken und ziehen als einfache Punktreihe bis zum Spitzenrand.

Für die Feststellung der Gattung nach den Flügeldecken ist am wichtigsten deren Umriß. Die Punktreihen sind nicht immer oder nur schwierig (oft nur an einzelnen Stellen) nachweisbar, und die Adern wie die Plagae erscheinen oftmals emporgewölbt, so daß sich die Decke wie mit flachen Längsrippen versehen darstellt, die sich vor der Spitze vereinigen.

Beine wurden an keinem der Objekte gefunden. - Das Scutellum scheint schlank-dreieckig gewesen zu sein.

## Paropiophorus-Rekonstruktion

Bei den Teilnehmern an den Ausgrabungen im Geiseltal gingen die zahlreich gefundenen Decken dieser Käfergattung unter dem Namen „Kugelkäfer". — Nicht alle Decken haben genau die Form wie in Abb. 82; zuweilen sind die hier ± gerade vorhandenen Ränder stärker gebogen und zeigen durchaus die Form sphärischer Dreiecke. 8 derartige Dreiecke würden nach wiederhergestellter Wölbung die Oberfläche eines Ellipsoids bilden ähnlich einer Pflaume. Einen derart hochgewölbten Käfer unzerstört zu finden, lag außerhalb des Bereichs jeder Möglichkeit. Das einzige, fast bis zur Unkenntlichkeit flachgedrückte, sozusagen „vollständige" Stück wurde vom Leichenfeld der Grube Cecilie geborgen (Inv. Nr. 5144, Grab. Nr. 3169). Unter Inv. Nr. 1601 liegen noch 2 Käferreste vor (gemeinsam in einem Schauglas untergebracht), von denen nur beide ± zerdrückte Flügeldecken und der begrenzte Mittelteil des Pronotums (also ohne Randsaum!) vorhanden sind. Der Saum muß durch eine scharf und tief eingeprägte Furche gegen den Mittelteil des Pronotums abgegrenzt gewesen sein, so daß er sich dort lösen und verlorengehen konnte; vielleicht wurde er in die Tiefe gedrückt. Das in der Abbildung wiedergegebene Pronotum fand sich nur einmal. Seine starke distale Rundung beweist, daß es hoch gewölbt gewesen sein muß; anderseits wäre auch keine Berührungsmöglichkeit mit den vorderen Rändern der Decken zu erzielen gewesen. Der hintere schmälere Saum verbreitert sich an den Seiten und überragt rechts und links mit je einem gerundeten Lappen das Mittelstück des Pronotums, das infolgedessen vorn tief trapezisch ausgeschnitten erscheint. In diesem Ausschnitt liegt der breite Kopf, der Vorderrand seines Clypeus etwa in gleicher Höhe mit den Vorderrändern der freien Seitenlappen des

Randsaumes. Diese verglich ich mit Scheuklappen (wie sie früher bei Kutschpferden Verwendung fanden), hinter denen der Käfer bei gesenktem Kopf die Augen verbergen konnte. Zudem paßt die vorderste innere Rundung der Lappen in den gerundet-stumpfwinkligen Ausschnitt jener Stelle des Kopfes, wo Scheitelteil (bzw. Stirn) und Clypeus aneinander stoßen.

Ursprünglich dachte ich daran, den Käfer bei den *Cryptocephalinae* unterzubringen, wo dann aber die ganze Bauart der gewonnenen Rekonstruktion nicht gepaßt hätte; ebenso hätte der Verlauf der Längstälchen auf den Decken nicht gestimmt. Die dachartig überdeckte Fühlerbasis wies aber auf einen Vertreter der *Tenebrionidae* hin, für welche jedoch die goldene Hochglanz-Politur der gesamten Oberseite befremdlich zu sein schien. Schließlich fand sich aber auch dafür eine Parallele unter den rezenten *Tenebrionidae,* und zwar bei der im äußersten Orient (Philippinen, Borneo, Hinterindien) vorkommenden Gattung *Artactes,* von der mir *A. latreillei* Cast. vorliegt. Dieser Käfer ist 6,5 mm lang, wegen seines kürzeren Pronotums fast genau halbkugelig gebaut. Dieses Pronotum ist an den Seiten aber nicht nach Art sog. „Scheuklappen" vorgezogen; zudem sind die Augen verhältnismäßig größer, einander auf dem Scheitel stark genähert, und können bei geneigtem Kopf nur teilweise geborgen werden. Seine Oberseite ist stark glänzend und glatt, grün-blau-gelb-rot-golden gefärbt, z. T. quer gebändert. Der Verlauf der Längstälchen auf den Decken stimmt überein mit dem Befund bei *Paropiophorus.*

## Paropiophorus nitidus n. sp.

Länge 7—9 mm (Abb. 82). — Rund begrenzter mittlerer Teil des Pronotums mit zerstreuter flacher Punktierung, die gegen den Hinterrand ± deutlich weitläufige strahlenförmige Ordnung annimmt. Vorder- und Seitensaum glatt; über die Mitte des Vordersaumes ziehen 2 runzelige Querlinien; auf den Seitenlappen des Randsaumes lassen sich ebenfalls runzelige Linien erkennen, die etwa parallel zu den gebogenen Rändern der beiden freien Enden verlaufen. — Flügeldecken wie der übrige Körper grün-golden glänzend bis dunkelblau. Durch diesen Färbungswandel, den auch der zu den *Chrysomeliden* gehörige *Cryptocephalus sericeus* L. zeigt und der vermutlich wärmebedingt ist, ist indes kein Schluß möglich auf die systematische Stellung der Art.

Mir liegen 30 Reste vor, meist Decken. Alle Funde stammen aus der Grube Cecilie. Die meisten der Stücke tragen keine Nummer. Zufällig trägt die besterhaltene Flügeldecke die Inv. Nr. 1710.

Eine ganz ähnliche Flügeldecke, wie sie *Paropiophorus* besitzt, bildet WESTWOOD ab (WESTW. 1854, Taf XVI Fig. 8) und bezeichnet sie als zu einer *Coccinellide?* gehörig. In Fig. 9 bildet er noch eine andere Decke ab, welche die Form noch besser wiedergibt. Diese Decke ist deutlich gesäumt und zeigt außer einem wohl sekundär entstandenen Schrägeindruck neben dem Innenrand keinerlei Skulptur. Beide Decken sind 6—7 mm lang und dürften mindestens zu Käfern gleicher Gattung gehört haben. Eine etwas deformierte Decke gibt er noch in Fig. 2, die zur gleichen Art

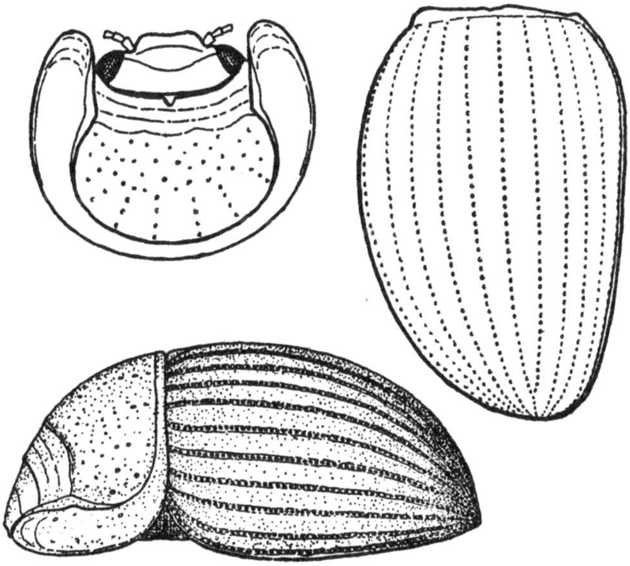

Abb. 82

wie Fig. 9 gehören mag. Eine besondere Diagnose ist dazu nicht geliefert, und es wird nur gesagt, daß es sich um *Coccinella* oder *Scymnus* handeln könne.

8. Gattung: Eohelaeus n. gen.

Zur Charakteristik dieser Gattung habe ich den Angaben in der Tabelle kaum etwas hinzuzufügen. Es handelt sich bei den Vertretern dieser Gattung um sehr flach gebaute Käfer, deren Zugehörigkeit zu den *Tenebrionidae* wohl außer jedem Zweifel steht, trotzdem bei keinem der ziemlich zahlreich vorliegenden Objekte Pronotum oder Kopf oder irgendwelche Teile des Abdomens erhalten sind. Zur Verfügung stehen nur Flügeldecken, meist einzeln, die zudem derart flachgedrückt sind, daß nur bei wenigen Stücken die an sich geringe Skulptur einigermaßen zu erkennen ist. Die in der Spitze der Decken zusammenlaufenden Längslinien sprechen für eine *Tenebrionide*, und der flachgelegte mäßig breite Außensaum läßt einen Vergleich zu mit der australischen Gattung *Helaeus* (Abb. 83). Eine mit ähnlich gesäumten Decken versehene Gattung gibt es zwar noch im Himalaja-Gebiet, die aber wegen ihrer viel schmäleren Bauart und besonderer Abweichungen in der Skulptur nicht in Frage kommt.

Damit soll aber nicht gesagt sein, daß die Ähnlichkeit mit *Helaeus* auffällig wäre. *Eohelaeus* dürfte jedoch ähnlich kurz gebaut gewesen sein. Abweichend ist jedoch vor allem der schmälere Randsaum, der bei *Eohelaeus* nur $^1/_{12}$ der gesamten Deckenbreite ausmacht und sich an der Spitze der einzelnen Decke mit deren fast ebenso breiten Hinterrandsaum (Analstreifen) vereinigt, was bei der rezenten Gattung nicht so deutlich in die Erscheinung tritt, wo außerdem der Randsaum etwa die Hälfte der gesamten Deckenbreite beträgt. Bei beiden Gattungen aber ist die mit tiefen Punkteindrücken besetzte Grenzfurche zwischen dem Saum und dem gewölbten Innenteil der Decke bemerkenswert. Immerhin, und das sei ausdrücklich betont, handelt es sich bei diesen tief eingeprägten Punkten um eine mechanisch bedingte Eigentümlichkeit. Denn — anders ausgedrückt: Jener Saum, der bei *Helaeus* sehr dünn und infolgedessen durchscheinend ist, wird mit dem härteren inneren Teil durch kurze Strebepfeiler verbunden, und die Lücken zwischen jenen Pfeilern, die ein etwaiges Abbrechen des Saumes verhindern sollen, haben die Form halbkugelig ausgehöhlter Näpfchen. Daß der Käfer sehr flach gebaut war, geht aus dem nur wenig nach außen geschweiften Hinterrand hervor, den die infolge Druckes völlig planierte Decke zeigt.

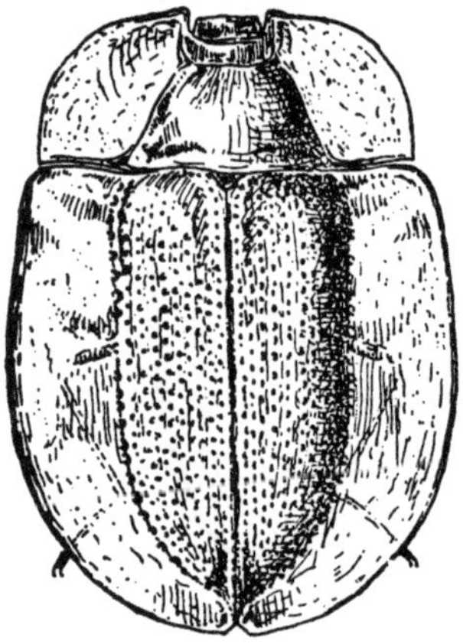

Abb. 83

### Eohelaeus sublaevis n. sp.

Besterhaltene typische (rechte) Flügeldecke (Obj. Nr. 1669) 20 mm lang; abgesehen von den punktierten Längslinien völlig glatt (Abb. 84). Ein deutlich abgesetzter, flach ausgebreiteter Saum des Costalrandes nicht breiter als einer der Aderstreifen oder der ebenso breiten Plagae. Begrenzt wird dieser Saum nach innen zu gegen den vielleicht kräftiger chitinisierten Teil der Decke durch eingeprägte Punkte, die als Lücken zu deuten sind zwischen (wenn in diesem Falle auch flachen) Strebepfeilern, die von dem Innenteil der Decke gegen den Saum auslaufen. Dieser Saum vereinigt sich an der Spitze der Decke mit dem ebenfalls saumartig breiten Hinterrand-Streifen der Decke längs des Analrandes. Dieser Randstreifen ist an seiner Innenseite ein wenig kräftiger punktiert als die über die ganze Decke ziehenden Tälchen, die sich in der Spitze ± deutlich miteinander vereinigen. Der Käfer muß, wie schon vorher gesagt, sehr flach gewesen sein. — Die Färbung aller gefundenen Decken oder deren Bruchstücke ist (mit einer einzigen Ausnahme) dunkelblau; das abweichende Exemplar ist grün gefärbt, und ich nehme an, daß es sich hierbei um die ursprüngliche Färbung handelt. Man vergleiche, was ich bei *Eodromus* über diese Erscheinung ausführte.

Außer dieser zahlreicher vertretenen Art fand sich noch ein kleinerer Vertreter dieser Gattung mit stärkerer Punktierung, bisher leider nur ein Einzelstück. Ich beschreibe es als:

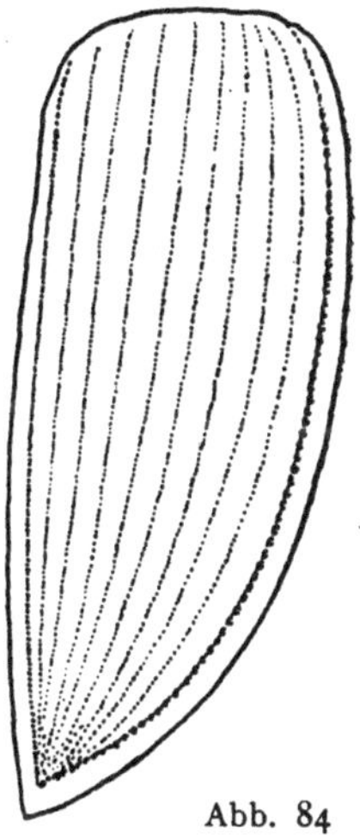

Abb. 84

Eohelaeus perpunctatus n. sp.

Länge der Decken 11 mm. — Der Typus Obj. Nr. 2171 (nur 1 Stück vorhanden) stellt sich dar als 2 einigermaßen erhaltene Flügeldecken in ursprünglicher Lage zueinander und von blaugrüner Färbung. Der für die Gattung charakteristische flachgelegte Saum der Decken ist an der linken Decke mit seinem vorderen und seinem hinteren Drittel erhalten, mitten dagegen ausgebrochen; an der rechten Decke fehlt er völlig. Der Saum ist verhältnismäßig schmal, deutlich schmäler als bei *E. sublaevis*; die punktierte Grenznaht ist aber zu erkennen. Die Punkte in den Tälchen der Decken sind kräftiger und deutlicher als bei der vorigen Art und stehen weiter voneinander entfernt.

9. Gattung: Eoallognosis n. gen.

Aus dem Ton des Lias von Dobbertin beschreibt und bildet ab GEINITZ (1894, p. 74 Taf. I Fig. 7) einen Käfer (rechte Flügeldecke), den er den *Carabidae* zuteilt und in der rezenten Gattung *Nebria* unterbringt als *N. nitens* GEIN. HANDLIRSCH vermag an dem Objekt keinerlei Ähnlichkeit mit einer *Nebria* zu entdecken und nennt es *Allognosis* HANDL., ohne den Versuch zu wagen, den Käfer anderwärts unterzubringen. Wegen der eigentümlichen Führung der Längsadern, die von außen nach innen zu paarweise vor der Spitze der Decke zusammenlaufen (vgl. *Eodromus* !) halte ich den Käfer für eine *Tenebrionide*. Außer dem Aderverlauf ist charakteristisch an dem Flügel ein flacher Außensaum, der gegen die Spitze stärker entwickelt ist. Der Deckflügel ist 13 mm lang und 5 mm breit und wird als flach gewölbt bezeichnet.

Die mir vorliegenden Decken aus dem Geiseltal zeigen vor allem einen ganz ähnlich entwickelten flachen Randsaum; die Längsstreifen vereinigen sich unmittelbar an oder in der Spitze, die mit merklicher Wölbung gegen den Saum abfällt, indes ganz ähnlich wie bei der jurassischen Form. Die Decken, soweit sie vollständig erhalten sind, lassen deutlich erkennen, daß sie querüber deutlich gewölbt waren. Beweis hierfür ist vor allem der mit

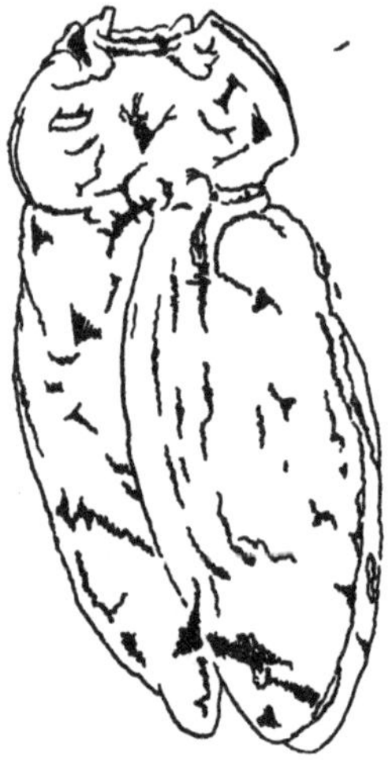

Abb. 85

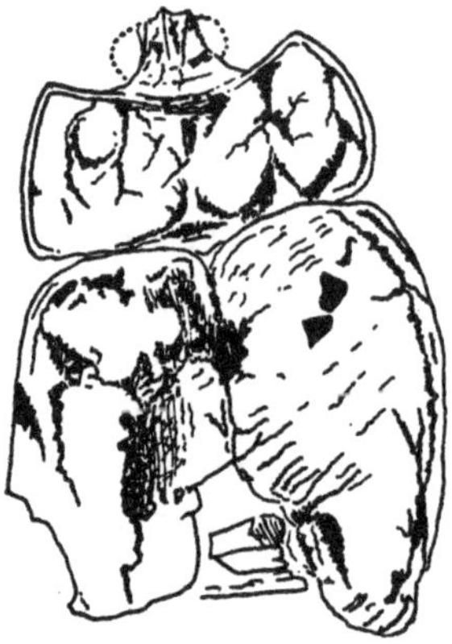

Abb. 86

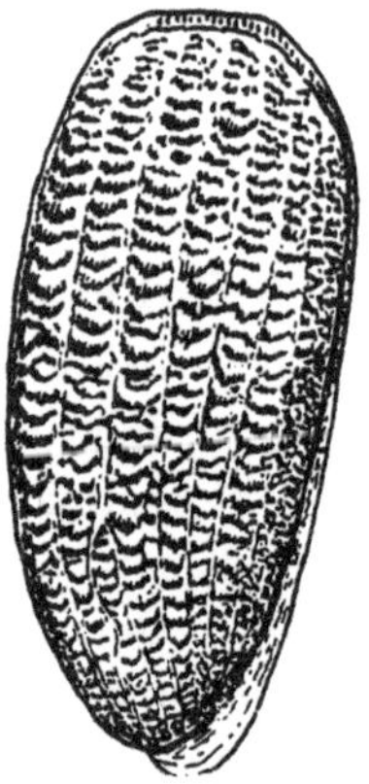

Abb. 87

starker Biegung verlaufende Analrand von Obj. Nr. 2507 (vgl. Abb. 85). Ich bin geneigt, anzunehmen, daß der Querschnitt durch den Käfer (etwa in der Mitte der Decken) annähernd halbkreisförmig war; dafür spricht auch der Umriß des völlig plattgedrückten Pronotums des Käfers Obj. Nr. 5816 (Abb. 86), dessen zertrümmerte Decken eben noch erkennen lassen, daß er in die Gattung gehört. — Pronotum schmal gesäumt. Form des Kopfes nicht genau zu erkennen; Umriß der Augen angedeutet. Vermutlich besaß der Scheitel 2 gegen den Nacken konvergente Randkiele. Der vollständige Käfer mag 8—9 mm lang gewesen sein.

### Eoallognosis undulatus n. sp.

Länge der typischen rechten Flügeldecke (Obj. Nr. 2689) 6 mm. Verlauf der Längsstreifen bzw. der Tälchen nur mit vieler Mühe nachweisbar. In den beiden Abbildungen (Abb. 87 und 88) scheint er verschieden zu sein, was indes täuscht. Tatsächlich laufen sie am Ende der mit Wölbung gegen den

Saum abfallenden Spitze zusammen (gezeichnet nach Obj. Nr. 1905 und 2480). Die Skulptur besteht in wellenförmigen Runzeln zwischen den Tälchen, und je nach Beleuchtung ändert sich ihr Aussehen etwas. Der Gesamteindruck ist nach Obj. Nr. 2689 (Abb. 87) wiedergegeben. Die Runzeln scheinen ihre in der Zeichnung dargestellten Grenzen gelegentlich zu überschreiten, oder es erscheinen zwischen ihnen flach eingeprägte Punkte (sog. Näpfchen). Außerdem sind die vorhandenen Decken ihrer Form nach niemals genau übereinstimmend, wie aus einem Vergleich der beiden Abbildungen hervorgeht, ist im ganzen aber gewahrt, so daß trotz aller Verdrückungen innerhalb der einbettenden Kohle ein Verkennen des Fossils kaum möglich sein wird, sofern noch der Randsaum vorhanden ist.

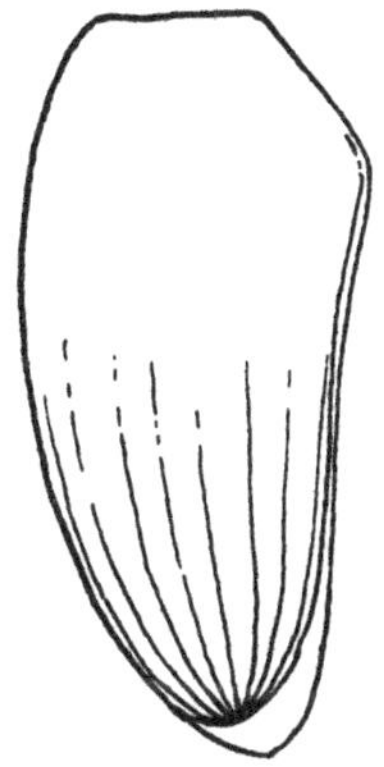

Abb. 88

Die beiden Stücke Obj. Nr. 2507 und 5816 (vgl. Abbildung 85 und 86) wage ich weder dieser Art noch einer der beiden folgenden Arten zuzusprechen. Bei beiden handelt es sich um kleine Käfer von vermutlich 8—9 mm Länge. Charakteristisch ist das ringsum gerandete Pronotum, das ehedem hochgewölbt gewesen sein muß.

Hier möchte ich die Beschreibung zweier Arten anschließen, deren Zugehörigkeit zur Gattung noch fragwürdig ist, die jedoch ebenfalls zu den *Tenebrinoidae* gehören dürften. Beide tragen am Außenrand ihrer Decken einen flachgelegten schmalen Saum.

Eoallognosis punctulatus n. sp.

Länge 7 mm. — Färbung des Fossils dunkelblau. Wie Obj. Nr. 2474 (Abb. 89) zeigt, ist die Oberseite des Käfers zwar etwas zerdrückt, läßt aber erkennen, daß er sowohl querüber als auch in der Längsrichtung einigermaßen gewölbt war. Das Pronotum ist gerandet und besitzt für den Kopf einen trapezischen Ausschnitt, wie sich mit einigem Zweifel annehmen läßt; denn die Ausfüllung des erwähnten Ausschnitts hat mit den Resten eines Kopfes keine Ähnlichkeit. Es ist also eher möglich, daß das Pronotum vorn durchlaufend halbkreisförmig begrenzt oder vielleicht auch vorn-mitten geradlinig gestutzt gewesen ist. Die Oberseite ist mit verstreuten Punkteindrücken

Abb. 89

versehen, deren Anordnung auf dem Pronotum unregelmäßig ist, auf den Decken aber Reihenbildung zeigt. Ich vermute, daß auf den Decken die Punkte dem Verlauf der Längsaderung folgten.

Eoallognosis limbellus n. sp.

Länge 5 mm. — Färbung dunkelblau. — Von diesem Käfer sind 5 Deckenpaare vorhanden, die sämtlich die schmale Säumung des Außenrandes zeigen. Die kaum erkennbaren Längsstreifen (Adern wie Plagae oder Tälchen) zeigen bei der Type Obj. Nr. 1247, allerdings schwer erkennbar, strichartige Längserhebungen in Reihe (Abb. 90). Der Käfer war jedenfalls (oder mindestens) querüber flach gewölbt. Die 4 anderen Deckenpaare lassen nichts von Längsstreifung erkennen und sind flach genarbt.

10. Gattung: Rhinohelaeites n. gen.

Es liegen vor: Obj. Nr. 1264, ein Kopf; Obj. Nr. 1817, beide Flügeldecken, die rechte hinten ausgebrochen und das Scutellum; Obj. Nr. 3512, ein Pronotum mit Kopf, linkem Vorderbein und einem Stück Basis der rechten Flügeldecke; Obj. Nr. 3549, ein fast vollständiger Käfer.

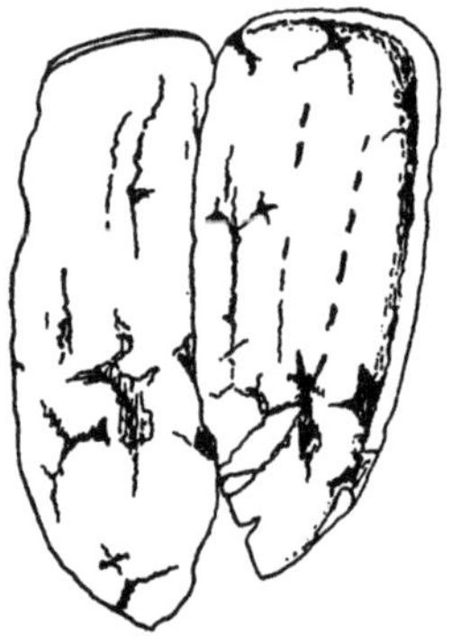

Abb. 90

Diese Gattung erinnert durch ihre Gestalt etwas an einen flachgebauten Bockkäfer (*Cerambycide*). Die Längsfurchen auf den Schenkeln verweisen sie indes unter die *Tenebrionidae*, wohin sie schon wegen des relativ kurzen Prothorax gehört. Durch die verlängerte Stirn, die zwischen den Augen fast rüsselförmig vortritt und diese weit überragt, sowie durch die langen Hinterbeine, wirkt sie sehr eigenartig. Wegen dieses vorgezogenen Kopfteiles könnte man auch daran denken, den Käfer bei den *Lamellicorniern* einzureihen, was aber nicht angängig ist; denn: Diese vorgezogene Stirn (bzw. der sog. Clypeus) ist relativ schmal, und außerdem ist das Pronotum gerandet. Im übrigen ist der Käfer bemerkenswert schlank gebaut. Die Decken werden von fast gleichbreiten Längsstreifen durchzogen, die Adern sind also etwa ebenso breit wie die Streifen zwischen ihnen, die Plagae. Die begrenzenden Tälchen sind in dichter Reihe punktiert; wie aber deren Vereinigung vor der Spitze bzw. im Spitzenteil der Decken erfolgt, ist nicht genau zu erkennen. Bei schräger Beleuchtung im vollen Sonnenlicht läßt sich bei Obj. Nr. 3549 neben der rechten Seite des Kopfes noch ein kurzgliederiger Fühler von fast vollständiger Erhaltung erkennen, den ein Photogramm desselben Objektes nur zum Teil wiedergibt.

Außerdem erkennt man am Original, daß neben der Punktierung der Tälchen noch eine unregelmäßig verteilte Punktierung auf Adern und Plagae vorhanden war, auf deren zeichnerische Darstellung ich verzichtet habe.

Rhinohelaeites longipes n. sp.

Länge ca. 15 mm (Abb. 91). — Die Färbung sämtlicher 4 Abdrücke ist dunkelblau bis blaugrün; das Pronotum schimmert auf seiner mittleren Fläche golden.

Nach dem, was bereits in der Gattungs-Diagnose gesagt ist, ist betreffs der Art wenig hinzuzufügen.

Bei Obj. Nr. 3549 ist der Kopf breitgedrückt und erscheint vor allem deshalb breit, weil hier die auffallend dicken Basalglieder der Fühler zu beiden Seiten der vortretenden Stirn liegen, was nur mit einiger Mühe zu erkennen ist. Ganz rein liegt die Form des Kopfes vor bei Obj. Nr. 1264, wo die Fühler vollständig fehlen; von den Augen sind hier aber nur die Höhlen vorhanden. An diesem Stück sieht man noch, daß die Stirn zwischen den Augen eine feine mittlere Längslinie besitzt; vorn ist die leicht verschmälerte Stirn flach abgerundet. Bei Obj. Nr. 3512 ist der Stirnteil zerdrückt; rechts ist das basale Fühlerglied herausgedrückt, und nach einer Lücke sieht man eine Reihe von 4 kurzen Gliedern liegen. Das Pronotum ist ringsum fein gerandet, nach vorn leicht verschmälert, seine Seiten sind nach außen gebogen, und von der Mitte seines Vorderrandes zieht eine feine mittlere Längslinie gegen die Mitte der Fläche; diese selbst ist zerstreut fein punktiert, was sich aber nur bei Obj. Nr. 3549 einigermaßen erkennen läßt; das zur Kontrolle angefertigte Photogramm gibt die Punktierung deutlich wieder. Das Scutellum ist dreieckig mit abgerundeter Spitze.

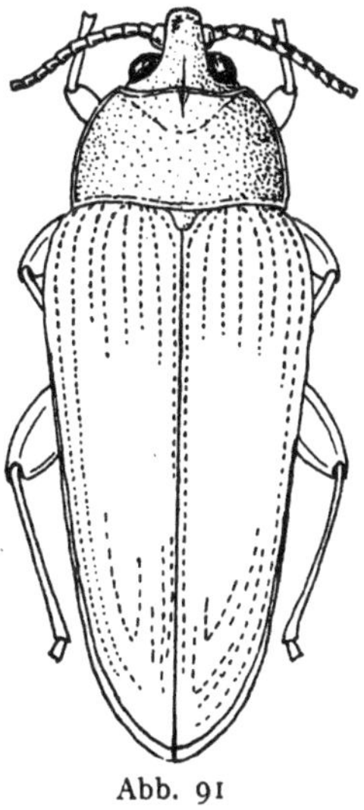
Abb. 91

Die zweimal in gut erhaltenem Zustand vorliegenden Flügeldecken machen ganz den Eindruck als zu einem flach gebauten Käfer gehörig, dessen Rücken nur wenig gewölbt war. Die nur mit Mühe erkennbare Punktierung der Tälchen (wie bei Obj. Nr. 1817 und 3549) ist bei Obj. Nr. 3512 sehr deutlich. Hier erkennt man auch, daß die Punkte den Charakter kurzer Striche haben. Während diese Punkte eingestochen sind, besteht die schon erwähnte übrige Punktierung der Decken vermutlich aus Körnchen. Den Außenrand der Decken umgibt ein flacher glatter

Saum, der erst gegen das Ende hin deutlich wird, wahrscheinlich aber schon an den Schultern beginnt.

Von den Beinen war mindestens das hintere Paar lang, wie sich an den gut erhaltenen Schienen erkennen läßt. Am Ende der linken Schiene ist noch ein Tarsenglied nachweisbar. Der linke Schenkel an Obj. Nr. 3549 zeigt besonders deutlich die für die *Tenebrionidae* charakteristische Längsstreifung.

Anhangsweise sei erwähnt, daß im Liaston von Dobbertin eine Decke gefunden wurde von demselben Zuschnitt und mit ebensolchem Randsaum, sozusagen also übereinstimmend mit der Decke des hier behandelten Käfers. Ohne das fehlende kurze Stück ihres Vorderrandes mißt sie 16,5 mm. GEINITZ, der das Fossil beschrieb (1894 p. 72, Taf. I Fig. 1), nennt es *Prionus liasinus* GEIN. HANDLIRSCH (1906—08 p. 453) glaubt nicht an die Bockkäfer-Natur dieses Fossils und nennt es *Pseudoprionites*. Sollte sich später herausstellen, daß dieser Lias-Fund der Gattung nach mit dem Geiseltal-Fund übereinstimmt, so müßte dieser *Pseudoprionites* HANDL. genannt werden.

### Familie: Cerambycidae.

Der Nachweis für das Vorhandensein dieser Familie für die Fauna des Geiseltales gelang mittels eines einzigen, stark aufgelösten und beschädigten Käferrestes (vgl. Abb. 92). Die *Cerambyciden*-Natur des mir vorliegenden Objektes (Nr. 5815) ist nicht zu verkennen. Eine derart gleichmäßig starke Punktierung der Decken zwischen den Adern kommt nirgends weiter vor, wobei allerdings gleichzeitig auf den Verlauf der Adern zu achten ist. Außerdem ist ein Fühlerrest vorhanden. Vor der Schulter der am besten erhaltenen Decke liegt ein aus 2 Gliedern bestehendes Fühler-Bruchstück, von dem mindestens das äußerste Glied vollständig ist und die charakteristische stäbchenförmige Gestalt zeigt. Trotz der Mangelhaftigkeit des Objektes kann sogar mit ziemlicher Sicherheit angenommen werden, daß man es mit einem Angehörigen der Unterfamilie *Prioninae* zu tun hat: Die Decken sind parallelseitig, punktiert, und die Adern treten deutlich hervor. Es wird hierdurch ein Vergleich mit *Spondylis* F. möglich, der aber kurzgliederige Fühler besitzt.

Was PONGRÁCZ über etwa nachweisbare Reste von *Cerambyciden* zu zu sagen weiß, ist belanglos. Eine Art beschreibt er nicht. Von dem Material, das ihm aus der 1. Ausbeute vorlag, ist nichts mehr vorhanden. Von dem Material der 2. Ausbeute bezeichnete er eine *Eosagra* als *Cerambycide*.

Unterfamilie: Prioninae

Gattung: Xyloeconites n. gen.

Decken parallelseitig, kräftig geadert, vermutlich 3 mal so lang wie breit. Fühler langgliederig; das einzige vorliegende vollständige Glied ist 4 mal so lang wie dick.

Xyloeconites proavus n. sp.

Länge der Decken gegen 14 mm. Adern dicht gekörnelt, die Decken zwischen den Adern ziemlich grob punktiert. In Abb. 92 ist infolge Abbruchs der Kohlenunterlage das Ende schräg gestutzt, so daß die Spitze fehlt. Durch den gut erhaltenen größeren vorderen Teil zieht ein Sprung. Die Färbung des Fossils ist hellbraun. — Eine Fundnummer ist nicht angegeben.

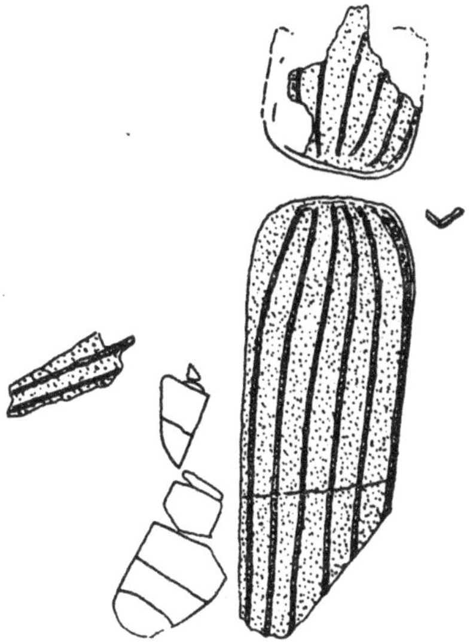

Abb. 92

Unterfamilie: Cerambycinae

Durch das soeben behandelte Fundstück ermutigt, sah ich noch einmal genau einen Restbestand schwerzugänglicher oder nicht deutbarer Objekte durch und fand noch eine hier einzureihende Decke (leider ohne Fundnummer) und das Bruchstück einer solchen (Obj. Nr. 1678). Als Gattungsnamen wähle ich:

Gattung: Eocallidium n. gen.

Die Benennung erscheint gewagt, da *Callidium* F. nebst nahestehenden Gattungen als besonderes Merkmal an allen Beinen verdickte Schenkel besitzt, die Beine des Fossils aber nicht bekannt sind. Ausschlaggebend war für mich die auffallende Runzelung der Decke.

Eocallidium rugulosus n. sp.

Länge der Decke 6 mm (Abb. 93). — Decke parallelseitig, fast $2^1/_2$ mal so lang wie mitten breit, mit kräftigen Längsadern versehen, die gegen die Spitze ziehen. Die Abrundung zur Spitze hat etwa die Form eines Viertel-Kreisbogens. Zwischen den Adern ist die Oberfläche der Decke dicht und fein quer gerunzelt. — Das Fossil ist dunkelblau gefärbt.

## Familie: Chrysomelidae Leach

Diese durch die Pseudotetramerie ihrer Tarsen ausgezeichnete Familie ist in der eozänen Braunkohle des Geiseltales mit mehreren Gattungen vertreten, die sich auf verschiedene Unterfamilien und deren Tribus verteilen.

### Unterfamilie: Criocerinae Hal. (Eupodae Reitt.)

#### Tribus: Sagrini Redt.

##### Gattung: Eosagra n. gen.

Die hier zu besprechende und durch 2 Arten vertretene Gattung rechne ich zu den *Criocerinae* bzw. *Eupodae*, weil ihr Prothorax viel schmäler ist als der Körper an den nach außen gewölbten Schultern der Flügeldecken. Wenn die Gattung hier aber ihren Platz behalten soll, dann muß der Umfang des Begriffs der Unterfamilie etwas eingeengt werden, indem bei der fossilen Gattung der Kopf zwischen dem Hinterrand der Augen und dem Vorderrand des Pronotums nicht halsartig gestaltet ist (vgl. Abb. 96). Im vorliegenden Falle ist der Kopf bis zu den Augen in den Prothorax hineingezogen. — Die Zugehörigkeit zur Tribus beweisen die dicken Hinterschenkel (vgl. Abb. 94 und 97).

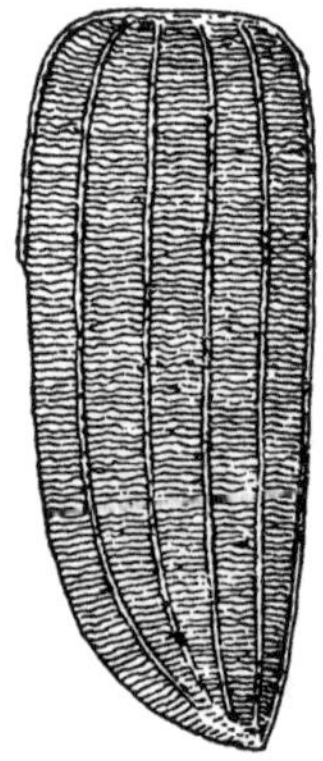

Abb. 93

Die Gattung hat Pongrácz schon aus der 1. und 2. Ausbeute vorgelegen, und er beschäftigt sich mit ihr, ohne indes ihren wahren Charakter zu erkennen. Es haben ihm zwar nur schlecht erhaltene Reste zur Verfügung gestanden, wie er schreibt. Einen vollständigen Kopf hat er nicht zu sehen bekommen, ebensowenig etwas von den Beinen. Einmal aber „sind Halsschild und Flügeldecken wohlerhalten", und diese spricht er einer typischen *Cerambycide* zu, trotzdem er feststellen muß: „Halsschild auffallend schmal, nicht mit Stacheln bewehrt (p. 568)". Wegen des Randsaumes, den andere ihm vorliegende Decken zeigen, denkt er an die Zugehörigkeit zu *Callidium,* wo sich aber ein nur sehr schmaler Randsaum zeigt, der nicht um die Deckenspitze herumgreift. — Von den ausgetrockneten und verdorbenen Überbleibseln der 2. Ausbeute konnte ich noch ein Stückchen Kohle retten mit dem 9 mm langen Abdruck einer Decke, die hierher gehört und die von Pongrácz als *Dicercites acanthoptera* bezettelt wurde, welchen Namen er dann im Text (innerhalb seiner *Buprestidae*) in *Dicerca acanthoptera* nov. sp. berichtigte. Während er sonst aber niemals von „stark ausgeprägten Endstacheln der Elytren" redet, findet er sie hier bei seiner *Dicerca* und nennt sie „eine hochdifferenzierte Form". Die mir vorliegende Decke aber, die ich soeben erwähnte, ist am Ende abgerundet. Vermutlich haben ihm verschiedene Decken vorgelegen, die er miteinander verwechselte, und vielleicht war doch die Decke einer echten *Buprestide* darunter, an der er nun erstmalig die Endstacheln sah, die er mindestens bei seiner „*Iridotaenia*" auch hätte finden müssen.

Daß der hier zu beschreibende Käfer zu den *Chrysomeliden* gehört, beweist der glückliche Fund eines fast vollständigen Hinterbeines, dem nur die Klauen fehlen (Obj. Nr. 2638). Dieses Hinterbein (Abb. 94), bei welchem die abgerissenen Tarsenglieder daneben liegen, zeigt an der Schenkelbasis eine sehr eigenartige Gliederung in Form von 2 Einschnü-

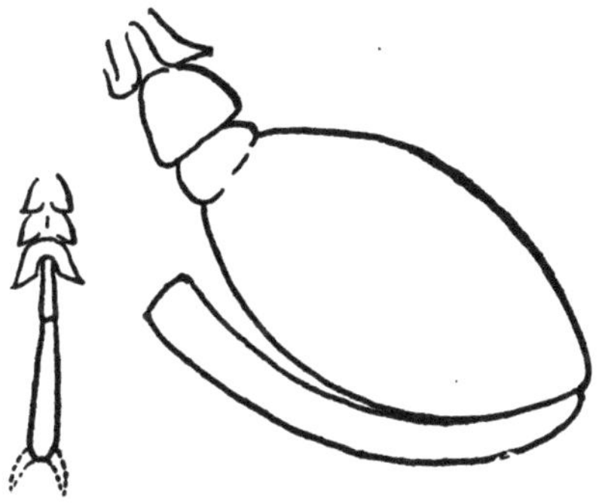

Abb. 94

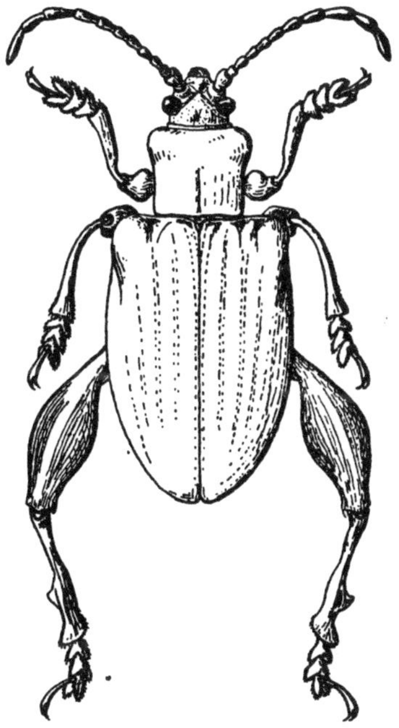

Abb. 95

rungen. Der basale Ansatz in Form eines Hufeisens gehört aber zur Hüfte und konnte an anderen Exemplaren nicht beobachtet werden, findet sich aber ähnlich bei der rezenten Gattung *Sagra* F. Der wichtigste Befund an dem Bein ist aber das Vorhandensein einer bereits ziemlich fortgeschrittenen Pseudotetramerie. Den zunehmend lappig verbreiterten 3 basalen Tarsengliedern schließt sich ein sehr langes Klauenglied an, das deutlich in 2 Abschnitte unterteilt ist, der hintere Abschnitt nur $^1/_2$ so lang wie der vordere. Bei den rezenten *Chrysomeliden* ist der kleinere Abschnitt aber so stark verkürzt, daß er im Ausschnitt des 3. Tarsengliedes fast verschwindet, wie man an der rezenten *Sagra pfeifferi* Baly (Abb. 95) von Queensland feststellen mag.

Trotz aller äußeren Ähnlichkeit mit der rezenten *Sagra* unterscheidet sich von ihr die fossile Gattung doch bedeutend. Bei *Eosagra* ist das Mesosternum proportional kürzer, die Hinterschenkel besitzen an ihrer unteren Längskante weder einen Zahn noch einen gezähnelten Grat, die Fühler haben längere Glieder und das oben erwähnte verkürzte 4 Tarsenglied ist auffallend lang und überragt weit das 3. Glied.

Gattungs-Diagnose: Kopf mit dem Hinterrand der Augen den Vorderrand des Pronotums berührend, Scheitel mindestens doppelt so breit wie ein Auge. Stirn (Clypeus) vorn gerade gestutzt. Fühler auf der Fläche der Stirn eingefügt, vom 3. Glied an langgliederig, bis zum 7. Glied (mehr nicht vorhanden!), jedes der Glieder mindestens 3 mal so lang wie breit. Pronotum an seiner breitesten Stelle so breit wie lang, vorn und hinten gerandet, an den Seiten vor seiner Mitte leicht nach außen gewölbt, hinten etwa nur $^1/_2$ so breit wie der Körper an der Schulterwölbung der Decken; die Länge des Prothorax beträgt mindestens $^1/_4$ der Gesamtlänge des Körpers. Decken an den Schultern mit ± kräftiger Rundung nach außen gewölbt, distal ± deutlich verschmälert, am Ende schmal-elliptisch abgerundet; der Costalrand ist mit einem schmalen Saum versehen, der die Decken bis zum Schlußrand an der Spitze einfaßt. Adern und Plagae von etwa gleicher Breite; am proximalen Ende der Aderstreifen laufen die begrenzenden Tälchen zusammen, die Aderstreifen sind also vorn geschlossen; Tälchen mit Punktierung. Beine mit kräftigen Schenkeln, Hinterschenkel außerordentlich breit, fast doppelt so breit wie lang, zwar dick, aber etwas abgeflacht; unterer Rand der Schenkel glatt. Schienen der Hinterbeine gebogen, der unteren Randung und Rundung der Schenkel angepaßt.

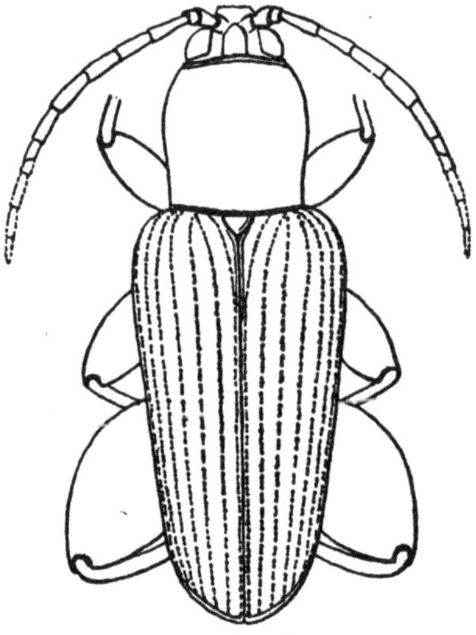

Abb. 96

### Eosagra subparallela n. sp.

Länge der Type 12 mm (Abb. 96). Die Größe der Tiere war vermutlich recht schwankend. Die kleinste mir vorliegende Decke mißt 8 mm, die längste 13 mm. Ich kann mir nicht denken, daß die kleineren Stücke etwa einer besonderen Art angehören könnten. — Von den ± vollständigen Käfern (neben zahlreichen einzelnen Decken), waren es vor allem 2 (Obj.

Nr. 2485 und 3303), die ich zur Rekonstruktion benutzte neben einem Photogramm ohne Beleg durch das Objekt. — Scheitel doppelt so breit wie ein Auge, mit 2 einander parallelen Eindrücken. Fühler vermutlich $^1/_2$ so lang wie der Körper, ihre Glieder vom 3. bis zum 7. sind 4 mal so lang wie breit. Pronotum fast parallelseitig, seine Seiten vor der Mitte nur sehr leicht nach außen gebogen; Oberfläche glatt. Scutellum verhältnismäßig groß, gerundet-dreieckig. Decken nach hinten zu nur wenig verschmälert, von deutlichen Tälchen zwischen Aderstreifen und Plagae durchzogen, die sich am proximalen Ende der Adern spitzwinklig miteinander vereinigen; in die Tälchen sind Punkt-Striche eingeprägt. Soweit sich erkennen läßt, verlaufen die Tälchen zueinander fast parallel, gegen die Spitze nur wenig konvergierend, der geringen Verschmälerung der Decken entsprechend. Von dem flachen Costal-Randsaum zeigt die Abbildung nur den Endbogen.

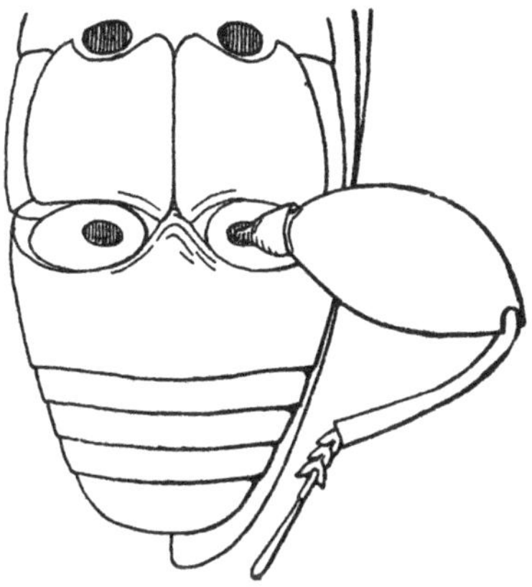

Abb. 97

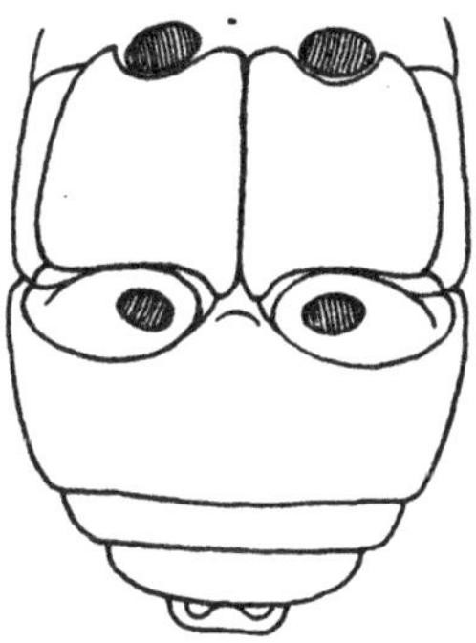

Abb. 98

Von dieser Art liegen mir noch 2 gut erhaltene Unterseiten vor, von denen ich die eine (Obj. Nr. 2638) für eine weibliche halte (Abb. 97), die andere aber (Obj. Nr. 2062) für eine männliche (Abb. 98). Beide sind unverkennbar, in der Aufgliederung einander sehr ähnlich, und ihre Zugehörigkeit zu *Eosagra* ist bei Abb. 97 durch den noch ansitzenden linken Hinterschenkel legitimiert; die Tarsenglieder ergänzte ich nach dem Befund an Obj. Nr. 2638 (vgl. Abb. 94). Die eigentümliche glockenförmige Basis des Schenkels habe ich so gesehen, wie sie dargestellt ist, und auch wiederholte genaueste Betrachtungen des Objektes ließen nichts Anderes erkennen. Es ist aber einige Ähnlichkeit mit der gleichen Stelle bei Abbildung 94 vorhanden. Das mitten geteilte Mesosternum ist im Durchschnitt so lang wie eine seiner beiden Hälften breit. Die Hinterhüften-Lager dringen tiefbogig in das lange 1. Abdominal-Sternit ein; letzteres ist etwa so lang wie die 3 folgenden Sternite zusammen. Das letzte Sternit ist breit und flach abgerundet. Die Unterseite des männlichen Abdomens zeigt ein Sternit weniger, deren nur 4. Ob die beiden runden Vorsprünge am Hinterrande des 3. Sternits etwa zu dem Sternit des 4. Segments gehören, läßt sich nicht sagen.

Über Färbung und Skulptur, wie sie an dem fossilen Käfer zu beobachten sind, ist folgendes zu sagen: Die Allgemeinfärbung ist dunkelblau bis schwarz. — Je nach dem Grade der Abtragung infolge der Einbettung oder auch des Aufspaltens der Kohle am Orte der Einlagerung des Objektes, zeigen die Flügeldecken alle Übergänge von scharf ausgeprägter Punktskulptur bis zu vollständiger Glätte. Nach genauerem Studium der zahlreich vorhandenen Decken gelangt man zu der Vorstellung, daß die Tälchen mit dichtgereihten Punkten besetzt waren. Diese Punkte sind zuweilen durch Zwischeneindrücke (vgl. Abb. 96) miteinander verbunden, so daß 2 oder 3 von ihnen zu länglichen und mehr strichartigen Einprägungen verschmelzen. Vielleicht ist diese Erscheinung eine Folge der Fossilisation, und ich nehme an, daß im ursprünglichen Zustand die Punkte als isolierte Eindrücke bestanden.

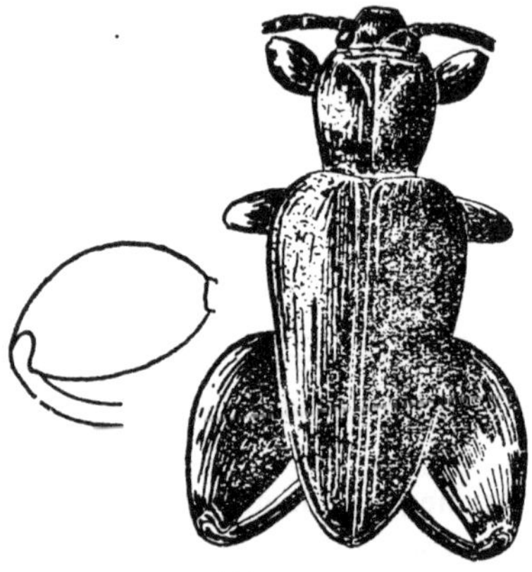

Abb. 99

An ± gut erhaltenen Fundstücken lagen mir noch vor: Obj. Nr. 1249 mit Kopf, 1858 mit Kopf, 2205, 2302, 2654, 2720 und 3385.

### Eosagra obliquata n. sp.

Länge 13—15 mm (Abb. 99). — Die Rekonstruktion dieses Käfers ist nach 2 gut erhaltenen Exemplaren vorgenommen (Obj. Nr. 2610 und 5871) und einem Photogramm nach einem Objekt, das verloren gegangen ist. — Scheitel etwa 4 mal so breit wie ein Auge, mit 2 von der Mitte des Nackens ausgehenden linearen Eindrücken, die gegen die Fühlerbasis spreizen. Fühler langgliederig, 3. und 4. Glied 3 mal so lang wie breit. Pronotum von fast tonnenförmigem Umriß, die Rundung seiner Seiten aber mehr nach vorn verschoben; Vorder- und Hinterrand von gleicher Länge; seine Fläche mitten durch eingeprägte Längslinie geteilt, von deren Mitte 2 eingedrückte Linien (eine an jeder Seite) auf die vorderen Seitenecken zielen. Scutellum klein, dreieckig. Decken an den Schultern starkbogig ausladend, gegen ihre Spitze stark verschmälert, so daß der Körper in distaler Richtung bedeutend abgeschrägt erscheint. Decken-

Skulptur wie vorher; auch in der Gestaltung der Beine kein Unterschied. — Neben dem als Zeichnung wiedergegebenen Objekt liegt der abgelöste Schenkel eines anderen Käfers der gleichen Art, im Umriß dargestellt.

Tribus: Donaciini SEIDL.

Die zahlreich gefundenen Reste von *Donacien* wurden von H. GOECKE-Krefeld bearbeitet in „Monographie der Schilfkäfer" (Nova Acta LEOP. N. F. Bd. 12 Nr. 86 1943, pp. 339—380, 45 Abb. 1 Tafel). — Diese Arbeit behandelt sämtliche bisher fossil gefundenen *Donacien*. Für das Geiseltal konnten 3 Arten nachgewiesen werden, fast ausschließlich nur durch Flügeldecken belegt. Bloß in einem Falle fand sich auch ein Prothorax.

Subfamilie: Chrysomelinae HANDL.

Tribus: Eumolpini STEIN

Gattung: Eoeumolpinus n. gen.

Die systematische Stellung dieses Käfers zu ermitteln, bereitet einige Schwierigkeiten trotz seines verhältnismäßig guten Erhaltungszustandes (Abb. 100). Herrn Prof. Dr. H. KUNTZEN vom Zool. Museum Berlin bin ich in diesem Falle zu besonderem Dank verpflichtet für seine Hilfe. Zunächst ergab sich, daß es sich um eine *Chrysomelide* handeln müsse und z. B. Scheinrüßler (*Mycterus*) nicht in Frage kommen konnten. Wegen der Stellung der Fühler dicht vor den Augen und wegen der gewölbt ausladenden Schultern dürfte der Käfer am besten bei den *Eumolpinae* stehen, und zwar bei jenen, deren Haupt-Verbreitungsgebiet die neotropische Region bildet.

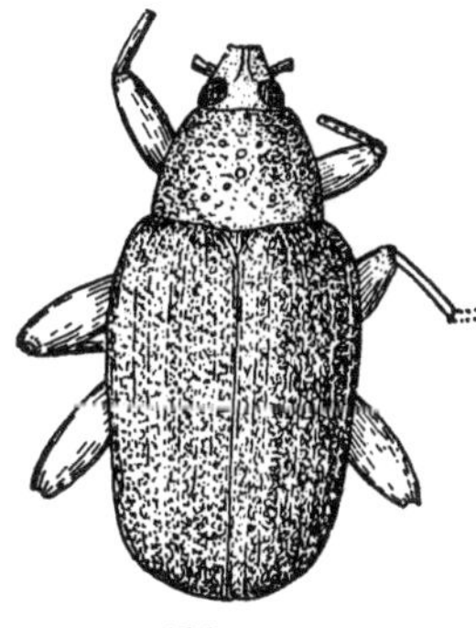

Abb. 100

Prothorax $^1/_3$ so lang wie die Flügeldecken, etwa halbtonnenförmig, vorn halb so breit wie hinten, seine Seiten leicht nach außen gewölbt, deutliche Randung seines Notums weder vorn noch hinten nachweisbar. — Kopf ungefähr $^1/_2$ so lang wie der Prothorax, Stirnteil (Clypeus) die Augen ziemlich weit überragend, nach vorn trapezisch verschmälert, sein Vorderrand gerade. Von der Mitte des Vorderrandes zieht eine flache Längsfurche nach rückwärts, die sich an ihrem hinteren Ende verflacht und verbreitert. Die Fühler inserieren dicht vor den Augen. Die Fühler scheinen kurzgliederig gewesen zu sein; leider sind nur 2 der basalen Glieder vorhanden.

Flügeldecken etwa $2^1/_2$ mal so lang wie breit, nach rückwärts wenig verschmälert, am Ende von außen her gegen den Innenrand im Bogen eines Viertelkreises abgerundet. Aderstreifen und Plagae verlaufen mit fein-linearer Tälchen-Begrenzung ± geradlinig gegen den Spitzenrand. — Scutellum klein, spitz-dreieckig. — Beine ziemlich lang und mit kräftigen Schenkeln.

Eoeumolpinus azureoviridis n. sp.

Länge 13 mm. — Alle Körperteile dunkelblau und mit grünlichem Schimmer. Die Oberfläche erscheint lederig skulptiert. Auf der linken Decke ist die Aderung am vorliegenden Fossil am deutlichsten zu erkennen. — Nur dieses eine Stück (Inv. Nr. 3852) vorhanden, gefunden in der oberen Sohle der Grube Cecilie.

Es sei noch darauf hingewiesen, daß der Käfer am rechten Mittelbein eine Reihe von Tarsengliedern zeigt, die nicht genau zu erkennen sind. Was ich von diesen zu sehen vermochte, habe ich gezeichnet; ob aber Pseudotetramerie vorliegt, dürfte beinahe zu bezweifeln sein. Wenn der Käfer nun nicht zu den *Chrysomelidae* gehören sollte, so wüßte ich mir keinen Rat, wo er sonst noch unterzubringen wäre. Daß er nicht in die Nähe von *Mycterus* Ol. paßt, wurde schon erwähnt. Würde man sich nach der Fühlerinsertion richten, so wie sie mir nach der Abbildung erschien, so könnte man auch beinahe daran denken, ihn bei den gestaltenreichen *Tenebrionidae* einzureihen. Dem widersetzt sich aber die Art des Deckengeäders.

Sieht man sich unter älteren Funden um, so findet man einen ähnlichen Käfer bei Heer (1850, Taf. VIII Fig. 11), der *Cistelites insignis* (6 mm) benannt ist, aber gestrecktere Form besitzt. Daß dieser Lias-Käfer als weichhäutige *Cistela* sich fossil in derart geschlossener Verfassung sollte erhalten haben, wie ihn die Abbildung zeigt, ist wohl kaum anzunehmen, desgleichen muß der hier behandelte *Eoeumolpinus* von recht stabiler Bauart gewesen sein. Ich möchte beide Käfer für verwandt miteinander halten, indes nicht mit *Eumolpites liberatus* Heer, Fig. 14 auf der gleichen Tafel. Sollte aber *Cistelites insignis* Heer tatsächlich eine *Chrysomelide* sein, so müßte das erste Auftreten dieser Familie bis in den unteren Jura zurückdatiert werden. Es würde dann auch noch *Chrysomelites prodromus* Heer (8 mm) hinzugehören (Taf. VIII Fig. 13) wegen seiner Ähnlichkeit im Umriß.

Betreffs *Cistelites insignis* Heer heißt es bei Handlirsch (Foss. Ins. p. 438): „Ich kann nicht einsehen, warum dieses Tier gerade zu den *Cisteliden* gehören soll.“

Betreffs *Chrysomelites prodromus* HEER schreibt HANDLIRSCH (Foss. Ins. p. 440): „Es kann wohl, aber es muß nicht sein, daß dieses Tier zu den *Chrysomeliden* gehört."

Eine sichere Entscheidung wird wohl ohne das Kriterium der Pseudotetramerie nicht zu fällen sein.

Tribus: Chrysomelini

Gattung: Eochrysomela n. gen.

Diese Gattung besitzt etwa die Form einer rezenten *Chrysomela*. Pronotum $^2/_5$ so lang wie die Decken, im Umriß trapezisch, hinten so breit wie der Körper mit geschlossenen Decken, letztere an den Schultern nicht nach außen gewölbt. Nach vorn ist das Pronotum um $^1/_8$ verschmälert; seine Seiten sind leicht nach außen gebogen, sein Hinterrand nach rückwärts bogig verlaufend. Kopf breit. Scutellum klein, dreieckig. Decken $2^1/_2$ mal so lang wie das Pronotum, gegen ihre Mitte leicht verbreitert, im hinteren Viertel gegen die Spitze flachbogig abgerundet. Längstälchen der Decken einander parallel, Aderstreifen und Plagae auch von gleicher Breite.

Eochrysomela ornata n. sp.

Länge 7 mm (Abb. 101). — Pronotum geschmückt mit 2 kreisrunden Figuren, die sich in dessen Mitte berühren und seine beiden Hälften gut füllen. Beide Kreisringe heben sich infolge stärkerer körniger Skulptierung deutlich von der rauh genarbten Oberfläche des Pronotums ab und enthalten eingestreut spiegelnde Punkte. Ich glaube nicht, daß es sich hierbei um bloße Durchdrücke der vorderen Hüftgruben handelt. — Die Oberfläche der Decken ist in gleichbreite Längsstreifen aufgeteilt, die gradlinig verlaufen und den Adern und Plagae entsprechen. In den abgrenzenden Tälchen zwischen den Längsstreifen lassen sich mit einiger Mühe noch ein gestochene Pünktchen erkennen. Die Streifen selbst sind mittels flacher, annähernd rundlicher (aber unregelmäßiger) Eindrücke leicht genarbt.

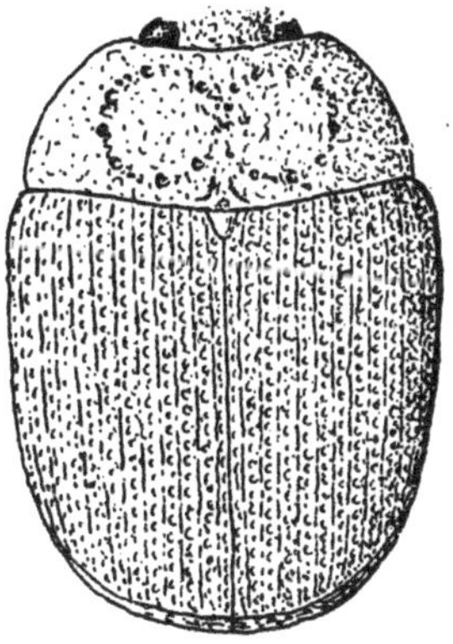

Abb. 101

Das Fossil ist dunkelblau gefärbt. Es liegt mir ein recht gut erhaltenes Objekt (ohne Fundnummer) vor, außerdem noch eine einzelne Decke.

### Halocoleus cameratus n. gen. n. sp.

Das vorliegende graugrüne Objekt ohne Fundnummer mag 11—12 mm lang gewesen sein und besteht nur aus einem Deckenpaar (Abb. 102), dem ein ± langes Stück ihrer Basis fehlt. Wie weit die Entfernung des noch erhaltenen Stückes der linken Deckenbasis vom größeren distalen Stück anzusetzen ist, läßt sich nicht ermitteln. Beide trennt ein Bruch der Kohlestückchen, auf denen sie liegen; die Bruchränder passen nicht aneinander. Rechts oben ist das Bruchstück der linken Deckenbasis schräg abgeschnitten, so daß ein vorhanden gewesenes dreieckiges Scutellum anzunehmen ist. Längsadern sind nicht zu erkennen, was auf stärker chitinisierte Decken schließen läßt. Diese müssen auch ziemlich hoch gewölbt gewesen sein, wie ihr Spreizen am Ende verrät.

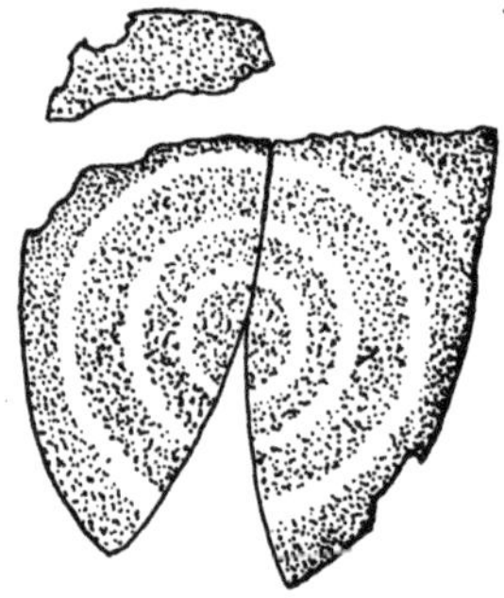

Abb. 102

Wenn es sich um einen Käfer handelt, dann wird dieser eine flache Unterseite besessen haben, im übrigen aber hoch gewölbt gewesen sein, weshalb ich ihn vorläufig bei den *Chrysomelidae* unterbringe. Ein Käfer muß es schon sein; denn das vor allen Dingen durch seine absonderliche Zeichnung auffallende Objekt etwa bei den *Homoptera* einzureihen, wo Ähnliches innerhalb der *Issidae* vorkommen könnte, verbietet sich wegen der breiten Deckenbasis und dem viel zu kleinen schrägen Abschnitt für das Scutellum.

### Gattung: Halocoleus n. gen.

Etwa 15 mm lange Käfer, von schlank-ovalem Umriß und mit hoch gewölbter Oberseite. Decken ohne erkennbare Längsadern.

### H. cameratus n. sp.

Decken ziemlich glatt, ihre Oberseite stumpf, ohne Glanz. Die vorhandene matte Zeichnung besteht aus einem System von 3 konzentrischen, sich nur nebelhaft darstellenden Ringen, das die Fläche der geschlossenen Decken ausfüllt. — Färbung des Fossils graugrün.

### Gattung: Gonocelis n. gen.

Von diesem Käfer ist nur eine am Analrand beschädigte Decke vorhanden und diese nicht einmal in der Ansicht von oben. Die scheinbar rechte Decke (vgl. Abb. 103) ist in Wirklichkeit die linke, die ihre Unterseite zeigt. Alle Färbungen also, in denen das recht bunte Objekt funkelt, sind sekundär und müssen durch Interferenz hervorgerufen sein, ausgehend von der bloßgelegten Mittelschicht (Matrix).

Der Käfer, der nicht viel über 7 mm lang gewesen sein kann, hatte verhältnismäßig schlanke Gestalt. Die geschlossenen Decken müssen zusammen eine halbzylindrische Wölbung besessen haben, wie aus den Abrundungen gegen ihre Spitze hervorgeht, worauf hin sich eine ziemlich ebene Sternalseite annehmen läßt, was auf Zugehörigkeit zu den *Chrysomelidae* hindeutet. Eine weitere Stütze für diese Annahme ist der Verlauf der Längsadern sowie das Vorhandensein eines flachgelegten Costalsaumes.

G. notatus n. sp.

Decke 5 mm, etwa 3 mal so lang wie breit, zylindrisch gewölbt. Längsadern und Plagae streifenartig und von fast gleicher Breite, durch flache punktierte Tälchen gegeneinander abgegrenzt (Abb. 103). Die Fläche zwischen den Tälchen erscheint fein lederig gerunzelt. Auf der Grenze des distalen Drittels liegt am Schlußrand ein länglicher, schräg nach hinten-außen gerichteter Fleck, der mit dem Fleck der Nachbardecke einen nach hinten offenen Winkel bildet. Der Fleck reicht nicht bis zur Mitte der Decke. Es scheint, als ob es sich bei diesem Fleck um eine leicht buckelig gehobene oder vielleicht auch nur um eine verdickte und etwas abweichend skulptierte Stelle handelt. Die Punktierung der Tälchen ist innerhalb des Flecks kräftiger als außerhalb, und außerdem sind noch weitere kräftige Punkte vorhanden. Auf jeden Fall tritt der Fleck am Fossil durch seine dunkelblaue bis purpurne Färbung stark hervor, die nach außen hin über violett-kupfern-gelb in die blau-grüngoldene Färbung der Decke übergeht. — Fundstück ohne Nummer.

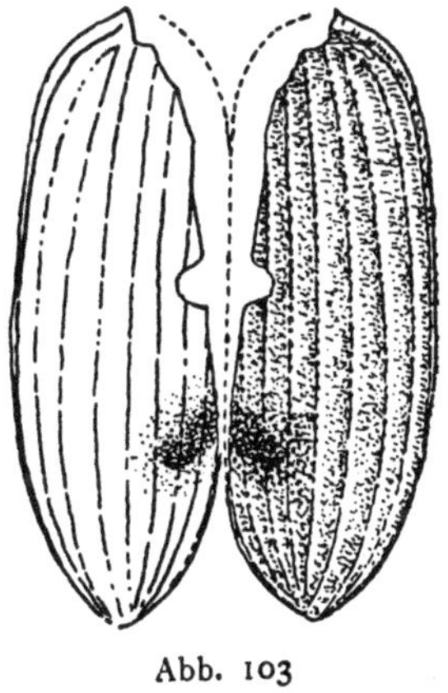

Abb. 103

Unterfamilie: Cassidinae

Tribus: Cassidini Redt.

Gattung: Callistaspis n. gen.

Diese Gattung ist nur mit einer Art vertreten. Charakteristisch für sie ist das breite, mit seinem gesamten freien Rand vorn flachbogig abgerundete Pronotum, unter dem der Kopf verborgen liegt. Die Seitenecken des Pronotums sind geschärft, ein eigentlicher Seitenrand ist nicht entwickelt; der Hinterrand ladet mitten flachbogig nach rückwärts aus. Ein Scutellum ist bei keinem der vorliegenden Exemplare nachweisbar. Decken mit nach seitwärts ausgebogenen Schultern; die Schulterbreite übertrifft sehr deutlich die Breite des Pronotums. Infolge der Ausbogung des Pronotum-Hinterrandes sind die Decken am Analrande merklich kürzer als am Costalrande. Ein Costalsaum ist nur sehr schmal entwickelt. Es läßt sich annehmen, daß der Käfer sehr flach gebaut war. Das Verhältnis der größten Breite des Käfers zu seiner Länge beträgt etwa 4:5.

T. gen. *C. punctatus* n. sp.

### Callistaspis punctatus n. sp.

Länge etwa 5 mm. — Die einzige Art, die sich vorfand (Abb. 104), ist charakterisiert durch die auf ihrer Oberseite unregelmäßig verteilten, tief

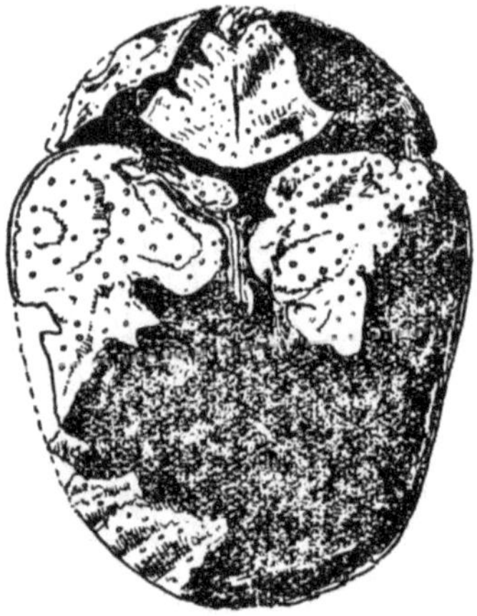

Abb. 104

Abb. 105

eingeprägten spiegelnden Punkte. Das Pronotum ist durch mittleren linearen Längseindruck geteilt. Die Färbung der Type (Obj. Nr. 1831) ist grün- bis blaugolden; die Punkte spiegeln gelbgolden. Die 3 übrigen mir noch vorliegenden Exemplare (Obj. Nr. 1711, 2136 und 2165) sind mit ihrer Färbung nach blau umgeschlagen. Obj. Nr. 2136 (Abb. 105) zeigt die Unterseite des Käfers mit 4 goldglänzenden Abdominal-Sterniten; alles Übrige ist dunkelblau. Fast alle vorliegenden Stücke sind einigermaßen gut erhalten.

### Eocassida longula n. gen. n. sp.

Mit diesem etwas schwierigen kleinen Objekt von nur 6,5 mm Länge (ohne Fundnummer) scheint die erste mit Sicherheit erkannte *Cassidide* des Eozän vorzuliegen, die sich nach Aussehen und Größe der rezenten

Gattung *Cassida* außerordentlich nähert. Was mich abhält, sie dieser Gattung einzureihen, ist ihre bemerkenswert gestreckte Form, die jedenfalls noch mehr auffiel, als das Objekt noch nicht breitgedrückt war infolge der Fossilisation. Außerdem hat die Skulptur der Decken noch einen recht ursprünglichen Charakter. Wo heutzutage Punkte auftreten, finden sich hier erst flache näpfchenartige Eindrücke, die einander berühren (Abb. 106).

Eocassida n. gen.

Körper ringsum mit flachgelegtem Saum versehen, der am Außenrand der Decken entlangzieht und als dessen Fortsetzung den freien Rand des Pronotums umfaßt. Kopf unter dem Pronotum verborgen, letzteres vorn halbkreisförmig begrenzt. Decken doppelt so lang wie breit, mit abgerundeten Schultern und bis auf die im Viertelkreisbogen abgerundete Spitze parallelseitig; der Costalrand scheint flachbogig eingezogen gewesen zu sein; Längsadern nicht erkennbar. Scutellum dreieckig.

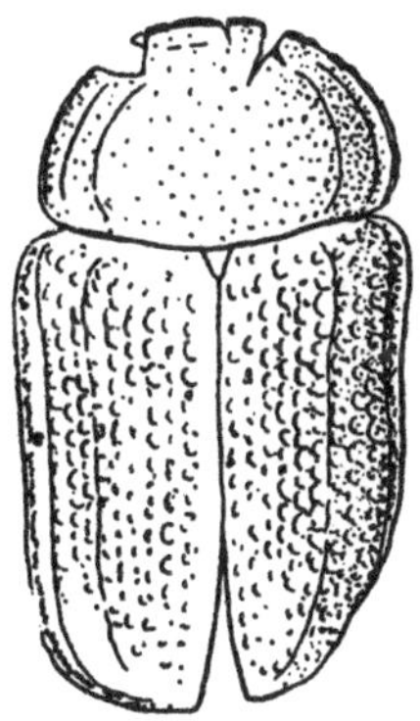

Abb. 106

E. longula n. sp.

Länge 6,5 mm. Reichlich $1^1/_2$ mal so lang wie im ganzen breit. Die Skulptur der Decken wird von flachen näpfchenartigen Eindrücken gebildet, die einander mit ihren Rändern berühren und zu Längsreihen angeordnet sind. Am Objekt ist diese Skulptur nur schwer zu erkennen, und zum Teil scheint es, als seien die Eindrücke sechsseitig begrenzt, und stellenweise scheinen sich Längsadern zu erheben. Vermutlich besaßen die Decken im Außendrittel noch eine besondere längsgerichtete Emporwölbung, die sich auf dem Pronotum fortsetzte.

Das Fossil ist dunkelblau gefärbt und zeigt stellenweise leichten Goldschimmer.

Gattung: Acassidites n. gen.

Mit den in die Nähe von *Cassida* F. zu stellenden Gattungen der *Chrysomelidae* hat *Acassidites* gemeinsam den flachgelegten Saum des Außenrandes der Decken. Dieser an der Schulter beginnende Randsaum ist anfänglich sehr schmal und verbreitert sich erst vom beginnenden Spitzendrittel an zunehmend. An der Spitze der Decken ist er dann doppelt so breit wie an der Schulter. Die Wölbung der Decken ist sehr eigenartig: Der größte Teil ihrer Fläche zeigt eine gleichmäßige sehr flache Wölbung bis nahe an den Randsaum heran, gegen den sie dann mit kurzer Wölbung ziemlich steil abfällt. — Der Umriß des Käfers wird einigermaßen schlank-oval gewesen sein, wie sich aus dem abgebildeten Deckenpaar ergibt (vgl. Abb. 107). Daß die beiden Decken nicht höher gewölbt waren, als sie in fossilisiertem Zustand erscheinen, ergibt sich aus den gerade verlaufenden Analrändern.

### Acassidites separandus n. sp.

Einzelne Decke 3 mm, reichlich doppelt so lang wie mitten breit. — Decken sehr fein quer gerunzelt, die Runzeln in der Zeichnung nur durch ± geschlängelte Linien angedeutet. Die Runzeln laufen nicht durch, sind abgekürzt, einfach oder auch gabelig aufspaltend, gegeneinander versetzt. In den Tälchen zwischen ihnen befinden sich feine eingestochene Punkte, die entsprechend geschwungene Querreihen bilden, die bei Betrachtung durch die Lupe als Erstes auffallen. Der Aderung der Decken folgend stehen diese Punkte jedoch in strengen Längsreihen (Abb. 107 nach Obj. Nr. 1526) — Das Fossil ist dunkelblau gefärbt. Außer dem Deckenpaar lag mir noch eine einzelne Decke vor, als Nr. 28 bezeichnet.

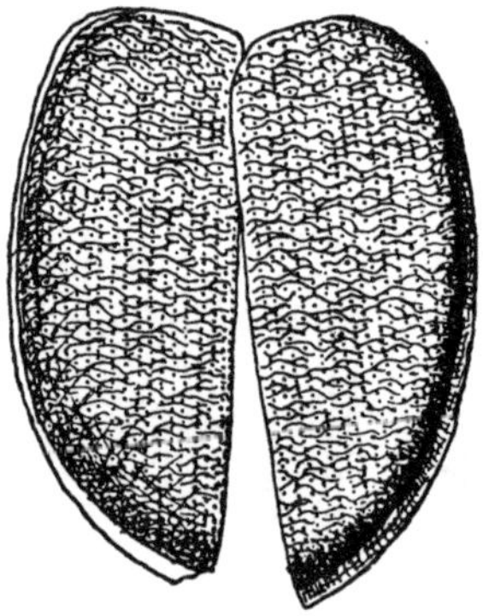

Abb. 107

### Was ist Mesomphalia gemmaspis Pongr.?

*Mesomphalia gemmaspis* Pongr., Nova Acta Leop. N. F. Nr. 6 1935, p. 566 Taf. V Fig. 2.

Wenn diese Gattung und Art zu Recht bestünden, wenn es sie wirklich gäbe und sie nicht bloß einer Augentäuschung ihr Dasein verdankten, dann wären die *Cassidinae* um einen ansehnlichen Vertreter reicher. Die an Hand von Abb. 108 gegebenen Darlegungen mögen das Zustandekommen eines Trugbildes erläutern und zugleich ein Beispiel dafür sein, wie schwierig es zuweilen sein kann, sich in den vielfarbig glänzenden Trümmern eines zerdrückten Käfers zurechtzufinden, ohne dabei auf Abwege zu geraten, indem man das Opfer einer Art von Fata morgana wird. Die „Type" obengenannter irrtümlicher Schöpfung mit der eigenhändigen Bezettelung durch ihren Autor liegt mir in bester Erhaltung vor, und zwar als Druck und Gegendruck (Abb. 108 A, B). Pongrácz hat seinerzeit nur den Gegendruck (B) beachtet und die Zusammengehörigkeit der beiden

Objekte nicht erkannt, trotzdem sie im gleichen Gläschen untergebracht sind. Er erwähnt noch 3 weitere ± erhaltene Reste, die aber mittlerweile durch Austrocknung verdorben sind.

Ehe ich auf die Erläuterung des Fossils eingehe, sei es richtig benannt als *Chlorodema* (olim *Iridotaenia*) *primordialis* PONGR. Der Druck (A) hat eine Länge von 16 mm; es fehlen der Kopf und das gesamte Abdomen. Von der im Bilde linken Decke ist ein vollkommen flachgedrücktes Bruchstück mit deutlichen Adern an die Seite geschoben. Oben erkennt man in ungestörter Lage das Pronotum mit wohlerhaltener Längsstreifung; die linke hintere Ecke ist ausgebrochen. Ganz unten liegen die zu Dreiecken

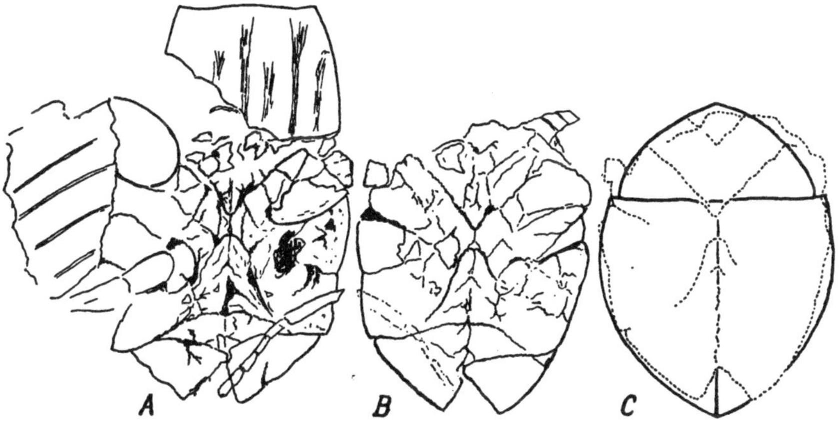


Abb. 108

deformierten Hinterhüften, von denen die rechte gekreuzt wird von den Tarsen des rechten Mittelbeines, an die sich ein längeres Bruchstück der Tibia anschließt. Eine kurze Strecke vor diesen Hüften verläuft im Bogen eine Quernaht, die vordere Grenze des Metasternums. Dann folgt der etwa dreieckig geformte Mittelteil des Mesosternums, neben dem links eine noch ziemlich gut erhaltene Mittelhüfte mit anhängenden Resten des Schenkels liegt; die Mittelhüfte rechts ist ausgebrochen. Diesem Dreieck entgegengerichtet liegt etwas weiter vorn die dornartige, nach rückwärts zeigende Verlängerung des Prosternums, die mit dem Mesosternum in gelenkiger Verbindung steht (vgl. Abb. 26). Bei den rezenten *Buprestidae* ist die Entfernung zwischen den beiden genannten Spitzen viel kürzer. Beiderseits des Prosternal-Fortsatzes liegen Trümmer der Vorderhüften und Vorderschenkel. Dem Gegendruck (B) fehlt das Pronotum; von einer Decke ist kaum etwas (rechts oben!) und von Beinresten gar nichts zu erkennen bis auf den schattenhaften Abdruck der Hinterschiene mit den Tarsengliedern (links unten!).

An dem Druck (Abb. 108 A) ist zum größten Teil Umfärbung nach blau eingetreten, wobei die mittleren Partien $\pm$ grün blieben. Die Reste der Beine erstrahlen noch zu einem großen Teil in grün-goldenem Glanz. Die Färbung des Gegendrucks (B) neigt mehr nach violett mit rötlichem Schimmer.

Neben dem Umriß des Gegendruckes war es vor allem die Verteilung der Farben, wodurch die Form einer *Casside* vorgetäuscht wurde, ähnlich einer neotropischen *Mesomphalia*. Die beiden Hinterhüften wurden (nach PONGRÁCZ) zu den „etwas auseinanderklaffenden, fast abgerundeten Flügeldecken", und der rückwärts gerichtete flachgedrückte Dorn des Prosternums wurde „ein auffallend großes, dreieckiges Scutellum." Als „Spuren des charakteristischen Höckers", den die geschlossenen Decken gemeinsam auf dem Rücken bilden, wurde die dreieckig vorgezogene Mitte des Mesosternums gedeutet. Was endlich in der farbigen Abbildung (Nova Acta Taf. V Fig. 2) „an den Flügeldecken, die in einer verschwenderischen Farbenpracht von Violettblau und Grün schimmerten", die bunten „Makeln" bildet, sind Reste der zerdrückten Hüften und Schenkel. Abbildung C soll zeigen, wie die *Mesomphalia* zustande kam; nur die wesentlichsten Einzelheiten der Gliederung des Gegendruckes sind skizzenhaft eingezeichnet; die Farbenverteilung konnte nicht dargestellt werden.

Durch diese Erläuterung des Fossils wird *Mesomphalia gemmaspis* PONGR. als eine bedauerliche Augentäuschung entlarvt, und damit werden alle an den scheinbar so bemerkenswerten Fund geknüpften Spekulationen paläobiologischer, entwicklungsgeschichtlicher und tiergeographischer Natur hinfällig, mit denen PONGRÁCZ ausgiebig arbeitet. Wie schon eingangs erwähnt, handelt es sich bei dem Fossil um eine *Buprestide*, die seinerzeit auch PONGRÁCZ in Anzahl vorlag, von ihm als eine *Iridotaenia* (orientalische Region) beschrieben wurde, die bei mir aber *Chlorodema* heißt. Was mir das hier besprochene Exemplar besonders wertvoll macht, ist das fast vollständige Pronotum mit seinen Längsfurchen in einzigartig guter Erhaltung. Nebenher kann an dem Fossil das Pronotum, dessen Oberseite vorliegt, zur Orientierung des Ganzen benutzt werden. Was ich vorher als die Unterseite des Käfers bezeichnete, ist nur deren Innenansicht; die Rückenpartien sind in ihrer ganzen Ausdehnung vom Mesonotum an abgetragen mitsamt den inneren Organen. Die Reste der Beine sind als zuunterst liegend zu denken, und sie prägen sich größtenteils als Durchdrücke ab. Aus diesem Grunde sieht man auch sehr wenig von ihnen auf dem Gegendruck (Abb. 108 B).

## Familie: Curculionidae

Von Angehörigen dieser Familie wurden nur kümmerliche Reste überliefert. Das erscheint um so merkwürdiger, als Rüsselkäfer doch hart gepanzert sind, deren Außenskelett mithin eine große Widerstandsfähigkeit voraussetzen sollte. Nur die wenigen einzeln gefundenen Decken befinden sich in gutem Zustande. Hergehörige Decken erkennt man nach Form und Aderung. Die Form (Umriß) verrät, daß sie ehedem ziemlich gewölbt gewesen sein müssen. Die Aderung ist jener der *Tenebrionidae* ähnlich, indem die aus Adern oder aus Aderstreifen und Plagae gebildeten Längsskulpturen sich paarweise von außen nach innen zu miteinander vereinigen; es entstehen auf diese Weise ineinander verschachtelte Winkel. Was aber an Käferkörpern vorliegt, das ist — abgesehen von einem einzelnen Abdomen (Abb. 109) — in eigenartiger Weise zertrümmert (vgl. Abb. 110 u. 111). Die beiden Körper sind nicht nur zerdrückt, sondern auch weitgehend mazeriert. Immerhin lassen sie noch einen Schluß zu auf die ungefähre systematische Stellung. Nicht genauer einordnen lassen sich die einelnen Decken.

Abb. 109

Pongrácz vergleicht dasjenige, was seiner Meinung nach im Geiseltal an Rüsselkäfern vorkam, mit dem Material, das Heer von Oeningen beschrieb. Er sagt darüber: „Die hier (d. h. im Geiseltal) aufgefundenen Formen sind aber durchschnittlich kleiner und insofern weniger spezialisiert, da die Entwicklung des Rüssels (obwohl er keinen gesehen hat!) noch unvollkommen war. An dem einen Fossil aus der 1. Ausbeute ist auch der olivgrüne Schimmer der Flügeldecken wahrzunehmen, der bei *Curculioniden* überhaupt nicht selten ist." Mit diesen Angaben ist nichts anzufangen. Warum außerdem einzelne Flügeldecken, die er untersuchte, zu Vertretern der Familie gehören könnten, dafür bleibt er jede Erklärung schuldig. Mit Färbung allein ist kein Nachweis zu führen.

### Gattung: Cryptorrhynchites n. gen.

Schon die Form des Abdomens (vgl. Abb. 109) erlaubt die Annahme, daß der betreffende Käfer in die Nähe der rezenten Gattung *Cryptorrhynchus* Ill. gehört, die bei uns nur mit der einzigen Art *Cr. lapathi* L. vertreten ist. In der neotropischen Region dagegen ist die Gattung reich entwickelt. — Der Rüssel dürfte länger gewesen sein, als ihn Abb. 110 zeigt; allem Anschein nach ist er nicht in seiner vollen Ausdehnung erhalten.

Ein Fühlerrest zeigt das basale Stielglied und scheinbar ein Bruchstück vom 1. Glied der Fühlergeißel. Der Stiel erscheint auffallend kurz; es ist aber möglich, daß der dickere Anhang, der sich wie ein Stück des 1. Geißelgliedes darstellt, in Wirklichkeit dazu gehört und daß es sich hierbei um sein verdicktes (hier allerdings umgebrochenes) Ende handelt. Da sich das Objekt in halber Seitenlage befindet, ist das Vorhandensein einer Rinne für den Fühlerstiel (i. d. R. als Wurzelglied bezeichnet) nicht nachweisbar.

Im Vergleich zu unserer rezenten einheimischen Art ist der Scheitel außerordentlich breit, und die infolgedessen weit auseinander stehenden Augen sind außerdem sehr klein. Das gut sichtbare Scutellum ist hinten abgerundet (bei *Cr. lapathie* knopfförmig). Die ganze Oberfläche ist stark skulptiert, und vor allem zeigen die Decken stark betonte Längsaderung. Man könnte deshalb auch Vergleiche mit den von Germar und Oustalet

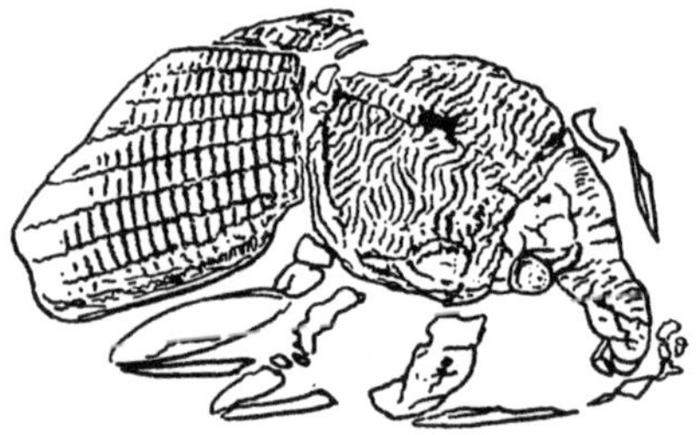

Abb. 110

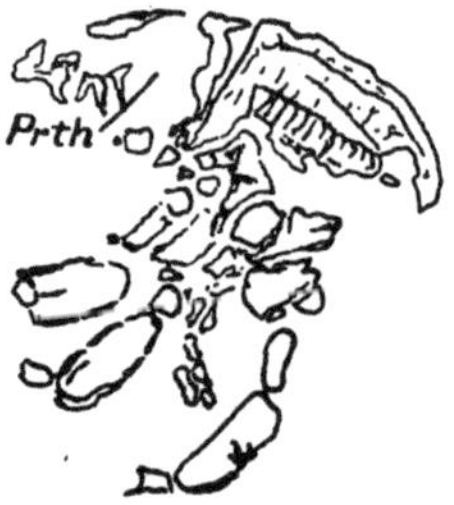


Abb. 111

behandelten *Hipporhinus*-Arten aus jungtertiären Schichten anstellen. Diese besitzen aber nach Beschreibung und Abbildung von *H. heeri* durch Germar (1848) — Fundort: Aix in der Provence — einen sich kolbig verdickenden Rüssel. Die Augen sind bei dieser Art ebenfalls verhältnismäßig klein und stehen infolge eines sehr breiten Scheitels weit auseinander. Es scheint dies eine weit verbreitete Eigentümlichkeit der tertiären Rüsselkäfer zu sein.

### Cryptorrhynchites sculpturatus n. sp.

Länge vermutlich 10—11 mm. Prothorax allseitig gewölbt, annähernd kugelig, anscheinend nicht länger als breit; Pronotum kräftig quer gerunzelt, die einzelnen Runzeln aber nicht durchlaufend, sondern unterbrochen, zudem wellig geschwungen (Abb. 110). Decken mit stark ausgeprägter Skulptur; was als rauh-höckerige Längsaderung erscheint, das sind die Grenzleisten zwischen Adern und Plagae. Letztere beiden haben sich der Breite nach einander angeglichen und sind ihrerseits durch kurze rauh-erhabene Querleisten leiterartig gemustert, so daß außer der Längslinierung auch eine Querlinierung entstanden ist, im ganzen genommen ein Netzmuster mit quer-rechteckigen Maschen. Das von mir abgebildete Objekt ist ohne Fundnummer. Seine Färbung, auch die der Beine und des Fühlerrestes, ist durchweg hellgolden, vermutlich sekundär. — Ein zweites vorliegendes Exemplar derselben Art (Obj. Nr. 5815) ist fast bis zur Unkenntlichkeit zertrümmert und abgetragen. Beim ersten Anblick könnte man meinen, die Reste einer Spinne vor sich zu haben (Abb. 111). Zum Zwecke der Orientierung habe ich den Ort des Prothorax (Prth.) bezeichnet; die Beine sind durch die Schrägreihe der unten liegenden Schenkel genügend gekennzeichnet. Ein schmaler Streifen der Deckenskulptur beweist die Zugehörigkeit zur Art. Dieses Objekt zeigt nur auf dem Rückenteil Goldfärbung, die aber in Grün übergeht; die Beine sind mehr blau gefärbt. Die Ungleichmäßigkeit der Färbung des Fossils beweist hier ganz besonders ihren sekundären Charakter. Immerhin gibt es Rüsselkäfer mit Goldglanz, so z. B. bei uns den *Rhynchites auratus* Scop., und was auf den Philippinen an golden dekorierten und sonstwie prachtvoll gemusterten *Curculionidae* lebt, spottet fast jeder Beschreibung.

Des weiteren liegen mir 2 Decken vor, die ich nur in dieser Familie unterzubringen vermag. Da es aber unmöglich ist, sich an Hand einzelner Decken eine Vorstellung von der Gestalt des Käfers zu machen, der sie einst trug, so benutze ich als Gattungsnamen eine neutrale Bezeichnung.

### Gattung: Curculionites auct.

Umriß einer Decke unsymmetrisch spitz-oval. Aderung nur am Anal- und Costalrande zu erkennen, im übrigen nur nach dem Verlauf und der Anordnung schattenhafter Fleckenreihen zu erraten. Aus all diesem aber ist ersichtlich, daß die Adern sich in der schon beschriebenen Weise in oder vor der Deckenspitze vereinigen.

### Curculionites punctillatus n. sp.

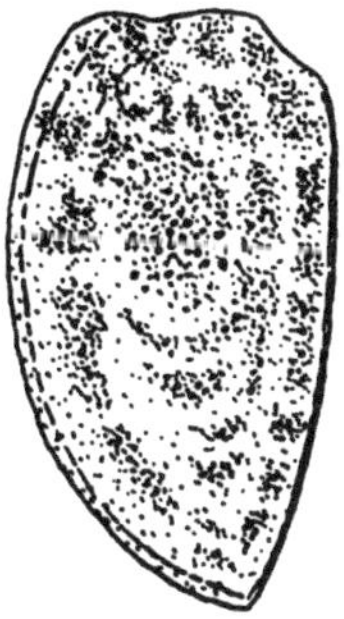

Abb. 112

Einzelne Decke 3 mm. 2 Decken liegen mir vor; trotz ihres Goldglanzes stellen sie aber für genaue Untersuchung und vor allem genaue zeichnerische Wiedergabe recht schwierige Objekte dar. Je nach Beleuchtung wechselt das Bild, das sie bieten. Mindestens fällt an ihnen auf das Vorhandensein einer überaus feinen eingestochenen Punktierung mit eingestreuten größeren spiegelnden Punkten in wolkenartiger Verteilung. In dieser Verteilung herrscht aber eine gewisse Ordnung. Die einzelnen ± verschwommen begrenzten Punkt gruppen lassen die Anordnung der Adern erkennen, an die sie offensichtlich gebunden sind (Abb. 112).

## Schlußwort

Von den äußerst zahlreichen, wohlkonservierten Resten der zu bearbeitenden Käfer blieb nur ein geringer Bruchteil übrig, der sich nicht deuten ließ. Einige wenige Exemplare sind hier zu erwähnen, die sozusagen vollständig erhalten sind und sich dabei doch in einem Zustand befinden, der ihre Unterbringung im System vereitelt, wie z. B. nebenstehenden Käfer von etwa 10 mm Länge (Abb. 113, nach Obj. Nr. 1605). Immerhin wäre eine Eingliederung und Benennung statthaft gewesen, wenn sich irgendwelche Vergleichsmöglichkeiten betreffs des zweispitzigen Gebildes in der Kopfgegend geboten hätten. Vielleicht handelt es sich um eine *Chrysomelide*; Aderung und Skulptur sind jedoch nicht erkennbar, und so fehlt auch nach dieser Seite hin jeder brauchbare Hinweis.

Abb. 113

Was die systematischen Kategorien anlangt, in welche die Käfer sich einreihen ließen, so fällt auf, daß die Übereinstimmung mit der rezenten Käferwelt in den meisten Fällen nur bis zu den Unterfamilien und Tribus reicht. Damals schon vorhandene jetzt noch lebende Gattungen sind große Ausnahme, wie z. B. *Donacia* F. Vielleicht war aber auch schon die Gattung *Elater* L. vorhanden; jedenfalls liegt ein kleiner Prothorax vor, der jener Gattung zugesprochen werden kann, dessen Beschreibung und Abbildung aber nicht lohnt, da er außer dem Umriß keine weiteren Sondermerkmale zeigt. Ferner möchte ich noch bemerken, daß sich über die Berechtigung meiner Gattung *Eochalcophora* streiten ließe, ob hier nicht die rezente Gattung *Chalcophora* Sol. zuständig sein könnte.

Ich war genötigt, 32 neue Gattungen aufzustellen und 51 neue Arten zu beschreiben. An sich werden 35 Gattungen mit 55 Arten behandelt. Das Bild der Käferfauna des Geiseltales hat sich damit bedeutend gerundet. — Von Familien, die Pongrácz wohl anführt, die er in Wirklichkeit aber niemals erkannte oder vor sich hatte, treten in verhältnismäßig reicher Entwicklung *Tenebrionidae* und *Chrysomelidae* auf. Hinzu kommen *Cerambycidae* und *Curculionidae*, die er nicht glaubwürdig belegen kann. Aus dem Material, was ihm seinerzeit nicht zur Verfügung stand, konnte ich als neu für die Fauna *Cupedidae, Silphidae, Lamellicornier* und *Oedemeridae* hinzufügen. Betreffs der erstgenannten Familie sowie der letztgenannten will ich hoffen, daß — was Deutung und dementsprechend Einordnung anbetrifft — ich nicht irrte. Ob sich zu den nun vorhandenen 10 Familien durch neuere Funde noch weitere hinzugesellen, wird die nächste Zukunft lehren. In der Nachbarschaft der ersten und sozusagen klassischen Fundstätte ist schon wieder einiges Material gefördert worden.

## Schrifttum

für den allgemeinen Teil


(1) Brodie, F. B., A history of the fossil Insects in the secundary rocks of England. London 1845, pp. 1—130, 11 Taf.

(2) Carpenter, F. M., The lower permian Insects of Kansas. Part 8 (Proc. Amer. Acad. Arts. Sci. **73**, 1939, pp. 29—70).

(3) Handlirsch, A., Die fossilen Insekten und die Phylogenie der rezenten Formen. Mit Bilderatlas. Leipzig 1906—1908.

(4) —, Revision der palaeozoischen Insekten (Denkschr. Akad. Wiss. Wien, math.-naturw. Kl. **96**, 1919, pp. 511—592, 91 Abb.).

(5) —, Insekten: Geschichte, Literatur, Technik, Paläontologie, Phylogenie, Systematik (Handb. d. Entomol. v. Chr. Schröder. Bd. **III**, Jena 1925, 1040 Abb.).

(6) —, Neue Untersuchungen über die fossilen Insekten. II. Teil (Ann. Naturh. Mus. Wien Bd. **49**, 1938, pp. 1—240, 16 Taf.).

(7) Haupt, H., Die ältesten geflügelten Insekten und ihre Beziehungen zur Fauna der Jetztzeit (Ztschr. f. Naturw. Halle. Bd. **94**, 1940, pp. 60—121, 31 Abb.).

(8) —, Neurekonstruktionen permokarbonischer Insekten (Schilder: Beitr. z. taxonom. Zool 1949: Bd. **I**, pp. 23—43, 18 Abb.).

(9) Heer, O., Die Insektenfauna der Tertiärgebilde von Öningen und von Radoboj in Croatien. 1. Abt.: Käfer (Neue Denkschr. d. allgem. Schweizer Ges. f. d. ges. Naturw., Bd. **VIII**, 1847, pp. 1—229, 8 Taf.).

(10) Henriksen, Kai L., Eozene Insects from Denmark (Danm. geol. Unders., II. R. Nr. **37**, 1922, pp. 1—36, 20 Abb.).

(11) Humboldt, A. v., Ansichten der Natur. Cotta-Stuttgart. 3. Aufl., 1859.

(12) Köppen, W. und Wegener, A., Die Klimate der geologischen Vorzeit. Berlin 1924.

(13) Novák, O., Über Gryllacris Bohemica, einen neuen Locustiden-Rest aus der Steinkohlenformation von Stradonitz in Böhmen (Jahrb. K. K. Geol. Reichsanst. Wien. Bd. **30**, 1880, pp. 69—74, 1 Taf.).

(14) Raupach, F. v., Beitrag zur Geiseltalforschung (Abh. Geol. Landesanst. Berlin, Heft 214).

(15) Roemer, F., Notiz über ein Vorkommen von fossilen Käfern im Räth bei Hildesheim (Zschr. Deutsch. Geol. Ges. V. **28**, 1876, pp. 350—353).

(16) Schwarzbach, M., Klima und Klimagürtel im Alttertiär (Die Naturw. Jahrg. **33**, 1946, pp. 355—361).

(17) Scudder, S. H., Revision of the American fossil Cockroaches with descriptions of new forms (Bull. U. S. Geol. Surv. Nr. **124**, 1895, pp. 1—145, 12 Taf.).

(18) Tillyard, R. J., Permian and triassic Insects from New South Wales in the collection of Mr. John Mitchell (Proc. Linn. Soc. N. S. Wales. Vol. **XLII**, 1917, pp. 720—756, 17 Abb.).

(19) —, Upper permian Coleoptera and a new order from the Belmont Beds, N. S. Wales (Pro. Linn. Soc. N. S. Wales. Vol. **49**, 1924, pp. 429—435, 2 Taf., 17 Abb.).

(20) —, Kansas permian Insects. Pt. 13. „The new Order Protelytroptera, with a discussion of its relationships (Am. Journ. Sc. Vol. **XXI**, 1931, pp. 232—266, 17 Abb.).

(21) Voigt, E., Die Fische aus der mitteleozänen Braunkohle des Geiseltales mit besonderer Berücksichtigung der erhaltenen Weichteile (Nova Acta Leop. N. F. Bd **2**, Heft 1—2, 1934).

(22) Weber, M., Über indikative oder Führertiere (Dollo-Festschrift: Palaeobiologica — Oth. Abel. 1928, pp. 313—322).

(23) Westwood, J. O., Contributions of Fossil Entomology (Quart. Journ. Geol. Soc. London X 1854, pp. 378—390, 5 Taf.).

(24) Zeuner, F., Über einige Käfer aus dem deutschen Keuper (Jahrb. Preuß. Geol. Landesanstalt. Bd. **51**. 1930, pp. 462—467, 1 Taf.).

(25) —, Die Stammesgeschichte der Käfer (Paläont. Zschr. **15**, 1933, pp. 280—441, 14 Abb.).

## Schrifttum

für den systematischen Teil

Cockerell, T. D. A., Descriptions of Tertiary Insects (Amer. Journ. Sc. 1908—1909, XXV—XXVIII).

—, Some Fossil Insects from Florissant, Colorado (Proc. U. St. Nat. Mus. Washington 1913, pp. 341—346).

—, Plant and Insect fossils from the Green Rivers eocene of Colorado (ibid. 1915, pp. 1—12).

—, Fossil Arthropods in the British Museum (Ann. Mag. Nat. Hist. 1920, pp. 273—279).

—, Eocene Insects from the Rocky Mountains (Proc. U. St. Nat. Mus. Washington. Vol. **57**, 1920, pp. 233—260, Taf. 32—36).

—, Eocene Insects from the Rocky Mountains, Nr. 2313 (ibid. Vol. **57**, 1921, pp. 233 bis 260).

Cockerell, T. D. A. and Sandhouse, Grace: Some Eocene Insects of the family (ibid. Vol. **59**, 1923, pp. 455—457).

Cockerell, T. D. A., Tertiary Insects from Kudia River, Sibiria (ibid. 1925, pp. 1—16).

—, Tertiary Insects from Argentina (ibid. 1925, pp. 1—5).

DEEGENER, P., Zirkulationsorgane und Leibeshöhle der Insekten: Leuchtorgane (Handb. d. Entom. v. CHR. SCHRÖDER, Bd. I, 1928, pp. 424—429).

DEICHMÜLLER, J. V., Fossile Insekten aus dem Diatomeenschiefer von Kutschlin bei Bilin, Böhmen (Nova Acta Leop. XLII, 1881, pp. 295—331, Taf. XXI).

DUBOIS, R., Les Elatérides lumineux. Dissertation. Paris 1886.

ETHERIDGE, R. and OLLIFF, A. SIDNEY: The Mesozoic and Tertiary Insects of N. S. Wales (Mem. Geol. Surv. of N. S. Wales, Paleontology Nr. 7, 1890, pp. 1—12, 2 Taf.).

GEINITZ, F. E., Der Jura von Dobbertin in Mecklenburg und seine Versteinerungen Zschr. Deutsch. Geol. Ges. V. 32, 1880, pp. 510—535, Taf. 22).

—, 9. Beitrag zur Geologie Mecklenburgs. Neue Aufschlüsse der Flötzformation Mecklenburgs (Arch. Ver. d. Fr. d. Naturg. Mecklenb. 41, 1887, 74 Seiten, 3 Taf.).

—, Die Käferreste des Dobbertiner Lias (ibid. 48, 1894, pp. 71—78, 1 Taf.).

GERMAR, E. F., Über einige Insekten aus Tertiärbildungen (Zschr. Deutsch. Geol. Ges. I, 1848, pp. 52—66, Taf. 2).

GIEBEL, C. G., Die Insekten und Spinnen der Vorwelt mit steter Berücksichtigung der lebenden Insekten und Spinnen (Fauna der Vorwelt Bd. II, 1856, Brockhaus-Leipzig).

—, Insektenreste aus den Braunkohlenschichten bei Eisleben (Zschr. ges. Naturw. Halle. Jahrg. 7, 1855, Mitteilungen pp. 384—386, Taf. V).

GOECKE, H., Monographie der Schilfkäfer. II.: Die fossilen Funde und ihre Bestimmung (Nova Acta Leop. N. F. Bd. 12, Nr. 86, 1945, pp. 337—380, 1 Taf.).

HANDLIRSCH, A., Die fossilen Insekten und die Phylogenie der rezenten Formen. Mit Bilderatlas. Leipzig 1906—1908).

—, Geschichte, Literatur, Technik, Paläontologie, Physiologie, Systematik (Handb. d. Entom. v. CHR. SCHRÖDER. Bd. III, 1925).

—, Neue Untersuchungen über die fossilen Insekten. II. Teil (Ann. Nath. Mus. Wien. Bd. 49, 1938, pp. 1—240, 10 Taf.).

HEER, O., Die Insektenfauna der Tertiärgebilde von Oeningen und von Radoboj in Croatien. 2. Abt.: Heuschrecken, Florfliegen, Aderflügler, Schmetterlinge und Fliegen (Neue Denkschr. d. allg. Schweizer Ges. f. d. ges. Naturw. Zürich 1850, Bd. XI, pp. 1 bis 264, Taf. I—XVII).

—, Die Liasinsel des Aargaus. Zürich 1852 (Vortrag) 15 Seiten, 1 Taf.

—, Beiträge zur Insektenfauna Öningens: Coleoptera (Naturk. Verh. Holl. Maatsch. Wetensch. Haarlem (2) V. 16, 1862, pp. 1—90, Taf. I—VII).

—, Die Urwelt der Schweiz. 1. Aufl. 1865.

—, Flora fossilis arctica VII, 1883 (Teil 2 der fossilen Flora Grönlands).

HEIKERTINGER, FR., Über künstliche Abänderung der Färbungen toter Insekten (Koleopt. Rundsch. 7, 1919, pp. 5—8).

HEINEMANN, C., Untersuchungen über die bei Vera-Cruz vorkommenden Leuchtkäfer (Arch. mikrosk. Anat. Bd. 8, 1872, pp. 461—471).

HENRIKSEN, KAI L., Eocene Insects from Denmark (Danmarks geol. Unders. II, 1922, Nr. 37, pp. 1—36).

HEYDEN, C. VON, Gliedertiere aus der Braunkohle des Niederrheins, der Wetterau und der Rhön (Palaeontographica 1861—1863, pp. 62—82, Taf. X).

—, Fossile Insekten aus der Braunkohle von Salzhausen (ibid. XIV, 1865—1866, Taf. IX, Fig. 13—22).

KERVILLE, H. G. DE, Die leuchtenden Tiere und Pflanzen. Übers. v. W. Marshall. Leipzig 1893).

MEUNIER, F., Die Insektenreste aus dem Lutetien von Messel bei Darmstadt Abh. Hess. Geol. Land.-Anst. **VII**, Heft 3, 1921, pp. 1—16, 4 Taf.).

OUSTALET, E., Recherches sur les Insectes fossiles des terrains tertiaires de la France. Dissertation, Paris 1874.

PONGRÁCZ, A., Die eozäne Insektenfauna des Geiseltales (Nova Acta Leop., N. F. Bd. **2**, Heft 3/4, Nr. 6, 1935, pp. 485—572, 22 Abb. 7 Taf.).

SCUDDER, S. H., The Tertiary Insects of North America (Rep. U. St. Geol. Surv. Territ. Vol. **XIII**, Washington 1890, pp. 1—663, 28 Taf.).

VOIGT, E., Weichteile an fossilen Insekten aus der eozänen Braunkohle des Geiseltales bei Halle/Saale (Nova Acta Leop. N. F. Bd. **6** Nr. 34, 1938, pp. 1—38, 3 Abb., 7 Taf.).

WESTWOOD, J. O., Contributions of Fossil Entomology (Quart. Journ. Geol. Soc. London X, 1854, pp. 378—390, Taf. 14—18).

Im Anschluß hieran sei darauf hingewiesen, daß in „Foss. Ins." von HANDLIRSCH eine ganze Reihe von Abbildungen auf Tafel 45 derart ungenau und nachlässig wiedergegeben ist, daß sie bei der Bestimmung von Käfern des Jura (Purbeck) nicht zu verwenden sind. Man muß da schon auf die von WESTWOOD sehr sauber gezeichneten Originale zurückgreifen. Es handelt sich hierbei um folgende Nummern auf Tafel 45: 33—36, 38—40, 46, 48, 49, 54, 57, 59, 60, 63—66, 68, 70—72, 75, 85, 86 und 89.

## Namenverzeichnis

(Synonyma usw. sind kursiv gedruckt)

## Berichtigungen

Seite III, Zeile 4: „viele“ statt „viel“;
Seite 4, Zeile 18 von unten: „Seine nächsten Verwandten“ statt „Nachfahren“;
Seite 13, Zeile 6: „das“ statt „daß“;
Seite 26, Zeile 1: „bei“ statt „be“.